U0294564

"十三五"国家重点图书出版规划项目

中国工程院重大咨询项目

三峡工程建设
第三方独立评估

电力系统评估报告

中国工程院三峡工程建设第三方独立评估电力系统评估课题组　编著

中国水利水电出版社

www.waterpub.com.cn

·北京·

内 容 提 要

　　"三峡工程建设第三方独立评估"是原国务院三峡工程建设委员会委托中国工程院开展的重大咨询项目。本书作为该项评估工作的电力系统报告，基于大量的文献资料和相关报告，系统归纳了三峡工程电力系统前期论证取得的主要结论，客观、公正地对三峡工程电力系统规划设计、输变电工程建设、输变电科技创新和设备国产化、电力系统运行提出科学评估意见，分析评价了三峡输变电工程运行的经济效益与社会效益，对提高三峡工程的综合利用效益具有重大的现实意义和科学价值。

　　本书对大型水利水电项目建设以及相关部门决策具有重要参考价值，也可供有关专业领域的管理者和工程技术人员参考使用。

图书在版编目（CIP）数据

三峡工程建设第三方独立评估电力系统评估报告 /
中国工程院三峡工程建设第三方独立评估电力系统评估课
题组编著. -- 北京：中国水利水电出版社，2023.7
中国工程院重大咨询项目
ISBN 978-7-5226-1329-1

Ⅰ. ①三… Ⅱ. ①中… Ⅲ. ①三峡水利工程－电力系
统－评估－研究报告 Ⅳ. ①TV632

中国国家版本馆CIP数据核字(2023)第022794号

书　　名	中国工程院重大咨询项目：三峡工程建设第三方独立评估 电力系统评估报告 ZHONGGUO GONGCHENGYUAN ZHONGDA ZIXUN XIANGMU： SAN XIA GONGCHENG JIANSHE DI－SAN－FANG DULI PINGGU DIANLI XITONG PINGGU BAOGAO
作　　者	中国工程院三峡工程建设第三方独立评估电力系统评估课题组　编著
出版发行	中国水利水电出版社 （北京市海淀区玉渊潭南路 1 号 D 座　　100038） 网址：www. waterpub. com. cn E - mail：sales@mwr. gov. cn 电话：(010) 68545888（营销中心）
经　　售	北京科水图书销售有限公司 电话：(010) 68545874、63202643 全国各地新华书店和相关出版物销售网点
排　　版	中国水利水电出版社微机排版中心
印　　刷	北京印匠彩色印刷有限公司
规　　格	184mm×260mm　16 开本　18.25 印张　347 千字
版　　次	2023 年 7 月第 1 版　2023 年 7 月第 1 次印刷
定　　价	**180. 00 元**

课 题 组 成 员 名 单

专 家 组

顾　　问：吴敬儒（国家开发银行资深顾问）

　　　　　卢　强（清华大学教授，中国科学院院士）

　　　　　王锡凡（西安交通大学教授，中国科学院院士）

组　　长：周孝信（中国电力科学研究院，中国科学院院士）

副组长：周小谦（国家电网有限公司，教授级高工）

　　　　　郭剑波（中国电力科学研究院，中国工程院院士）

成　　员：吴　云（中国电力规划研究中心，教授级高工）

　　　　　印永华（中国电力科学研究院，教授级高工）

　　　　　李荣华（国家电网有限公司，高级会计师）

　　　　　刘泽洪（国家电网有限公司，教授级高工）

　　　　　张智刚（国家电网有限公司，教授级高工）

　　　　　陈小良（中国电机工程学会，教授级高工）

　　　　　夏　清（清华大学，教授）

　　　　　穆　钢（东北电力大学，教授）

　　　　　赵　彪（国网节能服务有限公司，高级工程师）

　　　　　孙华东（中国电力科学研究院，教授级高工）

工 作 组

组　　长：孙华东（中国电力科学研究院，教授级高工）

副组长：赵　彪（国网节能服务有限公司，高级工程师）

成　　员：裴哲义（国家电力调度控制中心，高级工程师）

　　　　　周勤勇（中国电力科学研究院，高级工程师）

　　　　　易　俊（中国电力科学研究院，高级工程师）

张　进（国家电网有限公司，高级工程师）

林伟芳（中国电力科学研究院，高级工程师）

赵珊珊（中国电力科学研究院，高级工程师）

吴　萍（中国电力科学研究院，工程师）

崔　晖（中国电力科学研究院，高级工程师）

郑　超（中国电力科学研究院，高级工程师）

胡明安（国家电网有限公司，高级会计师）

孙　涛（国家电网有限公司，高级工程师）

刘应梅（中国电力科学研究院，高级工程师）

邬　炜（中国电力规划研究中心，高级工程师）

周天睿（中国电力规划研究中心，高级工程师）

注：人员信息以 2015 年年底统计结果为准。

　　受原国务院三峡工程建设委员会委托，中国工程院承担了三峡工程建设第三方独立评估工作。评估工作于 2014 年 5 月开始筹备，根据不同专业设立了 12 个课题。其中，电力系统课题分别设立了专家组和工作组，专家组、工作组成员分别来自电力科研、规划、建设、运行单位和高校，具有广泛的代表性。

　　本书将三峡工程电力系统部分研究结果整理成册，在认真分析三峡工程论证报告、可行性研究报告及相关资料的基础上，参考大量的研究文献，归纳了三峡工程电力系统前期论证取得的主要结论和热点问题。根据工程输变电建设实际情况和相关试验数据，对三峡电力系统规划、采用的交流和直流输电设备，与输电线路、输变电工程建设和国产化有关的情况进行了客观评估。通过调研和查阅三峡工程有关资料，全面了解三峡电力系统的运行情况和现状，对三峡工程电力系统运行及输电系统运行的经济社会效益进行了客观评估。在本书编写过程中，课题组召开了多次工作组会议及专家研讨会，并以邮件方式征询专家意见；参考历次论证、评估、工程验收材料以及文献资料，并结合调研及运行数据，力求评估工作尊重历史、实事求是，系统科学、重点突出，独立开展、客观公正。

　　本书包括一个综合报告和四个专题报告。

　　综合报告对三峡工程电力系统规划设计、输变电工程建设、输变电科技创新和设备国产化、电力系统运行进行客观评估，并提出了科学评估意见。

　　电力系统规划设计评估专题报告归纳了三峡电力系统电源和输

电系统论证的研究成果和结论，分析了三峡电力系统电源布局及其替代方案、电源布局优化规划方法和优化结果，分析了三峡水电消纳方案及输送方向、输送容量、输电方式、电压等级、输电回路的优化和确定，调研了三峡电站和输电系统的建设情况，通过比较三峡工程论证方案和工程建设的实际情况，评估了三峡工程电力系统规划设计的合理性和有效性。

输变电工程建设评估专题报告评估了三峡输变电工程设计、施工新技术的推广应用情况，建设体制和施工管理创新能力，以及输电线路和输变电工程对环境影响的改善，总结经验，为我国其他大型水电工程及电网建设提供参考。

输变电科技创新和设备国产化评估专题报告分析了三峡输变电工程在科研基地建设、设备核心技术研发、设备可靠性论证、人才培养等方面取得的各项创新成果，评估了 500kV 交流输变电设备、±500kV 直流输变电设备、线路材料等的国产化水平，评估了直流输电技术自主化带来的经济效益以及对电工装备制造产业升级的推动作用。

电力系统运行评估专题报告对三峡工程电力系统的运行现状（含试验性蓄水和正常水位发电），包括三峡电站（含地下电站）和三峡电力系统调度运行方式、防洪与发电配合的优化调度、三峡电力系统的安全稳定控制、三峡电力系统与全国联网的运行、不同来水年份和季节条件下电力系统水火电联合调度和补偿调节、跨区电网的运行和控制方式、二次系统及通信技术运行情况，工程建成以来至 2015 年 12 月三峡输电系统运营的主要财务指标，以及经济、社会、环境效益等进行了评估。

希望本书的出版能够让电力工作者更加系统地了解三峡电力系统，让普通读者更加清楚地认识三峡输变电工程。虽然在本书的编写过程中，我们力求让书中内容达到客观、完整、精确、系统和规范的目的，但由于编者水平有限，书中的疏忽和遗漏在所难免，欢迎广大读者批评指正。

　　本书的编写由中国电机工程学会负责组织协调工作，在此对中国电机工程学会给予的大力支持和帮助表示衷心感谢。

中国工程院三峡工程建设第三方独立评估

电力系统评估课题组

2022 年 6 月

目录

前言

第一篇　综合报告

第二篇　电力系统规划设计评估专题报告

第三篇　输变电工程建设评估专题报告

第四篇 输变电科技创新和设备国产化评估专题报告

第五篇　电力系统运行评估专题报告

第一篇　综合报告

第 一 章

评估工作的背景及依据

受国务院三峡工程建设委员会（简称"国务院三峡建委"）委托，中国工程院承担了三峡工程建设第三方独立评估工作，并根据不同专业设立了12个课题，其中，电力系统评估课题分别设立了专家组和工作组，专家组由周孝信为组长，周小谦、郭剑波为副组长；工作组由孙华东为组长、赵彪为副组长。专家组、工作组成员分别来自电力科研、规划、建设、运行单位和高校，具有广泛的代表性。

在评估报告编写过程中，课题组召开了多次工作组会议及专家研讨会，并以邮件调函征询专家意见；参考了历次论证、评估、工程验收材料以及文献资料，并结合调研及运行数据，力求评估工作尊重历史、实事求是，系统科学、重点突出，独立开展、客观公正。

本课题评估的"三峡工程电力系统"，包括三峡电站、三峡输电系统及三峡电力供电区域。

三峡电站共安装32台单机容量700MW和2台单机容量50MW的混流式水轮发电机组，总装机容量22500MW，是当今世界上装机容量最大的水电站。电站由左岸电站、右岸电站、地下电站以及电源电站组成。其中，左岸电站、右岸电站分别安装14台、12台700MW水轮发电机组，首台机组于2003年7月投产，全部机组于2008年投产；地下电站安装6台700MW水轮发电机组，于2012年全部投产；电源电站安装2台具有黑启动功能的50MW水轮发电机组，于2007年投产。

三峡输变电工程包括直流工程4项、交流工程94项，以及相应的调度自动化类项目19子项和系统通信类项目18子项的二次系统项目。其中，4项直流工程为三峡（龙泉站）—常州（政平站）（以下简称"三常"）、三峡（宜都站）—上海（华新站）（以下简称"三沪"）、三峡（团林站）—上海（枫泾站）Ⅱ回（以下简称"三沪Ⅱ回"）、三峡（江陵站）—广东（鹅城站）（以下简称

"三广"），500kV 直流输电线路 4913km（折合成单回路长度），换流容量 24000MW；500kV 交流输电线路 7280km（折合成单回路长度），变电容量 22750MV·A。2007 年，三峡—荆州双回 500kV 线路的建成投运标志着三峡电力系统主体工程全部投产。2010 年，配合三峡地下电站机组发电外送，完成葛洲坝—上海（以下简称"葛沪"）直流增容改造工作，新增三沪Ⅱ回直流输电工程。

三峡电力系统以三峡电站为中心，向华中、华东、南方电网送电，供电区域覆盖湖北、湖南、河南、江西、安徽、江苏、上海、浙江、广东和重庆 10 省（直辖市）。

第 二 章

评估内容和结论

按照三峡工程第三方独立评估工作的要求，课题包括电力系统规划设计评估、输变电工程建设评估、输变电技术科技创新和设备国产化评估以及电力系统运行评估四个部分。

第一节 电力系统规划设计评估

三峡电力系统规划设计历时 20 年深入论证，为三峡电力系统的成功投运和安全稳定运行奠定了坚实基础。电力系统规划设计评估涵盖规划论证及工程设计过程、电源规划方案、电能消纳方案、输电系统规划及设计方案四个方面。

一、规划论证及工程设计过程

三峡电力系统规划论证及工程设计过程可分为三个阶段：第一阶段是配合三峡工程可行性研究及工程立项开展的电力系统初步论证工作，其结果纳入三峡工程可行性研究中；第二阶段是配合工程初步设计的三峡电力系统全面论证设计工作，包括三峡电站供电范围内的电力系统规划及其输电方式、输电电压、输电网络、配套输变电工程等方面设计；第三阶段是工程建设过程中的滚动设计调整工作，主要针对三峡电站送电方向和电力市场变化开展的补充论证、设计调整，以及三峡地下电站的电能消纳方案和配套输变电工程论证设计。

（一）初步论证

三峡工程包括枢纽工程、移民和电力系统三部分，三峡电力系统的前期论证是配合三峡工程可行性研究工作开展的，三峡工程的决策也是对三项建设内容同时做出的。

1986年6月，根据中共中央国务院下发的《关于长江三峡工程论证有关问题的通知》（中发〔1986〕15号），原水利电力部广泛组织各方面专家，在此前30多年来对三峡工程大量的勘测、科研、设计工作的基础上，组织14个专家组对三峡工程进行专题论证，电力系统论证是14项专题之一。电力系统专题论证的主要任务是：从发电效益出发，分析论证三峡工程建设的必要性和经济合理性，在满足经济发展用电需求的前提下，对三峡工程及其各种替代方案进行分析比较，从电力开发角度提出意见。1988年3月完成并审议通过了论证报告。论证报告深入分析了全国，特别是三峡可能供电地区内的能源和电力需求、长远的供电形势、煤电运输的情况，对于不建设或者推迟建设三峡工程可能的替代方案进行了全面分析，并对三峡电力系统进行了初步论证，主要结论如下：

（1）从发电效益看，三峡工程应该尽早建设。通过替代方案的比较，三峡2000年发电方案总费用现值最低，是电源开发方案中的最优方案。开发三峡工程是我国国民经济发展和能源平衡的迫切需要。

（2）三峡工程应向华东电网送电。输电容量暂按6000～8000MW考虑，电量按280亿kW·h考虑，在设计中再进一步论证确定。

（3）三峡工程向华中电网输电采用交流500kV方案；向华东电网输电采用交、直流500kV混合输电方案。

1990年7月6—14日，国务院在北京召开三峡工程论证汇报会，听取论证领导小组关于论证工作和《新编可行性报告》的汇报。会议认为：《新编可行性报告》已无原则问题，可报请国务院三峡工程审查委员会审查。

1991年3月召开了三峡工程可行性研究报告"发电与电力系统专题"预审会议，会议认为：三峡可行性研究报告有关发电及电力系统专题部分，是在专题论证基础上提出来的，基础工作扎实、结论可靠，达到了可行性研究报告应有深度，预审会议基本同意可行性研究报告的结论，可以作为国家宏观决策建设三峡工程的依据。

1992年4月3日，第七届全国人民代表大会第五次会议审议并通过关于兴建三峡工程的议案。经国家最高权力机关全国人大代表大会决定一项工程，这在我国是第一次。

（二）全面论证设计

三峡工程经国家最高权力机关决策后，进入初步设计阶段。为了做好三峡输电系统设计工作，原能源部于1992年10月在北京召开了三峡输电系统设计工作会议，下发《关于印发长江三峡工程输变电工程设计工作纲要的通知》（能源计〔1993〕192号），拉开了三峡输电系统设计工作的序幕。1993年4月，原电力工业部召开了三峡输变电工程设计工作协调会，1994年3月又召开了三峡输电系统设计研讨会，下达了设计任务和设计前期条件，确定了三峡输电系统设计文件框架，提出了三峡送电华东是采用交直流混合方案还是纯直流方案还需做进一步论证等要求。

1992—1994年，由电力规划设计总院组织中南电力设计院、华东电力设计院、西南电力设计院共同完成了《三峡输电系统设计》共10卷报告。1994年3月，原电力工业部对报告进行了预审，原则同意上报国务院三峡建委，国务院三峡建委组织26位专家进行了审查。1995年，原电力工业部根据国三峡办发装字〔1995〕016号文的要求，组织编写了《三峡输变电系统设计若干问题补充论证的报告》，并以电办〔1995〕331号文向国务院三峡建委申报。1995年12月14日，国务院三峡建委以国三峡委发办字〔1995〕35号文下达了《关于三峡工程输变电系统设计的批复意见》，批准了三峡输变电工程的系统规划设计方案，具体如下：

（1）三峡电站的供电范围为华中、华东和川东地区，设计送电能力为：华中12000MW，华东7200MW，川东2000MW。

（2）三峡输电系统共建线路9100km，其中直流输电线路2200km，交流输变电容量24750MVA，直流换流站容量12000MW（两个送端、两个受端）。

（3）三峡电站送电华东采用纯直流方案，直流电压等级定为±500kV；华中、四川交流输电线路及华东配套交流部分按500kV电压等级设计。

（4）三峡电站出线回路数按15回设计，留有发展余地。

（5）三峡输电系统的工程业主（项目法人）为国家电网建设总公司。

国务院三峡建委的批复是对三峡输变电工程做出的重要决策。

（三）滚动设计调整

1996年之后，在三峡输变电工程建设实施过程中，因三峡供电区的电力供需情况发生了很大变化，特别是2000年国务院决策"十五"期间外区向广东送电10000MW，其中三峡电力送广东3000MW，因此需对1995年批准的三峡电力系统设计进行补充论证、滚动调整，具体如下：

（1）2001年开展了"三峡输电系统设计的补充研究"工作，其目的是落实三峡向广东送电3000MW的决策，确保三峡电力全部送出和合理消纳；满足川电外送1000～1500MW的要求；进一步深化包括广东在内的三峡输电系统规划设计工作，在原规划方案基础上结合新的变化对三峡输电系统进行优化调整，提出新的调整方案。2002 年 7 月，国务院三峡建委以国三峡委发办字〔2002〕13 号文批复了三峡输变电工程调整方案。

（2）将三峡—广东直流输电工程（以下简称"三广直流输变电工程"）纳入三峡输变电工程。国务院三峡建委于 2002 年 7 月以国三峡委发办字〔2002〕29 号文下发了将三广直流输变电工程纳入三峡输变电工程管理的批复。2002 年 12 月，原国家电力公司向原国家计委报送了《关于三峡（华中）—广东直流输变电工程可行性研究报告的请示》；次年 3 月，国家计委以计基础〔2003〕248 号文下发关于三广直流输电工程可行性研究报告的批复。

（3）开展了三峡电能消纳方案的研究。1998—1999 年提出了三峡电能在华中、华东和川渝电网合理消纳的研究报告，2001 年提出了三峡电能在华中（四省）、华东、广东合理消纳的研究报告。

（4）按照国务院三峡建委第十四次会议纪要精神，根据三峡地下电站容量大、电量少及丰水期电能的特点，国家电网有限公司（以下简称"国家电网公司"）在 2006 年进行了深入的研究和论证，完成了地下电站—荆门输电线路、葛沪直流综合改造等三峡地下电站送出相关工程的可行性研究报告及其评审等前期工作；同时提出了以华中电网为主，部分电能经葛沪直流综合改造工程在华东电网消纳，部分电能参与华中、华北水火调剂的电能消纳方案。2006 年 12 月，国家电网公司上报了《关于报送三峡地下电站送出方案和送出工程投资估算的报告》（国家电网发展〔2006〕1219 号），提出关于三峡地下电站送出方案的推荐意见。

2007 年 8 月 1 日，国家电网公司向国家发展改革委报送了《三峡地下电站送出工程调整方案》（国家电网发展〔2007〕636 号），送出工程调整方案新增华中—华东输电容量 3000MW，完全可以满足三峡地下电站电能合理消纳的需要。葛沪直流综合改造（含三峡地下电站送出）工程于 2008 年 12 月 8 日获得国家发展改革委核准。

三峡电力系统规划论证遵循社会经济和电力长期发展规律，采用远近结合、电源与电网统一规划的方法，并根据系统内外部条件的变化及时进行调整完善。论证过程中应用了先进的生产模拟、仿真计算、动模试验等技术手段和方法。在工程设计阶段，具体工程设计工作严格遵循系统规划方案，支持采用各种国产化先进技术，充分、完整地实现了系统规划的各项目标。

三峡电力规划论证及工程设计工作系统、全面、科学，方案总体合理，满足了三峡电站发电机组投产过程中各阶段三峡电能全部送出及三峡电力系统安全运行的需求，是大型水电开发建设的成功范例。

二、电源规划方案

(一) 三峡电站发电方案与替代方案的比较

1986—1988 年，电力系统专题专家组对三峡电站发电方案与替代方案进行了经济比较。在保证三峡电站供电范围内电力需求的前提下，拟定了以下替代方案：①华中 7 个水电站（水布垭、高坝洲、潘口、江垭、洪江、凌津滩、石堤）加火电方案；②华中 7 个水电站加乌江 3 个水电站和火电方案；③华中 7 个水电站加金沙江的溪洛渡水电和火电方案；④纯火电方案；⑤纯水电方案（选择金沙江上的溪洛渡水电站和向家坝水电站）。

当时三峡工程的建设进度按 1989 年开工，2000 年 2 台机组开始发电，以后每年投产 4 台机组，到 2006 年 26 台机组全部投产发电。

方案比较采用常规方法和电源优化规划程序同时进行，对各种不同方案进行动态规划计算，以折算到某一基准年的总折算费用（包括投资和运行费用）为目标函数，按总折算费用最小的原则进行优化排序。三峡电站 2000 年发电方案与替代方案的比较结果见表 1.2-1。

表 1.2-1　三峡电站 2000 年发电方案与替代方案的比较（1986 年价格）

项　　目	三峡电站2000年发电方案	纯火电方案	华中水电+火电方案	华中水电+乌江水电+火电方案	华中水电+溪洛渡水电+火电方案	纯水电方案[③]
一、1989—2015年总费用现值/亿元[①]	140.8	164.4	159.9	156.5	151.6	164.6
其中：投资/亿元	133.7	88.2	93.1	99.1	110.3	127.7
煤费/亿元	0	57.2	51.7	39	33.1	23.7
运管费/亿元	7.1	19	15.1	13.5	13.3	13.2
二、1989—2050年总费用现值/亿元[②]	143.0	194.6	187.2	173	168.3	169.3
其中：投资/亿元	133.7	88.2	93.1	99.1	110.3	127.7
煤费/亿元	0	81.1	73.4	55.6	40.3	24.4
运管费/亿元	9.3	25.3	20.7	18.3	17.6	17.2
三、2000—2015年总耗煤量/亿t	0	3.28	2.96	2.25	1.68	0.932
四、1989—2015年总费用原值/亿元	380.9	745.1	703	627.9	578.5	561.3
其中：投资原值/亿元	340.6	274.9	286.3	298.2	326.5	383.9
水电/亿元	277.8	0	64.9	130.4	178.9	250.8
火电/亿元	0	241.3	188.4	137.4	53	137.4

续表

项　目	三峡电站2000年发电方案	纯火电方案	华中水电+火电方案	华中水电+乌江水电+火电方案	华中水电+溪洛渡水电+火电方案	纯水电方案③
输电/亿元	62.8	33.6	33	32.4	94.6	133.1
煤费原值/亿元	0	360.8	325.9	247.3	176	102.5
运管费原值/亿元	40.3	109.4	90.8	80.4	76	74.9
五、2015年指标						
装机/MW	17680	16800	16500	16500	16500	16500
耗煤量/亿t	0	0.27	0.244	0.188	0.82	0.008
煤费/亿元	0	29.7	26.9	20.7	9	0.88
送华东容量/MW	7000	1200	1200	1200	1200	6200
送华东电量/(亿kW·h)	280	35	35	35	35	265

①　为计算简便，总费用现值均折算到1989年，如折算到2000年可乘以系数3.85。

②　总费用原值是各年费用相加，未考虑折现。

③　纯水电替代方案中，溪洛渡、向家坝两电站按2005年发电计算。

（1）三峡电站2000年发电方案总费用现值为140.8亿元，比纯火电方案、华中水电+乌江水电+火电方案、华中水电+溪洛渡水电+火电方案低15.7亿～23.6亿元，是各电源开发方案中的最优方案。如按总费用原值计算，三峡电站2000年发电方案为380.9亿元，比其他方案低247.0亿～364.2亿元。

（2）三峡电站2000年发电方案与华中水电+溪洛渡水电+火电方案比较，金沙江两个替代方案的总费用现值高于三峡10.8亿～23.8亿元，总费用原值高197.6亿～180.4亿元。

根据当时华中、华东两地区电力发展规划，2000—2015年，共需增加电量5318亿kW·h，新增装机105GW，即使兴建三峡工程和当地其他水电站并尽可能建设核电站，仍需新建火电73GW，要从"三西"（包括陕西、山西、内蒙古西部）能源基地每年运进2亿t电煤，煤炭生产和运输都存在困难。与火电建设相比，三峡工程的建设相当于建成7个2400MW火电厂、1个年产4000万t煤的矿区和2条800km长的普通铁路。这在一次能源日趋紧张和运煤困难的条件下，对满足电力发展的需要具有重大意义。

对比结果表明，三峡电站具有容量大、电量多、靠近负荷地区等优势，尽早开发三峡电站与其他替代方案相比其总费用现值最低。从三峡电站投运以后的实际运行情况来看，其运行状态良好，支撑了受电地区经济发展，效益显

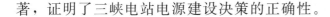

著，证明了三峡电站电源建设决策的正确性。

（二）三峡电站分厂容量布置

三峡左、右岸电站独立运行，相互间无电力联系，每个电站的母线均设有分段联络断路器，由于左、右岸两个电站的容量都比较大，从电站安全运行、系统短路电流水平控制等方面考虑，经多次讨论认为，在正常运行方式下，左、右岸电站的分段断路器宜断开，即电站分成四段母线运行。根据三峡机组二机一线送出的主接线和送各大区的送电容量，三峡四段母线（称为左一、左二、右一、右二）装机取两个方案，即 8 台、6 台、6 台、6 台（方案 1）和 6 台、8 台、6 台、6 台（方案 2）。

计算结果表明，方案 1 与方案 2 相比，具有以下优点：

（1）电站本身和华中电网对送电川东和华东的潮流变化适应性强。

（2）左岸两段母线并网运行的概率或电站减出力运行概率小，有利于控制短路容量和系统安全稳定运行。

（3）一般情况下，不会出现电站某一段母线与华中电网脱开的运行方式，有利于运行调度和管理。

鉴于上述优点，最后确定三峡四段母线装机采用方案 1，即接入机组台数为 8 台、6 台、6 台、6 台。三峡电站多年运行实践表明，该方案在保障水电机组稳定发电、电网安全运行以及充分发挥电站发电效益等方面发挥了重要作用。

（三）三峡电站装机规模

工程初步设计阶段将三峡水库水位确定为 175m，并将机组单机容量由可行性研究论证阶段确定的 680MW 提高到 700MW，总装机容量由 17680MW 增加至 18200MW，相应地，设计年平均发电量由 840 亿 kW·h 增至 847 亿 kW·h。电力系统初步论证阶段提出三峡电站装机规模应充分留有扩建余地的建议，在 1992 年的电站初步设计中提出建设地下电站，以便利用长江汛期弃水发电，增加三峡枢纽发电量和调峰容量。地下电站全部投产后，三峡电站设计年平均发电量进一步增至 882 亿 kW·h。2010 年，三峡电站全年发电量为 843.7 亿 kW·h，接近设计年平均发电量。2012 年，地下电站全部投产，三峡电站全年发电量为 981.07 亿 kW·h，超过设计年平均发电量。从实际运行来看，上述电源规划调整能更充分地利用三峡水力资源，更好地发挥三峡电站发电能力，从而进一步提高三峡工程的能源利用率。

此外，三峡工程建设前，我国国产最大的水轮机组是 1987 年在黄河上游青海龙羊峡水电站投产的 320MW 水轮机组，通过三峡工程，我国掌握了大型水轮发电机组核心制造技术，一些原先落后的关键技术迅速达到了世界先进水平。

三、电能消纳方案

（一）方案概况

三峡电能消纳方案是以《印发国家计委关于三峡电站电能消纳方案的请示通知》（计基础〔2001〕2668 号）（以下简称"2668 号文"）及《印发国家发改委关于三峡"十一五"期间三峡电能消纳方案的请示的通知》（发改能源〔2007〕546 号）（以下简称"546 号文"）为依据，结合实际来水情况制定的。

1. 2668 号文确定的电能消纳方案

三峡电能在华东、华中和广东之间的分配方案：三峡左、右岸电站 26 台机组在 2003—2009 年陆续投产发电。其间，在三广直流输电工程 2004 年建成送电以前，电量按 5∶5 送往华东和华中。三广工程投产，并在分别达到送华东和广东直流工程的设计输电能力后，其余电力均送华中。三峡电站在汛期的调峰电量，原则上按照各地设计输电能力的比例安排。在非汛期，电量以 16%、40% 和 44% 的比例，分别向广东、华东和华中输送；电量的分配，考虑华中电网枯水期缺电量，需要适当多留，因此电量比例在上述比例的基础上，原则上调整为 16%、32% 和 52%。

三峡电能在华中四省之间的分配方案：分配比例为河南 25%、湖北 35%、湖南 22% 和江西 18%。考虑"十五"期间江西电力富余容量较大，"十五"期间送往华中的电量在河南、湖北和湖南之间暂按 40%、40% 和 20% 的比例分配。2006 年及以后年度，逐步增加向江西送电，至电站正常运行时，达到上述的最终比例。非汛期在华中四省之间电量比例调整为河南 10%、湖北 42%、湖南 30%、江西 18%。

三峡电能在华东三省一市之间的分配方案：三峡电量在华东地区的最终分配比例为上海 40%、江苏 28%、浙江 23%、安徽 9%。

2. 546 号文确定的电能消纳方案

"十一五"期间三峡原计划电量仍参照 2668 号文分配方案执行，546 号文调整范围仅为三峡电站在 2668 号文基础上增发的电量。

"十一五"期间将重庆纳入三峡供电范围，每年三峡增发电量中的 20 亿 kW·h 送重庆；其余增发电量参照 2668 号文在华中、华东、广东地区分配的原则执行。

至 2010 年，三峡电站进入正常运行期，其电能按 2668 号文的原则进行分配。

3. 三峡地下电站电能消纳方案

相关专题研究结论：汛期地下电站电力向华东送电 3000MW，其余电力送华中；在非汛期地下电站电力以 71％和 29％的比例分别向华东和华中输送。地下电站所增加电量全部在华中消纳（三峡地下电站电量汛期全部送华东，非汛期利用三峡送华东电量返还给华中）。

根据以上结论，确定三峡地下电站电能消纳方案如下：

在华中区内的消纳方案：三峡地下电站分配给华中的电力电量全部在湖北消纳。

在华东区内的消纳方案：三峡地下电站分配给华东的电力电量在上海、江苏、浙江和安徽三省一市消纳。电量全年按 2668 号文比例分配；电量汛期按 2668 号文比例分配，非汛期也按 2668 号文比例将汛期受入的地下电站电量返还给华中。

（二）电能消纳现状

可行性研究论证阶段充分考虑在负荷需求旺盛的情况下，华中地区煤炭资源缺乏、华东地区整体能源资源匮乏的状况，提出三峡电能在华中电网和华东电网消纳，以实现三峡工程供电、节煤、缓解交通压力和环保的多重目标。输电系统设计阶段受亚洲金融危机影响，三峡部分受电地区电力需求增长减缓，为满足广东省负荷发展需要，适时将供电范围扩大到南方电网。电力系统运行实践证明，三峡电能消纳方案缓解了各受电区供电紧张的局面，支撑了当地经济发展，规划制定的消纳方案是合适的。

2003 年以来，三峡电站机组陆续投产发电。由于三峡工程建设速度加快，机组投产时间提前，水库蓄水位提高，三峡电站实际发电量大于三峡电能消纳方案确定的发电量。三峡电能的竞争力强〔落地电价较各省平均上网电价低 0.05～0.07 元/(kW•h)〕，在电力需求持续增长的形势下，各省市纷纷要求增购三峡新增电量。截至 2013 年年底，三峡电力系统分别向华中电网（含重庆）送电 2920.32 亿 kW•h，向华东电网送电 2775.11 亿 kW•h，向南方电网送电 1361.48 亿 kW•h。事实表明，三峡电能（包括新增电量）通过三峡输电系统全部消纳，消纳方案执行情况良好，达到了 2668 号文及 546 号文指定的电量比例，少量偏差主要由"十五"期间增发电量的分配、三峡试运行电量以及三峡实际丰、枯期来水状况与平水年的差异所形成。

（三）远期适应性

从电力市场空间分析，三峡各受电区 2015 年共需要电源装机容量为 522GW，三峡装机容量占受电区 2015 年需要装机总量的 4.3％。2020 年及以后，随着供电区装机总量进一步增大，三峡装机容量所占比例逐年降低。可见，三峡电力占受电区需要装机容量的比例较小，在各受电区的消纳是有保障的，未来市场更为广阔。

华中四省（湖北、湖南、江西、河南）电网 2020 年电源装机需求超过 200GW，完全具备消纳三峡电力电量的能力。结合国家西部水电开发外送需要，未来三峡水电继续按目前分配方案外送、华中地区由西南水电接续供电，或是三峡水电全部在华中地区消纳，利用三峡输电系统转送西南水电至华东、广东，均是可行的。

四、输电系统规划及设计方案

（一）方案概况

三峡输电系统规划方案明确了三峡电能的输电方向、输电方式及外送网架等框架体系。三峡电能向华中电网、华东电网及南方电网输送。在华中电网内部为交流输电方式，采用交流方案向川渝电网（重庆）送电，采用直流方案跨区外送华东电网及南方电网。三峡近区交流网架深入湖北电网内部，并与河南、湖南、江西电网互联，构成华中四省同步电网；在此基础上，与川渝联网，并与华东、南方电网异步联网，形成跨大区互联电网格局。在工程设计阶段，上述规划目标通过具体工程设计工作予以充分完整实现。

三峡输电系统设计方案主要包括电站接入方案、三峡近区交流电网方案及三峡直流跨区输电方案三部分。

1. 电站接入方案

依据《关于三峡工程输变电系统设计的批复意见》（国三峡委发办字〔1995〕35 号），三峡左、右岸电站共出线 15 回（图 1.2 - 1），其中三峡左岸电站出线 8 回，右岸电站出线 7 回。考虑到左、右岸电站又各自分两厂运行，四段母线的出线回路分别为 5 回、3 回、4 回、3 回，具体描述如下：

（1）左岸电站共出线 8 回，左一电厂出线 5 回，向东出线 3 回至龙泉换流站，向华东电网送电，并通过龙泉—斗笠线接入湖北中部环网；向西出线 2 回至万县（现重庆市万州区），给重庆送电。左二电厂出线 3 回至江陵（荆州）换流站，向广东送电，兼顾荆州地区供电。

（2）右岸电站出线共 7 回，右一电厂出 4 回，2 回至葛洲坝（宋家坝）换流站、2 回至江陵（荆州）换流站；右二电厂出 3 回至宜都换流站，向华东电网送电，并通过宜都—江陵（荆州）线接入湖北中部环网。

考虑川电东送需要，多次调整出线方案，最终于 2006 年将原规划三峡—万县双回线改接为龙泉—万县双回线，三峡左、右岸电站出线总数从 15 回减

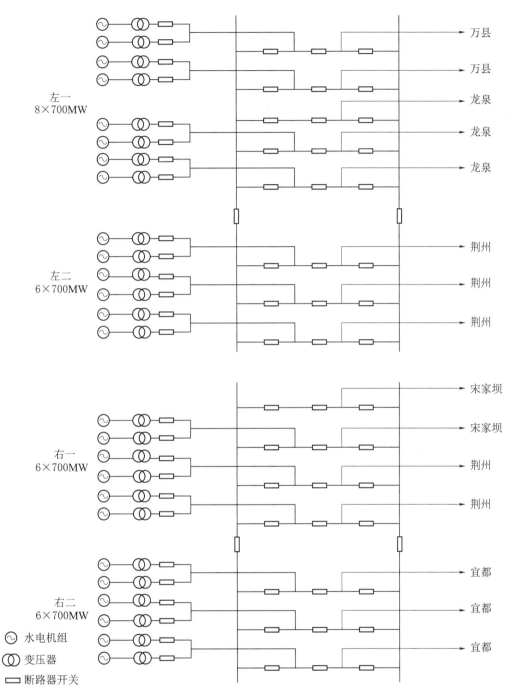

图 1.2-1   三峡电站出线示意图

少为 13 回。

　　为配合三峡地下电站投产，新建地下电站出线 3 回至团林换流站，向华东电网送电，并通过团林—荆门线、团林—江陵线接入湖北中部环网。计及地下电站出线，整个三峡电站 500kV 电源出线达到 16 回。

2. 三峡近区交流电网方案

三峡电站处于华中电网的枢纽位置，通过 500kV 交流电网实现三峡电能在华中电网内部消纳。三峡近区交流电网构成如图 1.2 - 2 所示。三峡近区电网与华中电网各省间的联络线具体描述如下：北部通过荆门—南阳线、樊城—白河线、孝感—泖河线与河南电网联网；南部通过葛洲坝换流站（简称"葛换"）—岗市线、江陵—复兴线与湖南电网联网；东南部通过咸宁—梦山线、磁湖—永修线与江西电网联网；西部通过龙泉—九盘、恩施—张家坝两个走廊与重庆电网联网。

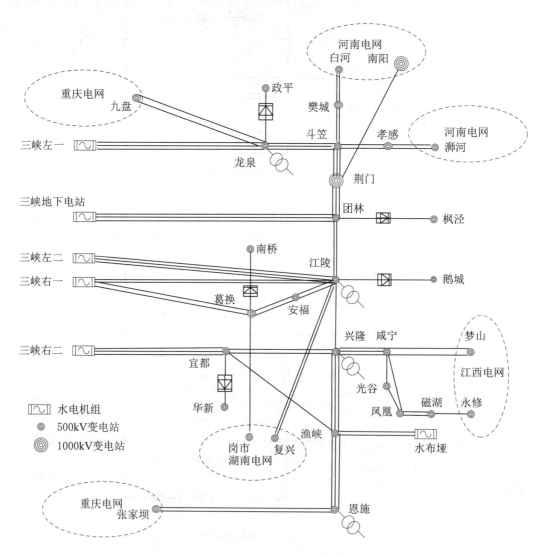

图 1.2 - 2　三峡近区交流电网构成图（2013 年）

3. 三峡直流跨区输电方案

除了在华中电网内部消纳外，其余三峡电能跨区外送。通过 3 回 ±500kV

直流线路跨区送电华东电网，分别是三常、三沪、三沪Ⅱ回直流工程，通过 1 回±500kV 三广直流跨区送电至南方电网，设计电压等级均为±500kV，单个直流工程设计输电容量为 3000MW。三峡直流跨区输电方案如图 1.2-3 所示。

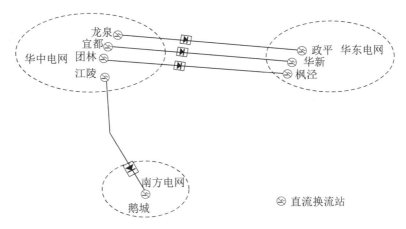

图 1.2-3　三峡直流跨区输电方案示意图

(二) 输电能力及系统参数选取

1. 输电能力

三峡电站 500kV 电源出线采用 $4\times400mm^2$ 及 $4\times500mm^2$ 导线，单回线输送能力为 2200～2800MW，16 回出线能够满足电网静态 $N-1$ 安全运行要求。

三峡通过湖北电网向华中电网（包括湖南、江西、河南、川渝电网）送电能力为 12900MW，再计及湖北电网对三峡水电的消纳能力，达到并超过可行性研究阶段提出的向华中电网送电 10000～12000MW 的设计输电能力。三峡向华东及南方电网跨区送电的 4 回±500kV 直流输电能力达到 12000MW，与可行性研究阶段的设计能力相符。三峡交直流系统总输电能力为 24900MW，能够满足三峡电站全部机组满发的外送需求。

2. 输电系统参数选取

三峡近区采用 500kV 交流电网疏散电力。在三峡近区 500kV 交流输变电工程基础上，形成了湖北中部荆门—斗笠—孝感—玉贤—军山—江夏—凤凰山—咸宁—兴隆—江陵—团林—荆门双回 500kV 大环网，并通过鄂豫、鄂湘、鄂赣联络线分别与河南、湖南、江西电网联系，通过两个双回线通道与川渝联网。三峡近区 500kV 交流方案的选择，既与湖北省已有的 220kV 电网良好衔接，又加快了华中 500kV 主网架发展，电压等级选择合理。

三峡采用直流跨区输电方案。送端换流站选址在三峡电站厂区外，是充分考虑到厂外方案具有地理位置适中、地势开阔、进出线方便、对系统变化的适应性强等优点，使得厂区内接线简单，有利于电厂安全运行。各送端换流站除直流送出线路外，还通过多回交流线路接入华中 500kV 电网，实现了来自各方的电能在换流站汇集，有利于电网灵活运行，电能合理消纳。采用直流跨区输电方案，并依据《电力系统安全稳定导则》（DL 755—2001）的要求确定了与送受端电网规模相匹配的输电容量，单回直流容量小于受端电网容量的 10%（经验参考值），且采取多回直流分散接入受端电网，保障了交直流系统安全可靠运行。实际运行情况表明，三峡送华东电网 1 回直流线路发生双极闭锁，华东电网能够保持稳定运行。此外，通过发挥直流功率灵活、快速、可控的优点，还能在交流电网故障情况下提供功率支援。

三峡工程建设和运行实践表明，三峡输电系统规划设计方案合理。

（三）工程设计及科技创新

三峡输变电工程技术要求高、难度大，工程设计在很多方面都进行了大胆的创新和探索，包括对换流站国内成套设计，换流站设备国产化，输电线路大截面导线，大跨越导线和金具，交、直流输电线路塔型和路径的优化，紧凑型线路和同塔双回线路，变电站的 HGIS（Hybrid Gas Insulated Switchgear）设备的应用等，在工程设计中重点考虑了工程对环境的影响。在换流站的噪声控制设计、各种原状土基础和全方位高低腿技术、塔基基面综合治理等方面都做了大量应用技术的研究和创新，并成功投入实际应用。例如三峡输变电工程第二个 500kV 变电站——南昌变电站，在初步设计阶段就大胆创新，提出了国产化综合自动化、保护下放的模式，在国内属首创。南昌变电站成功投运后，全国新建的 500kV 变电站都采用了这种先进的模式，带动了全国变电站先进技术的应用，提高了变电站的自动化水平。通过三峡输变电工程的设计，国内设计单位在输变电领域的设计能力得到大幅提升。特别是直流输电工程设计，国内设计单位通过引进国外关键技术，加快消化吸收，设计能力逐步提高，设计范围不断扩大，实现了直流输电工程设计的自主化。

（四）输电系统结构安全可靠性的全面校核

为深入检验三峡输电系统的安全可靠性，1995 年 9 月，原电力工业部部署了动模试验研究任务，成立了以原电力规划设计总院为组长单位、中国电力科学研究院为副组长单位的工作小组，对三峡输电系统结构及其安全可靠性开展全面测试。研究共分三个阶段进行：第一阶段为 1995 年 9 月至 1996 年 10 月的国内仿真计算阶段；第二阶段为 1997 年 6 月至 1998 年 10 月的俄罗斯动态模拟计算阶段；第三阶段为国内数模混合仿真试验阶段。

仿真计算和动模试验研究主要结论如下：

（1）三峡输电系统在一般和严重故障条件下都具有较高的稳定水平，能很好地满足《电力系统安全稳定导则》（DL 755—2001）的要求。在采用快速励磁的三峡、二滩等主要电站机组励磁系统配置电力系统稳定器（Power System Stabilization，PSS）能有效抑制低频振荡。

（2）三峡系统 2010 年输电网络作为三峡工程建成后的目标网络，能较好地满足多种运行方式下系统运行的要求，并有一定的安全裕度。

（3）直流输电系统各种故障引起的单极或双极闭锁都不会导致送、受端交流系统失去稳定和系统频率的大变化；交流系统发生故障后存在直流发生换相失败的现象，但故障消除后，直流输电系统能够恢复正常运行，证实了采用直流输电方案在技术上是可行的。

从首台机组投运至 2013 年年底，三峡输电系统已安全稳定运行 10 年，实际运行情况与论证结论相符合，在各个运行阶段、各种运行方式下均有较高的安全稳定裕度，实现了三峡电力全部送出及有效消纳，保障了电站效益的发挥。事实证明，三峡输电系统结构合理，运行安全稳定。

（五）远景适应性

在三峡电站建设之初，我国各区域电网尚处于孤立运行阶段，既无法实现更大范围内的电能优化配置，也限制了各区域电网之间错峰避峰及事故后相互支援能力的发挥。三峡电站地处华中电网的中间位置，具有地理上的天然优势，对电网互联可以起到枢纽作用，再加上其巨大的容量效益，对于推动区域电网互联起到了重要作用。

三峡电站的开发建设，加快了华中电网发展速度，形成以三峡近区电网为核心的坚强区域性电网。三峡电站向华东电网输电，促成了华中和华东两个区域电网互联；同时三峡电站地处华中电网中部，充分发挥其地理优势，与川渝电网联网，实现了四川水电外送；向广东省送电，实现了与南方电网的互联。在此基础上，华中电网与华北电网、西北电网联网，全国联网的格局基本形成。三峡电站在全国联网形成过程中发挥了重要的促进作用。

未来三峡直流送入电力占受电区需要电源装机容量的比例逐步下降，三峡直流输电工程功能定位也将随之发生变化，由主输电通道向输电兼调节通道发展，运行更为灵活。枯水期三峡直流运行功率约为额定功率的 20%，尚有空余容量，具备接续输送西南水电或外来盈余电力的潜力；利用三峡直流的可调节容量，参与华东电网、南方电网调峰，还可提高受电区接纳可再生能源的能力。综上所述，三峡输电系统对电网发展的适应性良好。

第二节　输变电工程建设评估

三峡输变电工程建设有序，投资、质量、安全得到有效管控。对三峡输变电工程建设从管理体制与制度、资金和工期、质量和安全、生态环境保护、工程建设能力五个方面进行评估。

一、建设概况

三峡输变电工程建设自 1995 年开始准备，以 1997 年三峡—万县输变电工程开工为标志，工程正式进入建设阶段。截至 2007 年年底，三项直流工程全部投产，三峡输变电网络基本建成。同时，三峡输变电工程建设完成系统二次及通信工程相应的安全稳定控制和调度自动化工程。三峡输变电工程建设进度总体上比计划提前一年。此外，为配合三峡地下电站建设，2006 年开工建设三峡输电线路优化完善工程，2009 年开工建设三峡地下电站送出交流工程、宜都至江陵改接兴隆 500kV 线路工程、葛沪直流综合改造工程，至 2011 年年底全部建成。

三峡输变电工程竣工决算金额总计 431.39 亿元（其中，不含增值税部分 424.27 亿元，抵扣的增值税 7.12 亿元）。

二、管理体制与制度

（一）建设管理体制

三峡输变电工程建设过程中，建立了市场化的运作模式、多渠道融资体系、合理的投资管理制度和政府监管体系。

（1）建立了国务院三峡建委领导的指挥决策系统、国务院三峡工程建设委员会办公室（以下简称"国务院三峡办"）为主体的组织协调系统和企业为项目法人的市场主体。三峡输变电工程建设处在我国从计划经济向市场经济转型的时期，也是不断深化投资体制改革和建设项目管理体制改革的时期。三峡输变电工程建设前，我国政府投资项目大多采用设立"工程建设指挥部""基建办公室"或使用单位"自建、自管、自用"的管理模式，各级政府、各行政部门及各有关事业单位都可行使对所建设公共项目的管理权。三峡输变电工程积极探索有效的管理体制，逐步形成了"政府主导、企业管理、市场化运作"的基本架构。"政府主导"即政府负责项目决策与立项审批，负责项目建设中的稽查、审计和建成后的验收，制定相关政策，协调国家、地方、企业之间的重

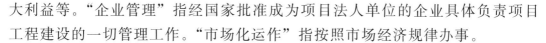

大利益等。"企业管理"指经国家批准成为项目法人单位的企业具体负责项目工程建设的一切管理工作。"市场化运作"指按照市场经济规律办事。

（2）建立了三峡建设基金、企业自有资金和银行贷款结合的多渠道融资体系。

（3）建立了"静态控制、动态管理"的投资管理制度。根据三峡输变电工程建设周期长、外部条件复杂多变的建设特点，国务院三峡建委制定了以"静态控制、动态管理"为原则的投资管理制度，成功解决了工程建设不确定因素与投资控制的矛盾，有效控制了工程总体投资规模。"静态控制"是指不得突破国务院三峡建委审定的、以1993年5月末价格水平为基础编制的系统设计概算；在工程具体实施中，三峡输变电工程静态投资实行"总量控制、合理调整"。"动态管理"是指对建设期物价、汇率变动以及融资成本按规范的办法进行核定，动态投资指由于建设期物价、汇率等变动产生的价差以及发生的融资成本，实行"逐年审定、有效监管"。

（4）建立了工程稽查制度与国家验收制度构成的政府监管体系。2002年开始，国务院三峡建委组织三峡输变电工程稽查组对三峡输变电工程进行了多次年度稽查，对三峡输变电工程的综合管理、工程质量、工程进度、安全生产、投资控制、财务管理和经营绩效七个方面进行稽查。国务院三峡工程验收委员会已完成对三峡输变电工程的验收工作。

三峡输变电工程实现了"政府主导、企业管理、市场化运作"的建设管理体制创新，实践表明，这一建设管理体制是科学、高效的。

（二）现代管理制度

三峡输变电工程管理引入了由项目法人制、资本金制、招投标制、合同管理制和工程监理制构成的现代工程管理制度，为输变电工程建设管理奠定了完善的管理架构。

（1）国家电网公司作为项目法人，明确了市场主体地位，其间虽有机构更迭，但由于制度延续、人员稳定，管理工作保持了连续性，落实了项目法人制度。

（2）建立了以三峡建设基金为主、企业自有资金为辅的资本金制度，资本金比例远高于其他工程，降低了工程造价，降低的输电成本惠及用电地区。国务院三峡建委下达了《关于三峡输变电工程资金需求测算和筹措方案》，批准三峡输变电工程采用三峡工程建设基金（以下简称"三峡基金"）和电网收益再投入作为资本金，并利用开发银行贷款和外资完成投资。三峡输变电工程使用三峡基金297.62亿元，贷款121.45亿元，自有资金垫资5.20亿元。由于有三峡基金作保障，资本金充裕，有效降低了融资成本，有利于降低工程造价。

（3）设计、施工、监理全面招标，是输变电工程全面招投标的开端，培育了有序竞争的建设市场环境。三峡输变电工程建设一开始，就在全国输变电工程建设进程中率先严格执行国家有关部门颁布的招投标相关规定、条例和细则，本着"公平、公正、公开、科学、择优"的原则，开展设计、监理、施工、材料和设备采购的招投标工作。2000 年《中华人民共和国招标投标法》（以下简称《招标投标法》）颁布后，原国家电力公司电网建设分公司进一步依法加强招标管理，并通过工程实践逐步全面推行公开招标，择优选择参建单位、设备和材料供货厂商。在招标实践中，结合三峡输变电工程建设特点，围绕工程建设目标，逐步完善招标方式、评标办法，使招投标工作更加规范化、制度化、合理化。在工程后期，还建立了以"统一归口、精细管理，集中招标、依法规范，廉洁高效、诚信负责"为指导思想的集中规模招标办法，进一步扩大了公开招标比例，加强了招投标的组织和监管工作，取得了控制投资的良好效果。

（4）以合同为中心，对参建各方有效管理，实现市场化环境下的工程组织管理。三峡输变电工程的合同文本内容规范，较早地纳入了国际通行条款，明确各方的责任、义务。在工程建设过程中，坚持以合同为依据，利用先进管理软件，清晰地列出各合同履行阶段和履行情况，更加利于合同履约，同时按照合同规定的质量、安全、工期、价格等条件严格考核合同双方责任，促使各参建单位普遍提高了工程建设管理水平。工程建设中合同签订、变更程序严格，从而促进和加强了工程的计划管理、资金管理、物资管理，强化了工程造价管理，确保了工程的工期和质量。三峡输变电工程建设过程中建立的合同管理制度，在招标过程、合同产生、合同执行、索赔结算、合同管理的各个环节均作了详细规定，并考虑了各环节的有效衔接，具有可操作性，保证了合同的工作目标和投资控制的实现，避免了人为干预的因素，起到了合同制应有的作用。

（5）创造性地提出"小业主、大监理""四控制、两管理、一协调"等理念和方法，充分发挥了监理作用。从三峡输变电工程初期试点，到二期、三期工程全面开展，监理制度在三峡输变电工程建设中诞生、成长，并得以全面推行和完善，形成了规范有序、效果明显的工程建设管理模式。提出了"小业主、大监理"的管理理念；监理单位在法律法规框架内依法行使权利，履行责任义务，工作成效显著，开展"四控制（进度、投资、质量、安全）、两管理（合同和信息）和一协调（工程外部关系）"等工作，落实了工程监理制度。

三、资金和工期

（一）建设进度

根据三峡电站的装机计划与工程实际进度，按照整个三峡输变电工程总体系统规划设计，三峡输变电工程建设计划分成四个阶段：第一阶段为1997—2003年，配合三峡电站首批机组投运后的电力外送；第二阶段为2004—2006年，配合三峡左岸电站14台机组全部投运及其电力外送；第三阶段为2007—2008年，配合三峡右岸电站12台机组投运及电力外送；第四阶段为2009—2012年，配合三峡地下电站6台机组投运及电力外送。

1997—2003年，三峡输变电工程累计投产27个交流线路单项工程，线路总长度3462km；11个交流变电单项工程，变电总容量为7750MVA；1项直流工程，即三常直流工程，线路长890km，直流换流站2座，换流站容量为6000MW；二次系统单项工程9项，包括调度自动化工程4项。截至2006年年底，三峡输变电工程累计投产交流线路单项工程39个，线路总长度4964km，交流变电单项工程25个，变电总容量为16750MVA；直流工程单项工程2个，即三广直流工程和华中、西北电网互联的灵宝背靠背直流输电工程（简称"灵宝直流工程"），直流线路长975km，直流换流站3座，换流站容量为6720MW。2006年12月，三沪直流输电工程投产，线路长1100km，换流站容量为6000MW。截至2007年年底，荆州—益阳Ⅱ回、右换—荆州双回、右二—右换3回、荆门—孝感Ⅱ回、咸宁—凤凰山Ⅱ回、潜江—咸宁Ⅱ回线路，以及万县扩建、长寿扩建、双林扩建、宜兴扩建、吴江扩建、荆州扩建等变电工程陆续投产，三峡输变电网络基本建成。2011年年底，配合三峡地下电站电力消纳，建成地下电站送出交流工程、宜都至江陵改接兴隆500kV线路工程、三沪Ⅱ回直流工程，直流线路长975.9km，换流站容量为6000MW。

三峡输变电工程总体建设计划合理，工程安排科学有序，工程进度控制有力，能确保电站投产的各台机组电力及时、全部送出，充分发挥了工程投资的效益。

（二）投资控制

三峡输变电工程建设过程中，使用三峡工程建设基金（以下简称"三峡基金"），降低融资成本；以设计为龙头，采用安全可靠、先进适用的技术；全面推行招投标制度，合理运用竞争机制；坚持国产化产业政策，实现性价比最优；积极争取政策扶持，创造良好外部建设环境；严格造价过程管理，用好每一分钱。

三峡输变电工程动态概算为 502.61 亿元（初步设计批复的现价动态概算总投资），决算投资总额为 431.39 亿元，相比概算节约投资 14％；单项工程造价合理，平均比同期同类工程低 10％左右。

三峡输变电工程财务管理严格，资金专款专用，投资控制合理。

四、质量和安全

（一）质量控制

三峡输变电工程在建设过程中，明确质量目标，实现了安装工程优良率 95％，土建工程优良率 85％；健全质量体系，建立项目法人、建设单位、施工单位三级管理、五级监测的组织管理体系和完备的制度体系；落实旁站监理、材料质检等质量管理措施。

三峡输变电工程质量控制效果优良，实现了"达标投产""创一流工程""全过程创优""全员创优""以人为本""绿色环保施工"等质量管理目标。98项单项工程中，8 项获得"国优"，12 项获得"部优"称号。工程投运后，输变电设施运行安全可靠，直流设施可靠性水平处于世界先进行列，交流输变电工程可靠性水平高于全国平均水平。

（二）安全管理

三峡输变电工程在建设过程中，明确安全管理目标；健全安全体系，包括风险管理、应急管理、事故调查和统计分析三位一体的组织管理体系和不断完善的安全管理制度；确立"管工程必须管安全"的理念，充分发挥建设管理单位和监理单位的作用；落实文明施工等安全管理措施。

三峡输变电工程建设实现了安全文明施工。三峡输变电工程未发生重大人身伤亡事故、重大设备质量事故或其他重大安全事故，安全情况始终处于受控状态。

五、生态环境影响

三峡输变电工程环境保护工作体系健全，是输变电工程建设领域全面控制环境影响的开端。三峡输变电工程以前的输变电工程建设环境保护工作较少，对电网环保从认识上处于模糊阶段，主要为就事论事的零散被动的工作方式，更缺乏配套的规章制度。三峡输变电工程自 1995 年开始准备时起，就以高度的社会责任感，严格遵守国家出台的各项相关法律法规，并实时根据法规变化进行调整，不断提高对工程建设的环境保护要求。随着工程建设的不断推进、建设水平的不断增强、环境保护认识的不断深化，逐步认识到规范行业内输变电工程建设的环境保护行为的必要性，陆续制定了一系列的管理规定。2004

年制定了《国家电网公司环境保护管理办法》，成为输变电工程建设环境保护工作的基本依据，也是我国首个输变电工程环保管理规范；2005年，通过总结三峡工程取得的环保经验，制定了《国家电网公司环境保护监督规定》，进一步加强国家电网公司环境保护工作的监督管理，建立环保监督的常态机制；2006年，为配合国家"建设项目环境影响评价制度"的全面落实，制定了《国家电网公司电网建设项目环境影响评价管理暂行办法》，首次在行业内将环评工作制度化。环保工作一系列的规章制度体系建设有力地推动了输变电工程环保监督管理的制度化和规范化。

　　三峡输变电工程建立了三级管理的组织体系。为确保三峡输变电工程生态与环境保护工作落到实处，由国家电网公司总经理全面负责三峡工程环境保护工作，并层层落实到工程建设管理的各个层面和环节。监理单位由总监理工程师负责其监理标段的环境保护工作，各施工单位由项目经理直接负责领导、管理其施工标段的环境保护工作。三峡输变电工程环境保护现场工作组织机构如图1.2-4所示。

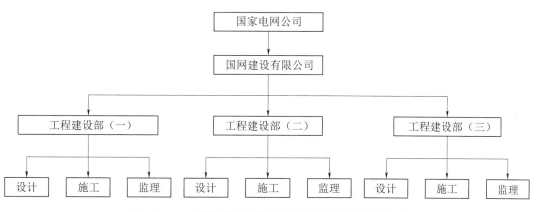

图1.2-4　三峡输变电工程环境保护现场工作组织机构

　　为实现环境保护目标，三峡输变电工程采用了一系列技术措施，主要包括以下内容：

　　（1）变电站、换流站站址优选，尽量利用荒山、荒地、劣地，尽量避开林区，以减少对林木的砍伐，尽量避开农田，特别是基本农田。

　　（2）采用全流程数字化电网技术，优化线路路径，并在林区采用高塔架设方案，减少森林砍伐和农田占用。

　　（3）优化站区总平面布置，最大限度地减小工程占地面积。在施工建设时，将施工临时占地设在变电站站址范围内，避免或尽量减少站外的临时占地。在施工过程中合理安排施工时序，尽量保护站区表层耕植土，回填时使耕植土位于上层，便于植被恢复。

（4）采用了全方位高低腿铁塔，减少基面的开挖，保护植被，减少水土流失。

（5）开展换流站噪声治理工作，在换流变压器和平波电抗器的防火墙上贴吸声装置，前方加带吸声结构的声屏障；在电抗器外装设有吸声装置的消声、隔声罩，以降低电抗器发出的噪声；阀冷却塔前装设隔声屏障；空调机组前装设隔声屏障；将电容器组的单塔框架结构改为双塔或是三塔框架结构，降低噪声辐射高度，必要时在噪声较大的设备集中的一段围墙上加一定高度的轻型隔声屏障，以控制噪声向外辐射。

三峡输变电工程的电场强度、无线电干扰等环境影响指标均低于国家有关标准要求的限值。通过三峡输变电工程建设，输变电环境保护技术取得了长足进展，实现的一系列创新多次获得了国家、行业科学技术进步奖，三沪直流输电工程获得 2007 年亚洲输变电工程奖和 2008 年国家环境友好工程奖，说明环境保护管控体系是合理的，环保措施是有效的。

六、工程建设能力

三峡输变电工程锻炼了设计、施工队伍。国内六大区域电力设计院和主要的省电力设计院共计 10 余家设计单位参加了三峡输变电工程设计工作。国内除西藏自治区和台湾省外，各省的电网输变电施工企业均先后经过投标竞争参加了三峡输变电工程的输电线路和变电站工程的施工建设。通过三峡输变电工程的实践和全面锻炼，培养了一批具有国际先进水平的科研、建设、管理人才，成为我国电网建设的骨干与中坚力量。

"三峡输电系统工程"项目获得 2010 年度国家科学技术进步一等奖，我国工程设计技术水平获得了重大突破与认可。通过三峡输变电工程建设，提高了输电线路勘测设计的深度和水平，优化了线路选线、铁塔设计、基础设计、绝缘配置，设计了同塔双回紧凑型线路，优化变电站布置，采用紧凑设计，减少占地面积和建筑物面积，全面推行变电站控制、保护系统综合自动化，采用分层分布系统、保护下放等，全面提升了输变电工程建设整体设计水平。

通过三峡输变电工程的建设，我国施工企业全面提升了管理水平、技术水平、工程质量和工艺水平。500kV 宣城变电站和荆潜输变电工程获国家优质工程银质奖；线路施工开发了 250kN 张力放线设备，实现大截面导线一牵四张力放线；首次采用动力伞和遥控飞艇展放牵引绳，实现了大跨越不封航架线。

通过三峡输变电工程建设，全面提高了我国输变电工程规划、设计和施工技术与管理水平，基本确立了我国电网建设在世界输变电工程建设领域中的领先地位。

第三节　输变电工程科技创新和设备国产化评估

三峡输变电工程的技术参数和性能要求高，特别是超高压大容量直流输电设备，达到了世界先进水平。三峡输变电工程科技创新和设备国产化评估从科技创新、设备国产化水平、经济效益和电工装备制造产业升级四个方面进行考察。

一、科技创新

三峡输变电设备研发以企业为主导、以工程为依托，自主研发和消化吸收国外技术相结合、产学研用相结合，充分发挥了国内电网建设与装备制造等领域的专家、高等学校和科研院所的作用，推动了国内的科研基地建设、设备核心技术研发、设备可靠性提升和人才培养。

（一）科研基地建设

国内相关企业建设了 41 台发电机/负荷模型、140 个线路链、2 个双极直流模型，具备数模混合实时仿真功能的电力系统仿真试验中心，可进行同塔多回、不同电压等级线路杆塔力学试验的杆塔实验室，可进行分裂导线振动、间隔棒疲劳、导线疲劳、蠕变等试验的导线力学实验室，可进行控制保护装置试验的 RTDS 实验室，可进行换流阀和多种高压设备试验的多个设备实验室，研究电磁干扰者和被干扰者之间关系及对环境影响的电磁兼容试验室等一批具有国际一流水平的科研基地。

（二）设备核心技术研发

依靠科技创新，国内企业掌握了成套交直流输变电设备和大部分组部件的核心技术。

（1）晶闸管换流阀。完成了换流阀整体设计、材料的选型及特种工艺的研究；完成了光直接触发晶闸管组件关键件的开发与国产化研究；完成了换流阀电抗器组件的设计和阀底部电子设备柜的研究；研制了光直接触发晶闸管换流阀，应用于灵宝背靠背工程。

（2）换流变压器和平波电抗器。完成了交直流复合电场下的绝缘特性、谐波磁场、涡流场的分析计算和程序的开发，局部放电预防措施的制定，工艺和质量控制保障措施的制定，热点分布、消除局部过热、提高产品机械强度和大型产品的运输技术等关键技术的研究，应用于三峡直流输电工程换流变压器和平波电抗器的供货生产。

（3）交直流滤波器成套装置与交流连续可调滤波器。三广工程中研究了高压直流输电工程交直流滤波器成套装置的关键技术，自主完成了三沪直流工程华新换流站滤波器的成套设计任务；国内企业具备了进行高压直流输电工程交直流滤波器成套设计的能力；研制了有源滤波器试验模型样机及磁阀式连续可调滤波器试验样机。

（4）直流氧化锌避雷器。制定了超高压直流工程用金属氧化物避雷器的技术规范，对电阻片的配方、工艺及侧面釉和渗铋技术进行了研究，完善了老化试验装置和直流动作负载试验装置等，制定了直流工程用避雷器的试验技术规范。共研制七种避雷器，其中阀、直流母线、中性母线、滤波器等保护用的多种规格避雷器已在葛沪直流、灵宝直流及三沪直流等工程中应用。

（5）直流输电控制保护设备。开发出了 Unix 和 Windows 混合平台的运行人员控制系统，界面操作更加符合国内习惯，与国外技术相比，在性能和可靠性方面得到提升；开发出功能优于国外产品的运行人员培训系统，该系统具备与实际运行系统相同的人机界面，为运行人员的操作培训提供了有效的工具，应用于灵宝直流工程。

（6）大功率晶闸管主要原材料。研制出金属化膏新配方，攻克了超大型陶瓷管壳金属化工艺难点；采用超大尺寸无氧铜研磨新工艺，使其平面度、平行度达到设计要求；运用新型瓦特电镀液新配方，解决了超大型管壳表面镀层的均匀性、致密性问题；采用陶瓷－金属二次焊接新工艺，使管壳的气密性满足了配套晶闸管的关键性能指标；采取特殊的工艺手段，解决了残余应力引起的钼圆片变形难题；采用超大直径钼圆表面研磨新工艺，使其平面度、平行度及粗糙度达到技术要求。

（7）直流套管和棒形支柱绝缘子。研制了 ±500kV/12kN、±500kV/8kN、±500kV/4kN 直流棒形瓷绝缘子；完成换流站耦合电容器用瓷套与±571kV 直流母线避雷器用瓷套的试制；制定了超高压直流复合套管和直流棒形支柱复合绝缘子技术条件；改善了高温硫化硅橡胶的老化性能、电气和机械性能，尤其是提高了材料在直流电压下的耐漏电起痕和耐电蚀损性能；研制了直流工程用直流空心复合绝缘子和直流棒形支柱复合绝缘子；解决了超高强度瓷配方问题、实心大直径毛坯的干法压制和空心大直径毛坯的湿法挤制、大伞裙的干法和湿法修坯、高大型绝缘子的烘房干燥和烧成等关键技术难题，以及瓷套粘接方法的选取和相应工装制作的问题。

（三）设备可靠性提升

三峡直流输电工程技术成熟，设备先进，保障了工程可靠运行和三峡工程电力的大规模外送。以 2013 年为例，三峡直流输电工程的双极强迫停运次数共 2 次，单极强迫停运次数共 9 次，主要原因是恶劣天气、山火引起的线路故障。随着设备结构的优化，元部件的故障率降低，系统的可靠性相对提高。同时，控制和保护的多重化也使得系统的可靠性得到改善和提高。

与 2008 年国内外直流输电工程的可靠性指标的比较结果表明，三峡直流输电工程的设备故障率低，直流输电技术先进，可靠性指标整体优于国外工程，跻身世界先进行列。其中，三沪工程当年的单极强迫停运次数仅为 1 次，低于国际上同类直流输电系统年平均单极闭锁次数 ［4.68 次/（极·年）］，是发生故障最少的工程，设备可靠性居于世界首位。

（四）人才培养

充分发挥了现有科研机构的作用，在产、学、研、用有机结合的框架下，整合了电力系统内外及全国范围内各方面的科技力量，充分发挥了各自特长。在技术引进、消化、吸收、再创新的过程中，用合同的形式规定了中外合作、中方多做工作、外方负责的方式，在发挥国外专家技术优势的同时，培养了国内的专业队伍。培养了一批输变电设备设计制造的专业人才，掌握了各类电力变压器和高压电抗器的设计、制造、试验等方面的核心技术，以及超高压直流设备关键技术，为后续更高电压等级、更大容量交直流工程设备研发奠定了良好基础。

二、设备国产化水平

（一）直流设备

与世界已建直流工程设备容量相比，三峡直流工程属当时最大型的直流工程，其电流额定值世界最高，这是国际设备制造业的一个难题，也是我国国产化面临的艰巨挑战。三峡直流工程主要设备包括换流变压器、平波电抗器、换流阀及晶闸管、直流控制保护系统和直流场设备。

1. 换流变压器和平波电抗器

换流变压器连接换流桥与交流母线，其场强分布、绝缘特性等与常规交流变压器有很大区别，换流变压器必须满足谐波、偏磁等特殊性能要求。平波电抗器主要用于抑制谐波、限制直流短路电流、避免低功率状态下直流电流的断续，并降低连续换相失败的概率。平波电抗器和直流滤波器一起构成直流 T 型谐波滤波网，减小交流脉动分量并滤除部分谐波，减少直流线路沿线对通信的干扰。三峡工程启动建设时，国内还不能独立完成 ±500kV 超高压直流输电用换流变压器和平波电抗器的设计与制造，虽然有一家国内企业具有供货业绩，但无论是产品的最高电压等级还是设备容量，均无法满足三峡工程的需求。

国内企业在三常、三广±500kV 超高压直流输电工程技术引进的基础上，开展了换流变压器和平波电抗器的国产化研制，各工程设备国产化情况见表1.2 - 2。

表 1.2 - 2　　　　三峡输变电直流工程设备国产化情况

工程名称		三常直流工程	三广直流工程	三沪直流工程	三沪Ⅱ回直流工程
国产化情况	换流变压器	ABB 公司设计，国内生产 4 台	ABB 公司设计，国内生产 8 台	ABB 公司设计，国内生产 14 台	国内设计和生产
	平波电抗器	ABB 公司设计，国内生产 1 台	ABB 公司设计，国内生产 2 台	ABB 公司设计，国内生产 3 台	国内设计和生产

依托相关技术引进，三常直流工程所用的 28 台换流变压器和 6 台平波电抗器中，4 台换流变压器和 1 台平波电抗器由国内采用来料加工的方式生产。在三广直流工程中，在补充技术引进的基础上，工程所用的 28 台换流变压器和 6 台平波电抗器中，8 台换流变压器和 2 台平波电抗器采用与 ABB 公司联合设计、材料独立采购、合作产品整机报价的方式生产。三沪直流工程中，通过联合体投标，加强了国内制造企业在应标、投标、设计、制造、试验乃至后续的安装、调试以及售后服务等方面参与工程的深度和广度，增强了直流输电设备国产化的能力，国内共独立生产 14 台换流变压器、3 台平波电抗器。三沪Ⅱ回直流工程中，换流变压器与平波电抗器全部由国内厂家供货，实现了全面、完整、深入的直流设备国产化。

通过三峡输变电工程的建设，我国在±500kV 直流输电工程用换流变压器和平波电抗器设计、制造等方面真正上了一个台阶，其国产化成果如下：

（1）形成了具有自主知识产权的换流变压器及平波电抗器的计算分析软件平台。独立自主开发出计算软件以及新型的商用电磁场和热场分析软件，可使计算结果与实际产品进行对比验证，形成了一套完整、成熟的可指导实际产品设计的计算程序及技术数据控制标准体系。

（2）形成了产品制造工艺流程及质量控制体系。通过"超高压直流输电工程用换流变压器、平波电抗器国产化研制"项目科研攻关形成的质量控制方法，结合技术人员、设备及生产体系，进行了大量工艺流程的升级及技术调整，完成了整套适用于超高压直流换流变压器和平波电抗器生产制造的工艺流程及制造过程质量控制和保证体系，掌握了设备制造工艺控制要点。通过在实际产品生产制造中的运用，验证了新的工艺流程及质量控制体系的可靠性。

（3）完成了大量新材料的国产化研究，取得的成果已经应用于实际产品中。新材料主要包括高强度自粘型复合导线、铁芯用无收缩油道垫块、铁芯柱高强度半导体绑扎带、新型铁芯拉板及轴头、铁芯轴头绝缘护套、铁芯定位绝缘套、新型铁芯垫脚绝缘、电抗器用新型气隙垫块、电抗器用高强度压梁、夹件绝缘护套等，特别是首次应用了国产硅钢片。

（4）完成了大量新结构的研究，取得的成果在国产化产品设计中得到推广运用。其中有代表性的新结构包括单相三圈换流变压器阀侧出线结构、阀侧引线与套管连接的绝缘屏蔽结构、高填充率低损耗的线圈和器身结构等。

（5）采购了一批关键专业设备，如高频焊机、电动线圈吊具、400t 线圈压床、900t 液压设备、油冲洗设备、高精度大型滤油机、1000kV 工频试验变压器、5000A 带滤波装置的电流源、1600kV 直流电压发生器和极性反转试验设备等，有效保证了产品质量，提高了直流产品的批量生产能力。

通过三峡输变电工程，我国掌握了超高压直流输电工程用换流变压器和平波电抗器设计制造技术，具备了设备国产化研制能力，形成了具有自主知识产权的自有技术体系，为后续特高压直流换流变压器和平波电抗器的国产化打下了良好的技术基础。

2. 换流阀及晶闸管

换流阀是直流输电工程的特有设备，是将送端交流变为直流，然后再变回交流送入受端交流系统的主设备。

三常、三广、三沪和三沪 II 回工程采用 5in（1in＝25.4mm）电触发（ETT）的晶闸管元件，额定电流为 3000A。两端换流阀均采用空气绝缘、水冷却、户内悬挂式、双重阀结构。通过三峡工程，逐步实现了从晶闸管组件到换流阀整体的国产化，各工程换流阀国产化情况见表 1.2 - 3。

表 1.2 - 3　　　　　三峡输变电直流工程换流阀国产化情况表

工程名称	三常直流工程	三广直流工程	三沪直流工程	三沪 II 回直流工程
国产化情况	ABB 公司设计，国内组装 116 个组件	ABB 公司设计，所有组件国内组装	联合设计，国内组装 1 个极换流阀，并生产 1 个极换流阀	国内设计和生产

经过三常工程技术引进及合作生产，晶闸管换流阀所用的 696 个晶闸管组件中，国内企业组装了 116 个，制造大功率晶闸管元件 72 只，学习了高压直流输电换流阀的设计、制造技术，首次完全独立地设计、制造和试验±500kV 超高压换流阀。在三广工程中，国内组装了两个工程所有的晶闸管组件，2100 只大功率电触发晶闸管元件（共 4200 只）均是国内供货。三沪工程中，1 个

极换流阀及超过 70％数量的晶闸管元件也是国内供货。三沪Ⅱ回工程全部采用了国产晶闸管元件和换流阀。晶闸管换流阀的国产化主要成果如下：

（1）设计方面：自主完成±500kV 超高压换流阀电气设计计算和参数的确定，并完成了仿真设计验证；自主完成±500kV 四重阀阀塔三维结构设计；自主完成电气、结构等各方面设计及校核；自主完成±500kV 换流阀光电转换技术和可靠性的研究。

（2）制造方面：自制工装，完成换流阀阀塔的组装；吊装换流阀特制龙门架的设计；完成晶闸管阀组件和关键件的设计、检测、试验。

（3）规范方面：编制水路系统、绝缘材料等各种材料选型技术规范及工艺和检查试验规范；自主完成试验用冷却水的技术规范。

（4）试验方面：完成换流阀型式试验规范及试验参数的确定；根据换流阀各种运行工况，自主完成计算方法的研究，建立仿真模型，完成在各种冲击波下换流阀的仿真试验；首次独立设计换流阀绝缘型式试验电路，并完成国内四重阀绝缘型式试验以及超高压换流阀绝缘运行型式试验。

三峡工程换流阀设计、制造及绝缘试验的顺利完成，填补了国家在该领域的空白，表明国内换流阀已经达到国际先进水平，也为后续特高压直流工程 6in 晶闸管及更高电压等级换流阀研制奠定了良好的基础。

3. 直流控制保护系统

控制保护系统是整个直流输电系统的中枢，它控制着交直流功率转换、直流功率输送等全部稳态、动态和暂态过程，保护换流站所有电气设备以及直流输电线路免受电气故障的损害。

三常、三广和三沪直流工程的直流控制保护系统基于 ABB 公司开发的 MACH2 系统，采用分层、分散、分布的开放式系统以及完全双重化的配置。三常和三广工程的控制保护系统完全由 ABB 公司供货，三沪工程的控制保护系统由 ABB 公司与国内联合供货。三沪Ⅱ回直流工程控制保护系统基于 SIE-MENS（西门子）公司 SIMADYN－D 技术，采用 HCM200 硬件平台，由国内供货。在后续的灵宝直流工程国产化试验项目中，应用了两套国内自主开发的直流保护和控制系统装置。

国内通过技术引进、消化吸收和不断的技术进步，具备了独立设计、开发直流控制保护系统的能力，开发出了具有自主知识产权的直流控制保护系统，国产化的主要进展如下：

（1）高可靠性、高性能的硬件平台。每个控制功能采用单板嵌入式系统来实现，控制功能相互之间采用高速串行现场总线交换数据，不采用工控机作为硬件平台，提高了系统的可靠性。

（2）直流极控制装置。直流极控制在新的软硬件平台上进行极功率/电流控制、阀组控制、点火控制、阀的解锁/闭锁控制、无功控制、换流变压器分接头控制、直流顺序控制、附加控制、空载加压试验控制、系统监视、自动切换等控制功能的移植。

（3）直流极保护装置。针对直流极保护研发了合理可靠的保护配置方案和保护实现方法，极保护功能从直流极控制中独立出来，并用独立装置实现，提高了可靠性。

（4）阀基电子设备/可控硅监视设备。根据已有特点，阀基电子设备/可控硅监视设备与直流控制保护系统配套，能适应不同技术路线可控硅阀。

4. 直流场设备

直流场设备包括直流套管、直流成套开关、电压电流测量装置等。三常、三广、三沪、三沪Ⅱ回直流工程的直流场设备额定电压均为 500kV，额定通流能力均为 3000A。由于直流场设备用量少，技术难度大，三峡工程的直流场设备均为引进设备，仅有氧化锌避雷器等设备实现了国产供货，其中，直流穿墙套管技术含量高，研发难度大，尚未实现国产化，成为制约直流设备组部件全面国产化的关键。

总体上，直流场设备国产化率逐步提高，三常直流工程（2003 年投运）国产化率约为 30%，三广直流工程（2004 年投运）约为 50%，三沪直流工程（2007 年投运）约为 70%，三沪Ⅱ回直流工程（2011 年投运）达到了 100%。国内已经具备了独立设计制造±500kV 及以下高压直流输电工程用换流变压器、平波电抗器、晶闸管元件、晶闸管换流阀、直流控制保护系统、交直流滤波器、氧化锌避雷器等直流主设备的能力以及换流站成套设备的型式试验和出厂试验的能力，并促进了±500kV 及以上电压等级直流设备的研发与生产能力。工程设备大量采用了国产硅钢片、绝缘件等国产组部件，仅有部分组部件需要从国外专业公司采购，不影响自主成套，形成了从原材料到关键组部件和成套产品的较为完整的国产化产业链。总体上，三峡直流成套输变电设备实现了全面国产化。

（二）交流设备

三峡输变电工程交流设备主要包括 500kV 主变压器、高压并联电抗器、断路器，以及静止无功补偿装置和可控高压并联电抗器（以下简称"可控高抗"）。三峡输变电工程交流设备均为国内采购，对国内交流设备技术升级有很大的推动作用。

1. 500kV 主变压器

500kV 主变压器额定容量以 750MVA 为主（杭东变电站扩建工程额定容

量为1000MVA），多数为无励磁调压，个别的为220kV中压侧线端有载调压。多数变电站为3台分相的单相变压器，少量运输条件优越的变电站采用了三相共体变压器。通过三峡输变电工程的建设，500kV主变压器的制造技术水平得到进一步提升，在降低损耗和局部放电水平方面，均已达到国际先进水平。

2. 500kV 高压并联电抗器

500kV高压并联电抗器额定容量为90～180MVA，额定电压为525～550kV。通过三峡输变电工程的建设，成功研制了性能更优、可靠性更高的并联电抗器。就国内用量最大的500kV并联电抗器而言，其主要技术指标已达到损耗100kW，噪声73dB，振动最大80μm、平均50μm、箱底30μm，局放100pC，无局部过热的先进水平。

3. 500kV 断路器

500kV断路器额定电流为3150A，额定开断短路电流为50kA，在三峡出口的个别站，由于系统容量较大，采用了4000A、63kA的产品。550kV的HGIS是国内企业在先后多次引进吸收国外550kV六氟化硫（SF$_6$）气体绝缘组合电器（Gas Insulated Switchgear，GIS）先进技术的基础上，进行技术融合和优化设计，自主研发的超高压、大容量HGIS，产品性能得到改进和提高。

4. 静止无功补偿装置

三峡输变电工程中应用了首台国内自主研发的500kV交流输电网用静止无功补偿器，由1组180Mvar晶闸管控制电抗器（Thyristor Controlled Reactor，TCR）、1组60Mvar滤波电容器和2组60Mvar并联电容器组成，通过无功就地补偿，有效控制近区无功/电压。该装置技术性能和参数处于世界先进水平，已在行业内推广应用。

5. 可控高抗

三峡输变电工程中应用了国内自主研发的国际上第一套500kV、100Mvar磁控型可控并联电抗器，额定电压为550kV，可以实现连续快速调节容量、控制系统电压，设备运行可靠，技术参数和性能世界领先。

(三) 线路材料

线路材料包括三峡交直流输电工程用导线及金具、复合绝缘子和铁塔。线路材料国内采购，提升了国内技术水平和自主研发能力。

1. 导线及金具

三峡输变电工程研发并应用了 $4 \times 720 mm^2$ 大截面导线及配套金具、张力放线设备、导线的防振和防冰措施及同塔双回铁塔，建立了次档距优化布置数学模型；解决了大截面导线和大跨越导线制造的关键技术；开发出最大牵引力达到 250kN 的张力放线设备，结构紧凑合理，满足了三峡工程需要。部分成果达到国际先进水平。

2. 复合绝缘子

国内开展了 ±500kV 直流复合绝缘子材料（芯棒材料、伞裙护套材料）、端部连接结构、端部密封结构、防电解腐蚀的研究，自主研制出 ±500kV 直流复合绝缘子，制定了技术条件和试验大纲，在产品结构设计、应用等方面也取得了技术突破，主要性能指标达到了国际领先水平。已有 4000 余支 ±500kV 直流复合绝缘子在三峡直流工程上挂网运行，运行状况良好。

3. 铁塔

三峡输变电工程的政平—宜兴输电线路采用了同塔双回紧凑型线路，与常规双回输电线路相比，输送容量增大，线路走廊占用减少，地面电场强度较小，环境保护效益较明显。输电铁塔大量采用高低腿技术，四条塔腿根据实际地形进行调节组合的塔型，适应山地丘陵地区的地形和地质条件，减少了土石方开挖工程量和弃方量、塔基施工临时占地面积，以及对生态环境的影响。三沪工程在走廊通道狭窄的地区进行塔型创新，采用双极直流线路导线垂直排列的 F 型塔，缩小了线路走廊宽度，减少了房屋拆迁量，对降低工程投资、降低施工政策处理难度均起到了明显的作用。

三、经济效益

依托三峡直流工程，国内企业通过引进 ABB 公司和西门子公司的技术并消化吸收和再创新，掌握了换流变压器、平波电抗器、换流阀、晶闸管、直流控制保护系统的设计、制造关键技术，实现了直流输电工程国产化。在同等技术水平下，三峡直流输电工程的主要设备价格下降明显。以晶闸管为例，国产化促使其价格迅速下降，单位造价从三常直流工程的 3.32 万元下降到三广直流工程的 2.40 万元，下降了 28%；三常直流工程中，换流阀设备国外厂商报价约为 8 亿元人民币，而三广直流工程的换流阀总价不足 7 亿元人民币。经过三常直流工程和三广直流工程的建设及直流技术的消化吸收，在三沪直流工程建设中，国内企业逐步掌握了与外方合作的主动权。

三峡输电工程后，我国又相继建设了呼伦贝尔—辽宁（以下简称"呼辽"）和德阳—宝鸡（以下简称"德宝"）两个直流输电工程。常规 ±500kV 直流输电工程单位千瓦设备造价迅速降低，从三峡工程的平均 616.79 元/kW

下降至呼辽工程的 509.11 元/kW 和德宝工程的 464.05 元/kW，分别下降 17.5% 和 24.8%，单位造价下降约 150 元/kW。

通过三峡输变电工程建设，我国企业逐步具备了自主设计、制造设备和工程建设的能力，不必因为国外垄断技术而被迫支付高价，迫使国外公司的报价大幅下降，后续工程的造价不断降低，填补了引进技术消化吸收的前期投入。已建成和在建直流输电工程不断下降的单位投资额表明，直流输电技术自主化带来了巨大的经济效益，随着更多直流输电工程开工建设，其经济效益还将不断增加。

四、电工装备制造产业升级

三峡输变电工程对国内电工装备制造产业升级具有很大的推动作用。从三峡换流站设备制造的国产化历程看，不仅国内生产的设备份额逐步增加，而且从三常直流工程的分包生产，到三广直流工程的合作生产，从三沪直流工程的中外联合体投标生产到三沪 II 回直流工程全面实现国产化供货，直流设备的国产化进程逐步、稳步提高，国产化能力有了质的飞跃。

在换流变压器方面，国内变压器制造企业掌握了核心技术并实现了国产化，购置了大量先进的制造和工艺设备，自主研发了硅钢片、绝缘件等大量关键组部件，全面提升了国内变压器行业的技术水平。在换流阀方面，国内完全掌握了超高压直流输电换流阀设计、制造和试验技术，升级改造了大量制造和试验设备，完成了超高压直流输电换流阀的国产化研制。在控制保护系统方面，国内完成了引进技术的消化吸收和验证，掌握了核心技术，具备了自主开发直流控制保护系统的能力。2011 年，国内自主研发的直流控制保护系统成功输出海外，获得韩国济州岛直流输电工程供货合同，说明国内企业真正意义上实现了直流控制保护系统的自主研发，并且有能力参加国际竞争。

通过三峡输变电设备研制，国内企业掌握了大型输变电设备尤其是直流设备的制造技术和关键领域的核心技术，改造升级了大量生产设备，形成了一套输变电设备研发、设计和制造工艺标准，国产设备操作可靠，可复制推广；形成了一批集研发设计制造于一体、竞争力强的企业，实现了电工装备制造业跨越式升级，并跻身世界先进行列。

第四节　电力系统运行评估

从首台机组投运至 2013 年年底，三峡电力系统已安全运行 10 年，成功地把三峡枢纽电站发出的巨大电能安全可靠地送到华中、华东及南方电网。本节从整体运行情况、安全稳定性、电力调度、二次系统及通信技术、经济与社会效益五个方面对三峡电力系统运行情况进行评估。

一、整体运行情况

（一）电站机电设备

自 2008 年以来，三峡电站机电设备运行正常，机组机械、电气经受了考验，机组的平均等效可用系数较高，强迫停运率较低，具体情况见表 1.2-4。

表 1.2-4　　　　2008 年以来三峡电站机组平均等效可用系数、
强迫停运率和年发电量统计表

年份	平均等效可用系数/%	强迫停运率/%	年发电量/(亿 kW·h)
2008	94.24	0.04	808.12
2009	93.34	0.00029	798.53
2010	93.93	0.0037	843.7
2011	93.54	0.07	782.93
2012	94.47	0.04	981.07
2013	93.73	0.02125	828.27
合计	—	—	5042.62

左、右岸电站 26 台机组在 2008—2010 年 3 年试验性蓄水水位抬升过程中，进行了水位 145～175m 各水头相应的稳定性和相对效率等试验，并对机组进行了从低水头至高水头、单机额定容量和最大容量、电站满出力等不同运行工况的考核；并遵循国际、国内相关标准和规范，以水轮发电机组为重点进行了较全面的真机性能试验监测。地下电站 6 台水轮发电机组在 2011—2012年试验性蓄水过程中，进行了同样的试验。试验结果表明，三峡电站机电设备可以在水位 145～175m 范围内安全、稳定、高效地运行。

三峡电站发电设备保持了较高的安全可靠性，截至 2013 年年底，已连续安全运行 2693d。2010 年汛期，对 26 台机组进行了 18200MW 满负荷试验，累计运行时间 1233h；2012 年汛期实现了 34 台机组 22500MW 满负荷试验运行，安全满发运行约 711h。两次试验中，机组及相关设备运行正常，机组运行平稳，机组振动、摆度正常。机电设备经受了满负荷连续运行的检验，满足规范和设计要求。

（二）输电系统

三峡输变电工程直流输电系统可靠性水平处于世界先进行列。2003—2013

年，三常、三广、三沪、三沪Ⅱ回 4 个直流工程平均能量可用率分别为
95.65%、93.47%、93.84%、91.53%，强迫能量不可用率分别为 0.312%、
0.873%、0.340%、0.412%。2003—2013 年，龙泉、政平、江陵、鹅城、宜
都、华新、团林、枫泾八座换流站共发生单极闭锁 92 次、双极闭锁 6 次。单
极闭锁率 1.75 次/（极·年）低于国际上同类直流输电系统的平均值 4.68
次/（极·年）。

2003—2013 年直流工程可靠性指标详见表 1.2-5。

表 1.2-5　　　　2003—2013 年直流工程可靠性指标统计表

年份	直流工程名称	能量可用率/%	强迫能量不可用率/%	计划能量不可用率/%	单双极闭锁次数/次		
					单极	双极	总计
2003	三常	98.58	0.53	0.89	8	0	8
2004	三常	92.86	0.92	6.22	7	0	7
	三广	96.60	2.00	1.40	6	1	7
2005	三常	95.59	1.26	3.15	7	1	8
	三广	93.89	1.86	4.25	6	1	7
2006	三常	96.63	0.15	3.22	1	0	2
	三广	95.53	0.7	3.77	0	0	0
2007	三常	97.06	0.01	2.93	1	0	1
	三广	94.31	1.19	4.50	1	0	1
	三沪	91.59	1.49	6.92	7	0	7
2008	三常	94.76	0.09	5.15	4	0	4
	三广	77.51	1.54	20.95	5	1	6
	三沪	85.79	0.82	13.39	1	0	1
2009	三常	94.47	0.13	5.40	2	0	2
	三广	89.38	0.21	10.41	7	0	7
	三沪	92.95	0.01	7.04	1	0	1
2010	三常	97.21	0.08	2.72	3	0	3
	三广	97.49	0.04	2.47	1	0	1
	三沪	95.88	0.01	4.12	1	0	1
2011	三常	91.86	0.09	8.05	3	0	3
	三广	96.25	0.58	3.18	4	0	4
	三沪	97.91	0.03	2.06	2	0	2
	三沪Ⅱ回	85.26	0.03	14.71	1	0	1

年份	直流工程名称	能量可用率/%	强迫能量不可用率/%	计划能量不可用率/%	单双极闭锁次数/次		
					单极	双极	总计
2012	三常	97.08	0.07	2.45	2	0	2
	三广	96.54	0.01	3.45	1	0	1
	三沪	96.03	0.00	3.98	0	0	0
	三沪Ⅱ回	94.22	0.37	5.41	1	0	1
2013	三常	96.10	0.10	3.80	3	0	3
	三广	97.21	0.61	2.18	2	0	2
	三沪	96.71	0.02	3.27	1	0	1
	三沪Ⅱ回	95.10	0.84	4.07	3	1	4
累计					92	6	98

三峡送出工程包括 4 条直流线路，各条直流线路故障停运率情况见表 1.2－6。

表 1.2－6　　　　　　　直流线路故障停运率情况

线路名称	故障停运率				
	2009 年	2010 年	2011 年	2012 年	2013 年
三常线	0	0	0.116（1）	0.116（1）	0.116（1）
三广线	0.636（6）	0.106（1）	0.318（3）	0.106（1）	0.106（1）
三沪线	0	0.095（1）	0.095（1）	0	0.095（1）
三沪Ⅱ回	—	—	0	0	0

注　括号内数值表示次数，单位为次/（百公里·年）。

直流线路单极故障停运 18 次，其中山火与异物引起的停运次数约占停运总次数的 50%；风偏、雷击、污闪引起的停运次数分别约占停运总次数的 15%、10% 和 10%。可见外力破坏（包括山火、异物短路等）是导致线路故障停运的主要原因。

2009—2013 年，三峡工程 500kV 交流线路与全国 500kV 交流线路可靠性指标对比见表 1.2－7。

表 1.2－7　三峡工程 500kV 交流线路与全国 500kV 交流线路可靠性
指标对比（停运）

线路名称	故障停运率				
	2009 年	2010 年	2011 年	2012 年	2013 年
三峡工程 500kV 交流线路	0.086	0.161	0.054	0.054	0.107
全国 500kV 交流线路	0.123	0.226	0.085	0.081	0.115

从表 1.2-7 可以看出，2009—2013 年，三峡工程送出输电线路的故障停运率较同期全国 500kV 线路低，运行指标总体领先，交流输变电工程可靠性水平高于全国平均水平。

通过以上分析和电网实际运行情况可知，三峡输变电工程可靠性较高，直流闭锁或交流线路故障未影响三峡工程电力外送，没有发生由于送电能力不足而导致机组停运的情况。

二、安全稳定性

（一）潮流分布及静态安全

自 2003 年三峡工程首台机组投运以来，三峡枢纽电站发出的电能通过近区输电通道安全、可靠地送到华中电网、华东电网、南方电网。2013 年三峡机组满发方式下近区电网典型潮流分布如图 1.2-5 所示。在三峡机组满发方式下，三峡近区疏散了约 27000MW 电力，潮流分布合理，充分发挥了三峡机组送电能力，有效利用了三峡近区输电通道。三峡近区电网静态安全校核表明，近区 500kV 线路 N-1 开断后，剩余线路潮流均在合理范围内，满足行业标准《电力系统安全稳定导则》（DL 755—2001）的要求。

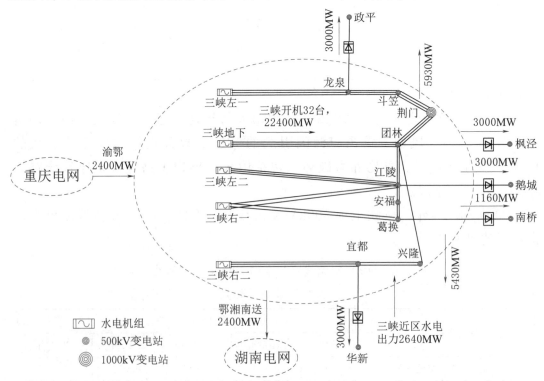

图 1.2-5　2013 年三峡机组满发方式下近区电网典型潮流分布图

（二）短路电流

1996 年，对三峡电站全部投运水平年短路电流进行分析，分析报告指出，2010 年三峡电站分 2 站（左岸电站和右岸电站）运行时最大短路电流将出现在左岸电站，为 59.14kA，分 4 厂（左一电厂、左二电厂、右一电厂、右二电厂）运行时的最大短路电流将出现在左一厂，为 38.54kA，因此将两岸电站分厂断路器打开运行，能够保证三峡电站出口母线的短路电流在合理范围内。华中电网最大短路电流出现在荆门站（斗笠站），为 51.5kA。

2008 年（三峡左、右岸电站实际投产年），在三峡电站分 2 站运行情况下，左岸电站和江陵站短路电流水平分别达到 60.5kA 和 63.0kA（表 1.2 - 8）。通过将三峡电站分 4 厂运行，能够控制短路电流水平至开关遮断容量在 63kA 之内。

表 1.2 - 8　　　　　　　　2008 年三峡近区短路电流水平

母　　　线		电压等级/kV	短路电流/kA	
			分 4 厂运行	分 2 站运行
左岸电站	左一电厂	500	36.4	60.5
	左二电厂	500	31.6	
右岸电站	右一电厂	500	26.7	48.0
	右二电厂	500	28.8	
江陵站		500	60.6	63.0
斗笠站		500	51.5	52.2
龙泉站		500	40.4	47.9
宜都站		500	31.2	39.1
葛换站		500	22.5	34.0

注　超标数值以下划线突出显示。

2008 年三峡电站出口母线的短路电流与 1996 年论证时的预测数值基本一致，设计时在左、右岸电站分别装设分厂断路器是合理的。其个别差异的主要原因在于后期滚动调整了左、右岸电站的部分出线，使得江陵站取代荆门站成为三峡近区最大的汇集枢纽变电站，因此最大短路电流出现在江陵站。但即使考虑网架的调整变化，2008 年三峡近区短路电流水平依然能够满足要求。

2009—2013 年间，华中电网的负荷、电源、电网均有较大发展，跨区外送及省间功率交换也明显增加，三峡近区电网的短路电流水平持续增长。2009 年丰水期，三峡电站 26 台机组满功率运行，加上川电、湖北恩施、水布垭电厂电力，共计 23000MW 电力注入三峡近区电网，经采取将三峡—江陵Ⅰ回线和江陵—复兴Ⅰ回线在江陵站外短接的措施,解决了江陵站短路电流超标问题,保证了三峡电站首次满发。2010年丰水期,通过三峡—葛洲坝双回线增容改造工程,配合安全稳定控制策略调整,并通过宜都—江陵双回线切改工作,有效降低了江陵站短路电流,有力保障了三峡安全满发53d。2012年丰水期,随着三峡32台机组全部投运,注入三峡近区电网的电力高达28000MW,江陵短路电流再次面临超标问题,采取拉停江陵—兴隆单回线等非常规措施解决了江陵站短路电流超标问题,保障了三峡32台机安全满发运行34d,同时通过采取加强电网运行监视等措施,控制了系统非正常接线方式下的运行风险。2013年,在三峡近区全接线、全开机方式下,当三峡电站32台机满发时,江陵、斗笠、荆门3站母线最大短路电流均超过开关额定遮断容量,采取拉停江陵—兴隆Ⅰ回线和荆门—团林Ⅰ回线的措施后,能够控制短路电流在合理范围内。

综上分析,近年来三峡近区输电系统短路电流水平较高,根本原因是全社会经济水平的迅速增长。"十二五"末期全国电力负荷较20世纪90年代三峡输电系统设计论证阶段时的预测数值成倍增长,电网密集程度也比当年设计论证时要大得多,因此,三峡近区负荷迅速增长、电源接入增加、电网互联增强都是造成三峡近区电网较高短路电流水平的客观因素,但通过采取优化运行方式和网架结构,能够将三峡近区短路电流控制在合理运行范围内。

(三) 动态稳定

华中电网地处跨区互联电网的中部,覆盖面积广阔,水电比例大。区域电网中,三峡、二滩等大型水电站并网运行。系统内水电、火电开机方式灵活多变,电网重要输电通道潮流变化幅度大、方向转换频繁,系统丰、枯季节特征明显,特性复杂。

2007年夏季,在三峡电站机组发电量较大方式下,其中一电厂与其余三厂间存在振荡模式,在某些情况下阻尼不强,振荡的主要原因是电力系统稳定器(Power System Stabilization,PSS)采用西门子公司提供的参数,只能对频率为0.5~1.5Hz范围内的振荡提供正阻尼,不能对0.3Hz以下的振荡提供正阻尼。因此,我国开展了新型PSS的研制工作,设计了采用双输入信号的PSS2A改进型加速功率信号PSS,在结构上采用了多级超前滞后环节,具有广泛的适应性,经合理整定参数后,可以满足各种运行方式的要求。PSS2A改进型加速功率信号PSS研制成功后,替代了左岸11台机组的内置西门子PSS;右岸12台机组以及地下电站机组在外置PSS2A基础上进一步升级为内置PSS2A。

2009—2013 年间，包括三峡近区电网在内的华中电网结构进一步加强。2013 年三峡电站 32 台机组满发时，系统动态稳定水平满足电力行业标准《电力系统安全稳定计算技术规范》（DL/T 1234—2013）的要求。2013 年三峡电站分厂振荡模式见表 1.2-9。

表 1.2-9　　　　　　　　　2013 年三峡电站分厂振荡模式

振荡模式	振荡频率/Hz	阻尼比	说明
左一电厂和地下电站—右二电厂	0.8302	0.0404	中等阻尼
左一电厂和右二电厂—左二电厂和右一电厂	0.8737	0.0406	中等阻尼
地下电站—左岸电站和右一电厂	0.9333	0.0889	强阻尼
左二电厂—右一电厂和地下电站	0.9375	0.0616	强阻尼

通过配置新型 PSS 及参数，解决了运行中电厂与电网振荡模式阻尼不强的问题，但仍然需要及时跟踪电网运行方式，加强系统分析，掌握系统特性变化，调整控制措施，并加强并网电厂 PSS 的管理，保证系统安全运行。

（四）暂态稳定

三峡电力系统安全稳定控制系统涵盖三峡电站、龙泉换流站、宜都换流站等 9 个厂站。根据工程分批建设情况，系统分为左、右岸两个发输电工程安全稳定控制系统。左岸部分包括左一电厂、左二电厂、葛洲坝电站、葛洲坝换流站、江陵换流站、斗笠变电站 6 个厂站以及国家电力调度中心的安全稳定控制装置集中管理系统；右岸部分包括右一电厂、右二电厂、宜都换流站 3 个厂站新增的安全稳定控制装置，以及对江陵换流站、宋家坝换流站、龙泉换流站、斗笠变电站已有安全自动装置的改造工程。通过配置安全稳定控制装置、优化运行方式等措施，解决了运行中严重故障后发电机功角失稳等问题，保证了三峡电力系统在各个运行阶段、各种运行方式下均符合《电力系统安全稳定导则》（DL 755—2001）规定的三级标准，实现了三峡电力全部及时送出。2013 年对三峡近区不同基础潮流方式的暂稳故障扫描结果表明，湖北电网 N-1 故障，系统可保持暂态稳定；同杆并架线路 N-2 故障考虑现有安全稳定措施后，系统可保持暂态稳定。

从抵御扰动能力来看，2003 年曾发生两次多台机组跳闸事故，均造成华中电网低频率（49.6～49.7Hz）运行数分钟，三峡—万县单回线路潮流瞬间增大，虽然对电网冲击较大，但未引发大规模停电事故。2005 年 10 月 29 日，鄂西北电网弱阻尼振荡引发了三峡机组及华中电网功率振荡，其间由于三峡电站机组保持正常运行，为华中电网提供功率支援，防止了电网崩溃的发生。

2006年7月1日，华中电网发生功率振荡事故，三峡电站机组在事故中对系统振荡起到了有效的抑制作用，并对事故后恢复供电起到了重要作用。这两个例子说明以三峡输电系统为枢纽的华中电网具有较强的抵抗大扰动能力。随着三峡电站及其送出系统的建设，三峡电网结构不断加强，通过厂网配合、网网配合、科学合理调度，发挥了大电网的事故支援效益，三峡电力系统对大扰动的抵御能力不断增强。

三、电力调度

（一）调度原则及方式

三峡发电调度服从防洪调度并与航运、生态调度等相协调。三峡发电调度的任务是在保证工程施工、防洪运用和航运安全的前提下，合理调配水量多发电，承担电力系统调峰任务并逐步参与系统调频运行。

三峡电力调度遵从综合利用、统一调度、保障安全和兼顾经济的调度原则，体现在以下方面：

（1）按照发电调度服从电网统一调度的原则，由国家电力调度控制中心（以下简称"国调中心"）根据电网运行实际直接调度三峡水利枢纽梯级调度中心（以下简称"梯调中心"），并调度到三峡电站500kV和220kV母线，梯调中心根据规程要求并遵照国调中心的指令，对三峡电站的机组出力进行优化分配，并实施开停机。

（2）发电调度应与航运调度相互协调，保障航运安全。当发电调度与防洪调度发生矛盾时应服从防洪调度。当汛期出现大洪水，为满足泄洪要求，泄水设施全开泄洪时，电站应确保机组可全开度运行，在保障电网安全运行的前提下，国调中心要尽力为电站全开度运行时的电力外送创造条件。

（3）汛期维持防洪限制水位时，应充分利用来水多发电。一般情况下，10月按水库调度图蓄水至汛末蓄水位；11月至次年4月，原则上按水库调度图运行，库水位不低于枯水期消落低水位；5月底库水位消落至枯水期消落低水位。

（4）三峡电站根据电网需要及协议规定的调峰幅度，参与系统调峰运行，逐步参与调频运行。

（5）发电调度方案制定应以电网、三峡电站安全运行为前提，并努力做到经济、优质运行。

为确保三峡工程安全，实现三峡电力调度任务，根据三峡来水规律，结合防洪、航运等综合利用要求，确定三峡电力调度方式。在枯水期，三峡电站按调峰方式运行，其调峰幅度可随机组投产进度逐步增加，允许调峰幅度根据不同流量级、机组工况、装机进度和航运等因素综合拟定。电站日调峰运行时，要留有相应的航运基荷。在汛期，水库维持防洪限制水位运行，发电服从防洪。装机未达最终规模前，基本按来水流量实施不同的发电方式。当来水流量大于装机过水能力时，电站原则上应按装机预想出力满发运行，若电站弃水调峰，则泄水设施要配合运用，泄水流量要维持日内来水与泄水基本平衡。当来水流量小于装机过水能力时，可适当承担一定的调峰任务。

（二）水电资源优化调度与利用

国调中心与梯调中心、三峡电站在三峡电力调度中相互配合，密切监视水库流域降雨和来水情况，提升了水情预报精度，结合电网运行需要和梯级电站运行要求，采取了一系列优化调度措施节水增发，取得了良好的节能调度效果。据统计，2008—2013 年三峡电站累计节水增发电量为 256.1 亿 kW·h，平均水能利用提高率达 5.3%，详见表 1.2-10。

表 1.2-10　　　　2008—2013 三峡电站节水增发电量统计表

年　　份	2008	2009	2010	2011	2012	2013
节水增发电量/(亿 kW·h)	37.8	39.6	40.8	37.9	55.7	44.3
水能利用提高率/%	4.96	5.23	5.09	5.17	5.88	5.45

在水资源优化利用方面，主要采用了如下节水增发措施：

（1）在消落期，在满足电网安全运行需要和下游航运、生态用水需求前提下，尽量保持高水位运行，提高发电水头效益。

（2）在 5 月下旬至 6 月上旬集中消落期，加强滚动预报，合理安排和调整发电计划，尽最大可能不让三峡、葛洲坝两电站弃水。

（3）在汛期上游无大洪水、下游无错峰等防洪需要时，保持三峡水库水位在 144.9～146.5m 范围内偏高运行，以及重复利用库容调蓄，增发电量。2013 年三峡水库重复利用库容增发电量 10.8 亿 kW·h。

（4）在汛期遇有中小洪水时，积极联系长江防汛抗旱总指挥部（以下简称"长江防总"）开展蓄洪调度，并尽可能保持三峡电站大发满发运行增发电量。2013 年三峡水库开展蓄洪调度增发电量 38.4 亿 kW·h。

（5）在汛末蓄水期，充分利用汛末洪水开展预报预蓄抬高起蓄水位和 9 月底蓄水位，尽早蓄满水库，提高水头增发电量。

上游水库的蓄放对三峡年来水量和年内分配过程影响较大，一定程度增加了三峡枯水期发电量和年发电量。依据国家防汛抗旱总指挥部（以下简称"国家防总"）下达的《关于2013年度长江上游水库群联合调度方案的批复》中对相关水库汛期水位控制的相关要求，结合水库运用基本资料和控制原则，分别按设计用多年平均入库流量和考虑上游电站调蓄后的电站入库流量进行三峡发电量分析，可得出如下结果：在上游电站调蓄影响下，三峡—葛洲坝梯级电站年发电量较多年平均入库流量对应发电量多33.34亿kW·h，其中三峡电站多23.1亿kW·h；枯水期（1—5月、11—12月）发电量三峡—葛洲坝梯级电站增加72.8亿kW·h，其中三峡电站增加64.09亿kW·h。

同时，三峡电站与下游的葛洲坝电站存在配合运行关系。在枯水期，三峡电站平均下泄流量可以达5800m³/s左右，使得葛洲坝枯水期的来水量增加了近一倍，保证出力也可提高到1048～1198MW。而且随着三峡电站的调峰发电，葛洲坝电站也可起到相应的调峰作用，使得2715MW的装机设备得到更充分的利用。在汛期，由于三峡水库的蓄洪作用，可以削减大洪水的洪峰流量，从而也可以保证葛洲坝电站水头不至于降得太多而使发电受太大的影响，改善了发电质量，提高了发电效益。

可见，上游干支流水库电站的建设有益于三峡电站、葛洲坝电站发电质量和数量的改善，上下游和干支流水电开发是一个相互促进、共同提高的过程。上游水库的调节作用增加了三峡水库枯水期调节流量，使三峡电站的保证出力增加，航运基荷加大，电站的调峰能力加大，通过实施上下游优化调度，三峡电站的发电效益更加显著。

（三）统一调度

三峡电力系统送受范围涵盖华中、华东、南方电网，不同区域及省级电网的电源结构、电网特性、负荷特性各不相同，存在跨区跨省特性互补与资源共济的客观规律。

华中电网水电比例大，华东电网火电比例大，把三峡电能送到华东电网可实现两网互补，将华中电网的季节性电能转换为华东电网的夏季季节性负荷，使三峡水电季节性电能得到合理利用。再者，华东电网与华中电网负荷特性相互补偿，可以减少满足尖峰负荷需要的总装机容量，从而减少备用，节省装机投资。广东纳入三峡电站的供电范围，实现了华中电网与南方电网的互联，有利于三峡水电的消纳，也为长江流域与珠江流域的跨流域调节创造了条件。特别是在2003—2004年我国煤油运输全面紧张期间，以及2008年我国应对冰灾、地震过程中，通过三峡输变电工程及时调整网络运行方式，确保了电力安全供应，充分发挥了电力调剂的效益。

以2014年端午节假期（6月1—3日）为例，节日负荷比平时大幅度降低，而三峡发电无节日效应，反遇来水增加，各网均面临低谷调峰困难问题。华东电网 6 月 3 日低谷最低用电负荷比正常工作日要低 40000～50000MW，而三峡发电比节前增加约 2000MW。华中电网用电负荷比节前下降 10200MW，而三峡发电增加了 3000MW。为保证消纳三峡电力和节日电网调峰需要，华东电网积极组织省间互济，协调江苏、安徽支援上海、浙江，江苏低谷支援电力 1000MW，安徽支援电力 500MW，保证了低谷用电平衡。华中电网积极开展全网火电机组深度调峰能力的研究，不断丰富电网调峰手段，在三峡发电变化较大导致电网调峰困难时，采用小机启停、机组深度调峰及抽水蓄能电站配合调峰等手段缓解电网调峰压力。端午节期间共安排火电停机 9000MW，其中为消纳三峡水电增加停机 2000MW。正是通过跨区跨省统筹协同调度和水火联调等措施，实现了三峡水电的足额消纳和零弃水，充分利用了水能，降低了系统整体运行成本。

通过跨区跨省优化调度，充分发挥调峰、错峰、互为备用、调剂余缺等互联电网效益，实现了更大范围内的资源优化配置，提升了电网安全运行水平。

四、二次系统及通信技术

（一）继电保护技术

在三峡输变电工程建设之前，我国继电保护装置型式相对落后或者主要采用进口产品，三峡输变电二次系统工程实施过程中立足国内自主研发和应用新技术、新产品，首次选用国产 500kV 母线微机化保护，原理上没有死区，装置硬件安全可靠；率先大规模采用以光纤为通道的国产化 500kV 线路分相电流差动保护，整定原理简单，通道抗干扰能力强；大力推广国产化高压并联电抗器保护，采用新的匝间保护原理，动作可靠性高。

由于三峡输变电工程的推动，我国继电保护装置在原理、平台及应用等各方面取得了长足的进步。实践运行经验表明，三峡输变电工程 500kV 系统继电保护的配置与选型从整体上提高了三峡输变电工程保护配置方案的合理性和有效性，能适应电网的各种运行方式，运行良好，具有很高的可靠性，为保证三峡输变电系统安全稳定性起到了重要的作用。

（二）调度二次系统

通过三峡输变电工程的建设，在调度二次系统方面建成了国调中心、华中网调和重庆市调能量管理系统、水调自动化系统、调度员培训仿真系统、雷电定位监测系统、调度生产管理系统、国调中心后备调度中心、电能量计费系统、继电保护及故障信息管理系统、系统安全稳定控制装置及功角监测系统、国家电力调度专网、跨区电网动态稳定监测预警系统。截至 2007 年年底，三峡输变电工程二次系统全部投入运行。

三峡输变电二次系统工程实施过程中坚持"国产化自主创新"原则，除部分计算机硬件采用进口产品外，其他全部软硬件均采用国内公司开发的具有自主知识产权的系统和设备，跨区电网动态稳定预警系统（省级及以上调度中心）和国家电力调度数据网工程主要设备（路由器、交换机等）的国产化率均达到 100％；新建的国调中心和重庆市调的能量管理系统是我国自主研发的新一代能量管理系统。三峡输变电二次系统工程的建设，大幅提升了各级调度中心信息化技术水平和日常生产调度的工作效率，使我国省级及以上电网调度完成了从过去经验型调度向分析型调度的转变，电网调度和运行决策更具科学性和预见性。三峡输变电二次系统的技术装备和应用系统自投运以来，功能完备，性能优良，运行情况良好，未发生系统全停和宕机故障，达到国际先进水平。

（三）通信工程

三峡输变电通信工程建设形成了北京（国调中心）—武汉（三峡电站）—上海同步数字序列微波通信电路和光纤通信电路的双重环网；建成了光缆线路 9294.5km，新建光通信站 149 个；改造微波通信电路 2600km，微波通信站 83 个。

三峡输变电二次系统通信工程建设历时 10 年时间，促进了电力通信的发展，从根本上改变了我国电力通信骨干网络发展落后的局面，建成了结构坚强、技术先进的光纤通信网络，实现了电力通信由载波方式到光纤方式的跨越式发展。三峡地区通信系统采取双路由、双设备、双电源运行，大大提高了电力通信的传输质量和可靠性，保护、安全稳定控制业务通道运行率一直保持在 99.999％以上。三峡通信系统自 2003 年陆续投入运行以来，整体运行情况良好，设备运行平稳，各项技术指标符合要求，为电网保护、安全稳定控制、调度自动化、调度电话等生产业务提供了高质量、高可靠性的传输通道，有效地保障了电网的安全稳定运行。

五、经济、社会与环境效益

（一）经济效益测算原则

1. 合法合理原则

三峡输变电工程运营经济效益包括经营收入、成本费用和经营收益等内容。《关于加强三峡输变电工程建设期收益再投入管理的通知》（国三峡委发办字〔2005〕32 号）及《关于上报〈三峡输变电工程建设期收益再投入管理细则〉的函》（国家电网财〔2006〕209 号），明确了上述内容的计算范围、口径

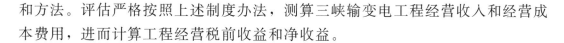

和方法。评估严格按照上述制度办法，测算三峡输变电工程经营收入和经营成本费用，进而计算工程经营税前收益和净收益。

2. 客观全面原则

三峡输变电工程经营收入、成本费用和经营收益的具体构成内容，全口径反映工程经营过程中的各项收入和成本费用支出，避免重复和遗漏。三峡输变电工程经营收入包括：三峡输变电工程输送、出售三峡电站电量（含葛洲坝电站电量）产生的收入，葛沪线输送三峡电站电量（含葛洲坝电站电量）产生的收入，三峡输变电工程输送其他跨区交换电量产生的收入。三峡输变电工程经营成本费用包括：折旧、贷款利息、保险费、运行维护费、大修费等直接成本费用和分摊总部管理费用。

3. 整体测算原则

三峡输变电工程经营收入和成本费用未进行独立核算，因此，采取独立测算的原则，将三峡输变电工程视为一项整体工程，以期从宏观层面综合反映三峡输变电工程的经济效益。采取直接计算与按规则分摊计算相结合的方式，测算三峡输变电工程经营收入、成本费用，进而计算经营净利润，即三峡输变电工程经营收入扣减三峡输变电工程经营成本费用、主营业务税金及附加、所得税之后的净额。

（二）主要财务指标

1. 全周期经济效益

（1）经营收入与回收残值。预计到 2037 年工程运营期结束❶，扣除增值税、城建税及教育费附加后，三峡输变电工程累计可实现收入净额 1591.34 亿元。项目期结束，能够回收固定资产余值 21.21 亿元。

（2）纳税情况。依据国家的税法规定，到工程运营期结束三峡输变电工程累计缴纳税金约为 523.83 亿元，其中，增值税金及附加 303.64 亿元，所得税 220.19 亿元。

（3）经营成本费用。到工程运营期结束，三峡输变电工程累计经营成本约为 710.59 亿元。其中，折旧 403.06 亿元，运维大修费 218.55 亿元，保险费 8.86 亿元，财务费用 14.59 亿元，其他费用 65.53 亿元。

（4）项目总体经济性。三峡输变电工程内部收益率为 7.49%，大于电网工程基准内部收益率 7%；财务净现值为 68.23 亿元（折算到 2014 年水平）；静态投资回收期为 8.63 年（不含建设期），将在 2016 年回收全部投资。

---

❶ 三峡主体工程于 2007 年全面建成，若项目运营期按 30 年计算，则项目运营期至 2037 年结束。

2. 实际运营期经济效益

截至 2013 年年底，三峡输变电工程已获得一定的经济效益。累计税前的收入总额达到 494.42 亿元，净收入 415.25 亿元，税前收益 90.83 亿元，净收益 66.95 亿元。

（1）经营收入。按照三峡输变电工程实际输送电量和国家批复的输电价格计算，截至 2013 年年底，三峡输变电工程累计实现收入总额 494.42 亿元（含税），扣除增值税、城建税及教育费附加后，实现收入净额 415.25 亿元。

（2）纳税情况。依据国家税法规定，按照增值税率 17%、城建税率 7%、教育费附加 3%、北京市地方教育费附加 2%（自 2012 年起征收）、所得税率 25%（2007 年及以前为 33%）计算，截至 2013 年年底，三峡输变电工程累计缴纳税金 103.05 亿元，其中，增值税金及附加 79.17 亿元，所得税 23.88 亿元。

（3）经营成本费用。截至 2013 年年底，三峡输变电工程累计发生成本费用支出 324.42 亿元，其中，折旧 224.93 亿元，运维大修费 49.47 亿元，保险费 2.20 亿元，财务费用 13.80 亿元，其他费用 34.02 亿元。

（4）经营收益。以三峡输变电工程经营收入净额扣减经营成本费用计算可知，截至 2013 年年底，三峡输变电工程实现税前输电收益 90.83 亿元。进一步扣除缴纳所得税后，计算确定税后收益 66.95 亿元。

总之，三峡输变电工程虽然总投资大，总工期长，但发电量大，发电成本低，因此财务收入高，对国家的贡献大，能获得较好的财务收益。

（三）社会效益

三峡输变电工程的社会效益主要体现在以下两个方面：

（1）提升了输变电工程建设水平和设备制造能力。三峡输变电工程建设中，通过机制创新、管理创新和技术创新，保证了三峡电力系统建设任务的全面完成，极大提高了我国输电系统的规划设计和建设运行水平，我国超高压交、直流输变电工程建设运行水平进入世界先进行列。依托三峡输变电工程建设，我国超高压输变电设备制造能力和国际竞争力得到了大幅度提高，直流主设备国产化率达到 100%，推动了我国电力装备制造业实现跨越式发展，并达到国际先进水平。

（2）为后续电网建设奠定了制度和人才基础。三峡输变电工程建立了完善的建设运行制度体系，形成了直流工程的系统研究、可行性咨询研究、设备选择、招投标以及设备系统试验等全套操作制度、规定、办法，已成为我国直流工程建设的标准制度。同时，三峡输变电工程的建设培养了一批在技术上和管理上具有世界先进水平的优秀人才，成为支撑我国大规模电网建设的骨干力量，为后续工程建设奠定了坚实的人力资源基础。

(四) 环境效益

三峡输变电工程将清洁、优质、可再生水电资源输入中东部地区。三峡输电系统的环境效益突出。截至 2013 年年底，三峡电站累计发电量为 7119.69亿 kW·h（其中上网电量为 7056.91 亿 kW·h），相当于替代标准煤 2.4 亿 t，相当于减少 CO_2 排放 6.1 亿 t、SO_2 排放 655.1 万 t、NO_x 排放 187.7 万 t，发挥了良好的替代效应，有效缓解了经济发达地区的环境压力。同时，通过科技创新和管理创新，强化环境生态保护和治理，实现了重大工程实施与生态文明建设的和谐统一。

第五节　评　估　结　论

一、三峡工程电力系统规划设计工作系统、全面、科学

三峡电力系统规划设计是三峡工程建设的重要组成部分，规划设计过程坚持远近结合、反复论证、（电源电网）统一规划、总体审批、分步实施、适时调整的原则。规划设计结果科学合理，满足了各阶段三峡电力系统安全稳定运行及三峡电能全部送出需求，对系统条件变化适应性良好，是大型水电开发建设的成功范例。

二、三峡输变电工程全面、按时、安全、高质量完成了建设任务

三峡输电系统全面建成，工程建设有序，投资、质量、安全得到有效管控。在建设过程中，顺应经济体制改革创新建设管理机制，引入项目法人管理制度、资本金制度、招投标制度、合同管理制度和项目监理制度等现代工程管理制度，奠定了我国输变电工程现代建设管理制度的基本框架。通过三峡输变电工程建设，我国输变电工程建设能力跻身国际先进水平行列。

三、三峡工程全面提升了输变电装备国产化水平和制造能力

三峡输变电工程坚持技术引进与消化吸收、自主创新相结合的技术路线，采用"政府引导，企业为主体，大工程为依托"的模式，推动了我国输变电装备制造业的快速发展，全面实现了超高压直流输电工程建设的自主化与装备的

国产化，改变了我国直流输电技术薄弱的历史状况，使我国直流输电技术应用及部分研发达到国际先进水平，有效控制了直流工程的投资；多个交流设备技术性能和参数跻身世界先进行列。

四、三峡工程电力系统可靠性高，运行稳定，调度方式合理，经济和社会效益显著

自 2003 年首台机组投运以来，三峡电力系统运行可靠性高，通过制定科学合理的调度、运行、控制方案，在各个运行阶段、各种运行方式下均符合电力行业标准《电力系统安全稳定导则》（DL 755—2001）规定的安全稳定标准，稳定水平高，承受扰动的能力强，输电能力满足向华中、华东、南方电网送电的需求。截至 2013 年年底，三峡电力系统已安全运行 10 年，实现了三峡电能的全部送出，充分利用了三峡水能，具有显著的经济和社会效益。

五、三峡工程电力系统建设推动了全国联网

三峡电站地处华中腹地，在全国互联电网格局中处于中心位置，对电网互联起到枢纽作用，再加上其巨大的容量效益，对于区域电网互联起到了重要的推动作用。通过构建三峡电力系统，连接了川渝电网、华东电网和南方电网，推动了全国联网，实现了跨大区西电东送和北电南送，电网大范围资源优化配置能力得到大幅提升。

六、推动了电力行业科技进步和专业人才的培养

配合三峡工程电力系统建设，我国建成了一批具有世界先进水平的实验室和研究基地，全面掌握了大电网规划设计、仿真分析、运行控制、调试和调度通信技术，并通过积极支持国产"首台首套"设备挂网运行，使我国电力科技创新能力大幅提升。通过三峡工程电力系统建设，我国培养了一批在电力行业具有国际知名度的专业人才。

第 三 章

对今后工作的建议

一、大型能源基地规划应充分借鉴并推广三峡工程规划设计的成功经验

三峡工程实现了电源电网统一规划、科学民主决策，并从国家经济发展全局出发制定了电能消纳方案，保障了发电方、电网方和受电方的多方受益。未来国家大型电源基地，尤其是大型可再生能源基地的规划应充分借鉴三峡工程规划设计的成功经验，着眼长远能源发展战略，统筹全国电力市场，科学规划可再生能源基地的建设方案、电能消纳方案和电力输送方案，推动能源供应的"清洁替代"，助力国家经济的可持续发展。

二、开展枯水期三峡输变电工程空余容量利用的研究

在保障丰水期三峡电力送出和消纳的基础上，应充分利用三峡输变电工程枯水期空余容量，发挥更大作用。建议结合国家电力工业专项规划，研究枯水期三峡直流工程空余容量接续输送西南水电和外来盈余电力的可能性和可行性，利用直流输电的可调节能力，提高华东、广东等受电地区接纳可再生新能源的能力。同时，应结合电网发展需要，从短路电流控制、三峡近区用电等角度进一步研究三峡近区电网优化方案。

三、结合远景西南水电的开发，提高三峡电站的综合效益

三峡工程是一个综合利用的水利工程，有着巨大的防洪、发电、航运等综合效益，特别是随着西南水电的开发，将在长江上游逐步形成巨型梯级水电站群。建议结合远景西南水电的开发，研究长江上游梯级水电站群与三峡电站联合调度，以及三峡水库汛期中小洪水调度等问题，进一步提高三峡电站的综合效益。

四、继续加强国产化技术升级，实现持续创新

未来我国远距离、大规模输电以及全国范围资源优化配置的格局，需要输变电装备不断升级。建议加强对已国产化技术的改进升级和持续支持，进一步推进更高电压等级、更大容量交直流输电和柔性直流输电等技术的工程应用，加大对新型输变电技术研发、装备和核心部件国产化的支持，推进我国输变电技术的持续发展和创新。

参 考 文 献

［1］ 国家电网有限公司. 中国三峡输变电工程　综合卷［M］. 北京：中国电力出版社，2008.

［2］ 国家电网有限公司. 中国三峡输变电工程　创新卷［M］. 北京：中国电力出版社，2008.

［3］ 国家电网有限公司. 中国三峡输变电工程　直流工程与设备国产化卷［M］. 北京：中国电力出版社，2008.

［4］ 国家电网有限公司. 中国三峡输变电工程　交流工程与设备国产化卷［M］. 北京：中国电力出版社，2008.

［5］ 国家电网有限公司. 中国三峡输变电工程　系统规划与工程设计卷［M］. 北京：中国电力出版社，2008.

［6］ 钱正英. 三峡工程的论证［R］，1992.

［7］ 潘家铮. 三峡工程重新论证的主要结论［J］. 水力发电，1991（5）：6 - 16.

［8］ 潘家铮. 三峡工程论证概述［J］. 水利水电施工，1991（2）：7 - 16.

［9］ 邵建雄. 三峡电站供电范围及在电力系统中的地位与作用［J］. 人民长江，1996（10）：8 - 10.

［10］ 吴鸿寿，黄源芳. 三峡水电站水轮发电机组的选择研究［J］. 人民长江，1993（2）：6 - 12.

［11］ 周献林. 三峡电站近区输电系统规划优化调整［J］. 电网技术，2010，34（8）：87 - 91.

［12］ 中国工程院三峡工程试验性蓄水阶段评估项目组. 三峡工程试验性蓄水阶段性评估枢纽运行课题评估报告［R］，2013.

［13］ "三峡工程论证阶段性评估"项目电力系统课题组. 三峡工程电力系统论证结论阶段性评估报告［R］，2009.

［14］ 国务院发展研究中心. 三峡直流输电工程自主化的模式及影响［R］，2012.

［15］ 三峡输变电工程总结性研究课题组. 三峡输变电总结性研究

[R]，2011.

[16] 三峡输变电工程总结性研究课题组. 直流工程与国产化总结性研究
[R]，2010.

[17] 国务院发展研究中心. 三峡直流输电工程自主化的模式及启示研究
[R]，2013.

第二篇 电力系统规划设计评估专题报告

第 一 章

三峡电力系统规划论证及
工程设计过程

　　三峡工程的设想，最早出现在 1919 年孙中山先生的《建国方略》之《实业计划》中。之后，一直到 1949 年中华人民共和国成立前，进行了初步的勘探和规划工作，但没有进入到实质论证阶段。

　　中华人民共和国成立之初，百废待兴，长江流域遭遇大洪水，荆江大堤险象环生，国家为了治理长江水害、开发长江水利，1950 年成立了长江水利委员会，从事长江流域的规划工作。该阶段，主要从防洪治害角度，提出了长江流域总体规划，并提出将三峡工程作为长江流域水利枢纽工程。由于国家经济实力尚不足以支撑如此巨型工程建设，因此先建设了三峡工程的组成部分——葛洲坝工程。1989 年年底，葛洲坝工程全面竣工，通过国家验收。

　　三峡电力系统规划论证及工程设计过程可分为三个阶段：第一阶段是配合三峡工程可行性研究及工程立项开展的电力系统初步论证工作，其结果纳入三峡工程可行性研究中；第二阶段是配合工程初步设计的三峡电力系统全面论证设计工作，包括三峡电站供电范围内的电力系统规划及其输电方式、输电电压、输电网络、配套输变电工程等方面的设计；第三阶段是工程建设过程中的滚动设计调整工作，主要针对三峡电站送电方向和电力市场变化开展的补充论证、设计调整，以及三峡地下电站的电能消纳方案及配套输变电工程论证设计。

第一节　初　步　论　证

　　从 1986 年开展扩大论证到 1992 年 4 月 3 日第七届全国人大第五次会议通过《关于兴建长江三峡工程的决议》，主要开展三峡工程可行性研究及工程立项论证，围绕三峡工程是否建设、何时建设开展论证，为国家关于建设三峡工程的决策提供最主要的依据。

一、重要事件

1986 年 4 月，国务院领导视察三峡后，决定责成水利电力部负责重新论证。同年 6 月，成立国务院三峡地区经济开发办公室。原水利电力部在 30 多年来对三峡工程大量勘测、科研、设计工作的基础上，组织 14 个专家组对三峡工程进行了时间长达两年八个月的专题论证。

1990 年 7 月，国务院三峡工程审查委员会成立；8 月，该委员会通过了可行性研究报告，报请国务院审批，并提请第七届全国人大审议。

1992 年 4 月 3 日，第七届全国人大第五次会议表决通过《关于兴建长江三峡工程的决议》，决定将兴建三峡工程列入国民经济和社会发展十年规划，由国务院根据国民经济发展、国家财力和物力的实际情况，选择适当时机组织实施。

二、初步论证的主要结论

在该阶段中，电力系统专题论证作为三峡工程 14 个专题之一，其主要任务是：从发电效益出发，在满足经济发展用电需求的前提下，对三峡工程及其各种替代方案进行分析比较，从电力开发角度提出三峡工程建设的必要性和经济合理性。

1988 年 3 月，电力系统论证完成并审议通过了论证报告，主要结论如下：

（1）从发电效益看，三峡工程应该建，应该早建。通过替代方案的比较，三峡 2000 年发电方案总费用现值最低，是所有电源开发方案中的最优方案。开发三峡工程是我国国民经济发展和能源平衡的迫切需要。

（2）三峡工程应向华东电网送电。输电容量暂按 6000～8000MW 考虑，电量按 280 亿 kW·h 考虑，在设计中进一步论证确定。

（3）三峡工程向华中电网输电采用交流 500kV；向华东输电采用交、直流 500kV 混合输电方案。

1989 年，长江流域规划办公室重新编制了《长江三峡水利枢纽可行性研究报告》，认为"建比不建好，早建比晚建有利"。报告推荐的建设方案为"一级开发，一次建成，分期蓄水，连续移民"，三峡工程的实施方案确定坝顶高程为 185m，蓄水位为 175m。

1991 年 3 月召开了三峡工程可行性研究报告"发电与电力系统专题"预审会议，会议认为：三峡可行性研究报告有关发电及电力系统专题部分，是在专题论证基础上提出来的，基础工作扎实、结论可靠，达到了可行性研究报告应有深度，预审会议基本同意可行性研究报告的结论，可以作为国家宏观决策建设三峡工程的依据。

第二节　全面论证设计

从 1992 年三峡工程经最高权力机关决策后到 1995 年三峡工程输变电系统设计获得批复，三峡工程进入到初步设计阶段，开展了三峡输电系统的全面论证工作，包括三峡电站供电范围内的电力系统规划及有关输电方式、输电电压、输电网络、配套输变电工程等。

一、重要事件

1992 年 10 月，原能源部在北京召开了三峡输电系统设计工作会议，以《关于印发长江三峡工程输变电工程设计工作纲要的通知》（能源计〔1993〕192 号），拉开了三峡输电系统设计工作的序幕。

1993 年 1 月，国务院三峡工程建设委员会成立；7 月，国务院三峡建委第二次会议审查批准了《长江三峡水利枢纽初步设计报告（枢纽工程)》，标志着三峡工程建设进入正式施工准备阶段；9 月，中国长江三峡工程开发总公司正式挂牌成立。

1994 年 10 月，国务院总理办公会明确三峡输变电系统与电站建设分开，并批准成立全国电网建设总公司，负责投资建设。

1994 年 12 月，三峡工程正式开工。

二、全面论证设计的主要结论

1992—1994 年，由电力规划设计总院组织中南电力设计院、华东电力设计院、西南电力设计院共同完成了《三峡输电系统设计》共 10 卷报告。

1994 年 3 月，原电力工业部召开了三峡输电系统设计研讨会，对报告进行了预审，原则同意后上报国务院三峡建设委员会。会议进一步明确了设计任务和设计前期条件，并确定了三峡输电系统设计文件框架，提出了三峡送电华东采用交直流混合还是纯直流方案还需作进一步论证等要求。

1994 年 9 月，国务院三峡建委组织 26 位专家对报告进行了审查。

1995 年，原电力工业部根据国三峡办发装字〔1995〕016 号文的要求，组织编写了《三峡输变电系统设计若干问题补充论证的报告》，并以电办〔1995〕331 号文向国务院三峡建委申报。

1995 年 12 月 14 日，国务院三峡建委下达了《关于三峡工程输变电系统设计的批复意见》（国三峡委发办字〔1995〕35 号），批准了三峡输变电工程的系统设计方案：

（1）三峡电站的供电范围为华中、华东和川东地区，设计送电能力为：华中 12000MW，华东 7200MW，川东 2000MW。

（2）三峡输电系统共建线路长 9100km，其中直流输电线路长 2200km；交流输变电容量为 24750MVA；直流换流站容量为 12000MW。

（3）三峡工程送电华东采用纯直流方案，直流电压等级定为 ±500kV；华中、四川交流输电线路及华东配套交流部分按 500kV 电压等级设计。

（4）三峡电站出线回路数按 15 回出线设计，留有发展余地。

（5）三峡输电系统总投资按 248.22 亿元（含外资 9.6 亿美元，按 1993 年 5 月价格）控制。

第三节　滚动设计调整

1995—2012 年三峡地下电站机组全部并网发电。该阶段主要是三峡工程建设阶段，相继完成了电站及地下电站、三峡输变电等工程建设。在开展建设的同时，电力系统设计主要开展了三方面的滚动研究工作：一是根据已确定的电网结构进行仿真计算和实验模拟，校核三峡输电系统的适应性和可靠性；二是针对三峡供电区的电力供需发生的变化情况，对三峡电力系统设计进行补充论证、滚动调整；三是开展三峡地下电站电力消纳研究、输变电工程设计。

一、重要事件

（一）电站建设

2003 年 7 月，三峡工程第一台发电机组实现并网发电；2009 年 7 月，三峡电站 26 台机组实现全部并网发电。

（二）输变电工程建设

三峡输变电主体工程于 1997 年开工建设，至 2007 年年底全部建成投产，确保了三峡电力及时、全部外送；实现了向华中、华东、南方电网送电，供电范围包括八省两市（湖北、湖南、河南、江西、江苏、浙江、安徽、广东、上海、重庆），覆盖面积共 182 万 km^2，惠及人口超过 6.7 亿人。

（三）三峡地下电站及其送出工程建设

2008 年 9 月，国家发展改革委核准三峡地下电站和电源电站项目；12 月，核准葛沪直流综合改造（含三峡地下电站送出）工程。2011 年 5 月，葛沪直流综合改造工程建成投产。2012 年 7 月，三峡地下电站最后一台机组正式并网发电，标志三峡地下电站及其送出工程全部建成。

二、滚动设计调整的主要结论

（一）仿真计算和动模试验研究

为深入检验三峡输电系统的安全可靠性，1995 年 9 月，原电力工业部部署了动模试验研究任务，成立了以原电力规划设计总院为组长单位、中国电力科学研究院为副组长单位的工作小组，对三峡输电系统结构及安全可靠性开展全面测试。研究共分三个阶段进行：第一阶段为 1995 年 9 月至 1996 年 10 月的国内仿真计算阶段；第二阶段为 1997 年 6 月至 1998 年 10 月的俄罗斯动态模拟计算阶段；第三阶段为国内数模混合仿真试验阶段。主要结论如下：

（1）三峡输电系统在一般和严重故障条件下都具有较高的稳定水平，能很好地满足《电力系统安全稳定导则》（DL 755—2001）的要求。在采用快速励磁的三峡、二滩等主要电站机组励磁系统配置电力系统稳定器（PSS）能有效抑制低频振荡。

（2）三峡系统 2010 年输电网络作为三峡建成后的目标网络，能较好地满足多种运行方式下系统运行的要求，并有一定的安全裕度。

（3）直流输电系统各种故障引起的单极或双极闭锁都不会导致送、受端交流系统失去稳定和系统频率的大变化；交流系统发生故障后存在直流发生换相失败的现象，但故障消除后，直流输电系统能够恢复正常运行，证明采用直流输电方案在技术上是可行的。

（二）三峡电力消纳滚动调整

2001 年，根据市场需求变化，国务院提出三峡电站向广东送电 3000MW，并决定三峡电站不向川渝送电。为此对三峡电站电能在广东、华中四省和华东的合理消纳再次开展研究，同时为确保三峡电力全部送出和合理消纳，以及川电外送 1000～1500MW 的要求，开展"三峡输电系统设计的补充研究"。研究将三峡（华中）—广东直流输电工程纳入三峡输变电工程。

国务院三峡建委于 2002 年 7 月以国三峡委发办字〔2002〕29 号文批复了《三峡—广东直流输变电工程纳入三峡输变电工程管理的有关问题》。2002 年 12 月，原国家电力公司向原国家计委报送了《关于三峡（华中）—广东直流输变电工程可行性研究报告的请示》。次年 3 月，原国家计委以计基础〔2003〕248 号文下发《关于三峡（华中）—广东直流输电工程可行性研究报告的批复》。

（三）三峡地下电站电力消纳及其输变电工程设计

按照国务院三峡建委第十四次会议纪要精神，根据三峡地下电站容量大、电量少及电能主要集中在丰水期的特点，国家电网公司在 2006 年进行了深入的研究和论证，完成了地下电站—荆门输电线路、葛沪直流综合改造等三峡地下电站送出相关工程的可行性研究报告。同时提出了以华中电网为主，部分电能经葛沪直流综合改造工程在华东电网消纳，部分电能参与华中、华北水火调剂的电能消纳方案。2006 年 12 月，国家电网公司上报了《关于报送三峡地下电站送出方案和送出工程投资估算的报告》（国家电网发展〔2006〕1219 号），提出关于三峡地下电站送出方案的推荐意见。

2007 年 8 月 1 日，国家电网公司向国家发展改革委报送了《三峡地下电站送出工程调整方案》（国家电网发展〔2007〕636 号），送出工程调整方案新增华中—华东输电容量为 3000MW，完全可以满足三峡地下电站电能消纳的需要。葛沪直流综合改造（含三峡地下电站送出）工程于 2008 年 12 月 8 日获得国家发展改革委核准。

第四节　小　　结

三峡电力系统规划论证遵循社会经济和电力长期发展规律，采用远近结合、电源与电网统一规划的方法，并根据系统内外部条件的变化及时进行调整完善。研究过程中应用了先进的生产模拟、仿真计算、动模试验等技术手段和方法。在工程设计阶段，具体工程设计工作严格遵循系统规划方案，充分完整地实现了系统规划的各项目标。

三峡电力规划论证及工程设计工作系统、全面、科学，方案总体合理，满足了三峡电站发电机组投产过程中各阶段三峡电能全部送出及三峡电力系统安全运行的需求，是大型水电开发建设的成功范例。

第 二 章

三峡电站电源、电能消纳及输电系统设计方案

第一节 三峡电站工程设计论证原则

一、三峡电能消纳论证原则

三峡电能消纳方案论证主要根据三峡电站水库调节性能、出力特性，以及华中电网、华东电网、川渝电网、广东电网的电源结构特点，按照资源优化配置的原则，以总成本最小为目标，以三峡设计输电能力为基础，在暂不考虑电价影响的条件下对三峡电站电力市场进行研究，结合各电网"十五""十一五"规划，对2000—2010年的电源建设方案进行优化，提出三峡电能逐年利用方案。

论证过程中主要考虑以下原则：

（1）以保证水电资源充分利用、实现整体经济效益最大化为目的，立足于在全国更大范围内进行水电资源的优化配置，尽量做到水电不弃水或少弃水。

（2）坚持远近结合，近期兼顾各地负荷特性和承受能力，远期必须服从国家一次能源资源的合理流向，避免煤电倒流和水电倒流。

（3）确定电力电量的分配比例，按照受电地区全社会用电量在区域电网所占比例进行分配，并根据各地资源分布特点、水电补偿调节的需要和电力供需形势进行必要的调整。

（4）三峡电能分配要与各地电力发展长期规划相衔接，分配到各地区的电力电量，纳入当地电力电量平衡预测，作为制定电力发展长期规划的基础，各地要首先消纳三峡电能，再安排其他电力建设项目，避免重复建设。

（5）三峡地下电站电能消纳在充分保证水电送出地区（湖北）经济可持续发展和用电需求的基础上，再考虑地下电站电能外送消纳问题。

二、输电系统设计基本思路与主要原则

（一）基本思路

三峡工程规模空前，技术复杂，是多目标综合开发且关系到国计民生的跨世纪的重大工程。三峡系统规划必须要根据全国能源资源分布、用电和电网特点，以安全送出三峡电能为目标进行三峡输电系统研究。

三峡输电系统应建成为网架结构坚强、运行调度灵活、安全稳定的电网。

三峡输电系统应力求技术合理、经济优越，能最大限度地发挥三峡工程的经济效益。

（二）主要设计原则

（1）以三峡电站水库调节性能、出力特性为基础，遵守区域能源资源优化配置的原则。

（2）三峡输电系统的规划和实施需确保三峡电站电力安全、稳定送出的目标。

（3）三峡输电规划应满足国民经济、社会可持续发展以及人民生活水平不断提高的需要。作为电力市场载体，电网建设要适度超前。系统设计时要采取分散电源接入、加强电网主网架建设的总体设计思路。

（4）三峡输变电规划要符合全国联网的基本格局。在全国联网规划研究中，我国电网将形成北、中、南三条西电东送大通道格局，华中电网和华东电网位于西电东送中通道。在三峡输电规划过程中，充分考虑其丰富的水电资源是西电东送中通道的送出电源，加强我国西电东送中通道的网架结构，提高送电能力，符合全国联网基本格局。

（5）坚持统一规划、协调发展的原则。规划强调系统性、整体性，必须坚持统筹兼顾、远近结合、统一规划、协调发展的原则，电网建设要和负荷发展、电源建设相协调，系统一次与系统二次相协调。

（6）坚持电网安全、稳定和经济运行的原则。正确处理电网效益与安全运行的关系，把建立合理的电网结构、提高电网运行的安全稳定水平放在第一位，网架结构不仅要保证第一道防线的要求，还要为建立电网的第二、第三道防线奠定基础。

（7）坚持科技创新、技术进步的原则。积极推进电网先进适用技术和电网运营管理控制技术的运用，促进电网整体技术水平和经济效益的提升。

第二节 三峡电站电源设计方案

一、三峡电站蓄水水位论证

(一) 论证的方法与程序

为便于集中、深入论证，决定论证程序分两大阶段。

第一阶段，将各种建设方案归纳为设计蓄水位 150m、160m、170m、180m，分级开发，分期开发等 6 个方案，然后由各专业组进行初步论证，最后由综合规划与水位组进行综合分析，优选出一个各方面都能接受的方案，经各专业组通过后，作为三峡建设方案的"代表队"。

第二阶段是综合论证。根据"代表队"的综合效益，研究等效益或相似效益的替代方案。其方法是先由防洪、电力系统、航运专家组分别提出替代方案，然后综合规划与水位专家组综合提出一个替代方案，最后由综合经济评价专家组对"代表队"和替代方案进行国民经济综合评价。综合经济评价分两个层次：一是工程建与不建的分析比较；二是早建（假定 1989 年）与晚建（假定 2001 年）的分析比较。评价的结论就是论证工作的总结论。

(二) 论证结论

论证最后推荐采用"一级开发、一次建成、分期蓄水、连续移民"的三峡工程建设方案，大坝坝顶高程为 185m，一次建成。初期运行水位为 156m，最终正常蓄水位为 175m。

大坝坝址位于湖北省宜昌市三斗坪镇，距下游已建成的葛洲坝水利枢纽约 40km，坝址控制流域面积 100 万 km^2，多年平均年径流量 4510 亿 m^3。水库总库容 393 亿 m^3，其中，防洪库容 221.5 亿 m^3，兴利库容 165 亿 m^3，与防洪共用。水库回水可改善川江航道约 650km。

与 1984 年国务院原则批准过的三峡工程 150m 方案比较，重新论证中对一些问题和新的建议从经济上、技术上进行了深入研究，提出的方案更为合理和稳妥。许多方面的研究已超过可行性研究阶段的深度。与 150m 方案比较，重新论证中将坝顶高程由 175m 提高至 185m；正常蓄水位由 150m 改为初期运行水位 156m，最终正常蓄水位 175m。这个变动使正常防洪库容由原来的 73 亿 m^3 增加到 221.5 亿 m^3，使三峡工程防洪、发电、航运效益增大，同时避免了大洪水超蓄的临时淹没问题。工程先按 156m 水位运行，最终抬高到 175m，不仅有利于移民安置，而且有利于验证泥沙淤积对库尾航道港口的影响。

论证中，有些专家提出几种不同的工程建设方案，包括从战时大坝安全、移民及使变动回水区泥沙问题较易处理的角度主张蓄水位为160m；从减少重庆航段淤积和移民人数考虑，主张两级开发；从有利于航运的角度考虑，主张蓄水位为180m；部分泥沙专家从减少对重庆航段淤积影响考虑，主张蓄水位为172m左右。经过讨论，多数专家赞成上述推荐方案。

二、三峡电站发电方案及其替代方案的经济性比较

1986—1988年三峡工程重新论证中，电力系统专题专家组对三峡电站发电方案及其替代方案进行了经济比较。在保证三峡电站供电区电网供电需要的前提下，确定了以下替代方案：①华中7个水电站（水布垭、高坝洲、潘口、江垭、洪江、凌津滩、石堤）加火电方案；②华中7个水电站加乌江3个水电站和火电方案；③华中7个水电站加金沙江的溪洛渡水电和火电方案；④纯火电方案；⑤纯水电方案（选择金沙江上的溪洛渡水电站和向家坝水电站）。

当时三峡工程的建设进度按1989年开工，2000年2台机组开始发电，以后每年投产4台，到2006年26台机组全部投产发电。

方案比较采用常规方法和电源规划程序同时进行，对各种不同方案进行动态规划计算，以折算到某一基准年的总折算费用（包括投资和运行费用）为目标函数，按总折算费用最小的原则进行优化排序。三峡电站2000年发电方案与替代方案的比较结果见表2.2-1，可以看出：

表2.2-1 三峡电站2000年发电方案与替代方案的比较（1986年价）

项 目	三峡电站2000年发电方案	纯火电方案	华中水电+火电方案	华中水电+乌江水电+火电方案	华中水电+溪洛渡水电+火电方案	纯水电方案[③]
一、1989—2015年总费用现值/亿元[①]	140.8	164.4	159.9	156.5	151.6	164.6
其中：投资/亿元	133.7	88.2	93.1	99.1	110.3	127.7
煤费/亿元	0	57.2	51.7	39	33.1	23.7
运管费/亿元	7.1	19	15.1	13.5	13.3	13.2
二、1989—2050年总费用现值/亿元[②]	143.0	194.6	187.2	173	168.3	169.3
其中：投资/亿元	133.7	88.2	93.1	99.1	110.3	127.7
煤费/亿元	0	81.1	73.4	55.6	40.3	24.4
运管费/亿元	9.3	25.3	20.7	18.3	17.6	17.2

续表

项　　目	三峡电站 2000 年发电方案	纯火电方案	华中水电＋火电方案	华中水电＋乌江水电＋火电方案	华中水电＋溪洛渡水电＋火电方案	纯水电方案③
三、2000—2015 年总耗煤量/亿 t	0	3.28	2.96	2.25	1.68	0.932
四、1989—2015 年总费用原值/亿元	380.9	745.1	703	627.9	578.5	561.3
其中：投资原值/亿元	340.6	274.9	286.3	298.2	326.5	383.9
水电/亿元	277.8	0	64.9	130.4	178.9	250.8
火电/亿元	0	241.3	188.4	137.4	53	137.4
输电/亿元	62.8	33.6	33	32.4	94.6	133.1
煤费原值/亿元	0	360.8	325.9	247.3	176	102.5
运管费原值/亿元	40.3	109.4	90.8	80.4	76	74.9
五、2015 年指标						
装机/MW	17680	16800	16500	16500	16500	16500
耗煤量/亿 t	0	0.27	0.244	0.188	0.82	0.008
煤费/亿元	0	29.7	26.9	20.7	9	0.88
送华东容量/MW	7000	1200	1200	1200	1200	6200
送华东电量/(亿 kW·h)	280	35	35	35	35	265

①　为计算简便，总费用现值均折算到 1989 年，如折算到 2000 年可乘以系数 3.85。

②　总费用原值是各年费用相加，未考虑折算。

③　纯水电方案中，溪洛渡、向家坝两电站按 2005 年发电计算。

（1）三峡电站 2000 年发电方案总费用现值为 140.8 亿元，比其他方案低 10.8 亿～23.6 亿元，是所有电源开发方案中的最优方案。如按总费用原值计算，三峡电站 2000 年发电方案为 380.9 亿元，比其他方案低 247.0 亿～364.2 亿元。之所以低是因为三峡电站 2000 年发电方案节约了大量煤费，2000—2015 年，可节约标准煤 2.25 亿～3.28 亿 t（相当于原煤 3.15 亿～4.59 亿 t）。

（2）三峡电站与华中水电＋溪洛渡水电＋火电方案、纯水电方案比较，粗略分析可认为由于金沙江上的电站到武汉和华东的输电距离分别约 1300km 和 1930km，其输电投资为 133.1 亿元（高于 1986 年价的三峡工程移民费），溪洛渡和向家坝两项工程可能的最早投产年份在 2005 年，比三峡电站 2000 年发电方案多耗煤 0.93 亿～1.6 亿 t（相当原煤 1.34 亿～2.24 亿 t），煤费原值增加 102.5 亿～176.0 亿元。故后两个方案的总费用现值高于三峡电站 2000 年发电方案 15.9 亿～25.8 亿元。总费用原值高 197.6 亿～180.4 亿元。

三、三峡电站电源开发方案与布局

（一）三峡电站电源开发方案

三峡工程建设推荐方案的枢纽布置，采用混凝土重力坝，最大坝高185m，河床部分布置泄洪坝段，两侧分别布置坝后式厂房，通航建筑物布置在左岸。泄洪坝段内设 23 个 7m×9m 深孔及 22 个宽 8m 的表孔，最大泄洪能力为 92080m³/s，电站装机容量为 17680MW，左侧厂房装机 14 台，右侧 12 台，单机容量为 680MW，年发电量为 840 亿 kW·h。考虑到远景负荷增长的需要，以及电力系统对调峰容量的需要，装机规模应充分留有余地，在水工设计中要保留进一步扩大装机容量的余地。

电力系统专家组的研究表明：华中、华东地区是我国工农业生产发达地区，多年来能源不足，制约着经济的发展，今后对能源的需求量更为巨大。这两个地区煤炭资源很少，需从北方调进煤炭，水电资源也有限，除三峡外，开发条件较优越的水电资源多已开发或正在开发中。三峡电站装机容量为 17680MW，年发电量为 840 亿 kW·h，相当于 10 座大亚湾核电站或 14 个 1200MW 的火电厂。与火电厂相比，每年可以少排放 1 亿多 t CO_2、200 万 t SO_2、1 万 t CO、37 万 t NO_x 以及大量废渣废水，大大减轻了环境污染。如果放弃三峡工程，只能修建更多的火电站补充，显然将进一步加剧煤炭生产、运输困难和环境污染问题，从能源布局来看不合理。

根据华中、华东和西南地区的电力发展规划，三峡和金沙江、雅砻江、大渡河、岷江、嘉陵江、清江、汉江以及洞庭、鄱阳水系的水电站在今后25 年中都要陆续开发，因此并不存在开发金沙江下游的溪洛渡、向家坝等水电站代替三峡电站向华中、华东输电的问题。从前期工作、地理位置、地区负荷需要来看，三峡工程建设时序必然排在较前位置，电力系统专家组将有关水电站、火电站组合了 4 个比较方案进行分析计算，结果表明三峡工程应建、应早建。

（二）三峡地下电站电源开发方案

早在 1986—1992 年对三峡工程重新进行可行性研究和初步设计时，就已经提出了地下电站建设项目。重新研究论证的结论认为，从全国能源需求和三峡水利枢纽的水能充分利用来看，三峡水利枢纽远景具有装机 32 台机组的条件，但是，受限于当时国家的经济形势和能源需求等原因，在提交国家批准的初步设计报告中只推荐了左、右岸共装机 26 台 700MW 机组的方案（1993

年 7 月，国务院三峡建委第二次会议讨论时，决定三峡机组额定容量由 680MW 增加到 700MW），同时在三峡右岸预留了扩建 6 台机组的地下电站厂房位置。

随着改革开放日渐深入，我国经济飞速发展，在三峡工程二期建设过程中，整个国家的经济形势就已经发生了很大的变化，国家财力逐步增强，能源需求也日益增加。2002 年、2003 年，华东、华中、广东等电网均出现不同程度的拉闸限电，电力供需矛盾在夏季表现得尤其突出。而地下电站可发电量主要集中在夏季，这种运行的特点正好适应上述电力市场负荷的需要。

2003 年 9 月 16 日，国务院三峡建委第十三次全体会议纪要决定：同意在三期工程期间完成右岸地下电站的土建工程，由三峡总公司提出初步设计及投资概算，由国务院三峡办审查，并报国务院三峡建委审批后实施。2008 年，国家发展改革委对三峡地下电站项目核准作出了批复：为了合理利用长江水能资源，减少三峡电站汛期弃水，增加电力供应，充分发挥三峡工程的综合效益，保障三峡水利枢纽安全稳定运行，同意建设三峡地下电站。

（三）三峡电站分厂容量布置

三峡左、右岸电厂为两个独立电厂，相互间无电气联系，每个厂的母线均设有分段联络断路器，由于左、右岸两个厂的容量都比较大，从电厂安全运行、系统短路电流水平的控制等方面考虑，经多次讨论认为，三峡电站在正常运行方式下，左、右岸电厂的分段断路器宜断开，即电厂分成四段母线运行。根据三峡机组为二机一线送出的主接线和送各大区的送电容量，三峡四段母线（称为左一、左二、右一、右二）的装机取两个方案，即 8 台、6 台、6 台、6 台和 6 台、8 台、6 台、6 台进行比较。

通过潮流计算结果，三峡四段母线接入机组台数 8 台、6 台、6 台、6 台比起 6 台、8 台、6 台、6 台，具有以下优点：

（1）电站本身和华中电网对送川东和华东的潮流变化适应性强。

（2）左岸两端母线并网运行的概率或电站减出力运行概率小，有利于控制短路容量和系统安全稳定运行。

（3）一般情况下，不会出现电站某一段母线与华中电网脱开的运行方式，有利于运行调度和管理。

因此，最后决定三峡四段母线接入机组台数为 8 台、6 台、6 台、6 台。

三峡地下电站位于左、右岸坝肩山体内，安装 6 台水轮发电机组。

四、三峡电站水轮机组容量设计

(一) 三峡电站主要特征参数

三峡工程的开发建设采用"一级开发、一次建成、分期蓄水、连续移民"的方案。正常蓄水位为175m，坝顶高程185m。工程初期蓄水位为156m，初期蓄水位蓄到正常蓄水位的间隔时间暂定为10年。根据工程运行条件，三峡电站主要特性参数见表2.2-2。

表2.2-2　　　　　　　三峡电站主要特征参数

序号	项　目		单位	初期	后期
1	正常蓄水位		m	156	175
2	装机容量		MW	17680	17680
3	保证出力		MW	3600	4990
4	多年平均流量		m/s	14300	14300
5	多年平均发电量		kW·h	700	840
6	装机利用小时数		h	3960	4750
7	电站水头	最大水头	m	93	112
		加权平均水头	m	77.1	90.1
		额定水头	m	80.6	80.6
		最小水头	m	61	71

结合防洪、排沙的需要，水库将按下列方式进行调度：

(1) 汛期（6—9月）库水位一般维持在防洪限制水位145m运行，此时长江来水量大、沙多。利用水的挟沙能力大量排沙，电站承担电力系统基荷。10月末水中含沙量少，水库开始蓄水直至正常蓄水位175m。

(2) 枯水期（11月至次年4月）库水位维持在175～155m运行。由于天然来水量减少，由水库进行调节，电站在电力系统中承担腰荷及峰荷。为满足下游航运要求，在枯水期仍需保持一定容量的基荷。

(3) 在每年10月和5月，库水位在充蓄和消落时，电站在加权平均水头附近运行，但历时不长。

三峡电站的运行水头范围为61～112m，多年平均流量为14300m³/s，在额定水头时电站满发所需流量约为24500m³/s。

(二) 机组的选择要求

由于三峡电站装机容量大、供电范围广，在华中、华东电力系统中具有举足轻重的地位。因此，对水轮发电机组的技术要求先进可靠，所有机电设备均应保证运行安全、检修方便。

三峡工程设计方案的研究表明，采用台数少、单机容量大的机组方案时，对枢纽总布置和工程总投资来说是经济的，对电力系统调度运行和电站维护管理也是有利的。在汛期，由于水头低、水量多，希望机组多过水、多发电；而在枯水期，水头高、来水量少，希望机组在高效率区运行。三峡水轮发电机组对电力系统安全供电和稳定运行有重要的影响，工程建成后回收投资也是发挥经济效益最主要的手段，因此，机组的选择必须根据运行条件的要求，在保证安全可靠的前提下，使其参数、性能、质量和经济指标达到国际先进水平。

（三）机组容量的选择

在保证机组优质、高效和长期安全经济运行的前提下，首先根据制造技术发展所能达到的机组设计水平，正确选择单机容量。三峡电站可行性研究阶段，正常蓄水位 150m 方案和 175m 方案的机组选择均以水轮机转轮名义直径 $D_1 = 9.5m$ 为基础，根据不同额定水头分别提出了 500MW 和 680MW 的单机容量方案，此即为国内专家论证组研究的意见，既考虑了国际上的先进技术水平，也考虑了国内制造厂的具体条件。

在研究工作过程中，比较了 3 种方案，见表 2.2-3。表中数字为长江水利委员会在统一的装机总容量 17680MW 基础上进行比较所采用的数值，括号内系哈尔滨大电机研究所、哈尔滨电机厂、东方电机厂共同研究提出的方案所采用的数值。

表 2.2-3　　　　　　　　正常蓄水位 175m 机组参数比较表

方案	方案一	方案二	方案三
机组台数/台	28	26	24
水轮机转轮直径/m	9.15（9.3）	9.5（9.5）	9.88（9.8）
单机容量/MW	631.4（650）	680（680）	736.6（720）

国内制造部门对上述三峡机组方案论证研究的意见如下：

（1）三峡水电机组的参数，参考了国外已生产的大容量、低速水电机组的有关数据和我国自己的经验，使水轮机、发电机的参数选择基本上都接近或达到国际上 20 世纪 80 年代先进水平。

（2）三峡 175m 蓄水位方案，对上述单机容量为 650MW、680MW、

720MW 的三个方案进行了初步论证，认为这三个方案在国内外已有数十台单机容量为 300～700MW（水轮机转轮直径为 6～9.223m）的成功经验可以借鉴，加上哈尔滨电机厂及东方电机厂已有改造规划，主要立足国内研制是可以实现的。建议选择单机容量为 680MW、水轮机转轮直径为 9.5m 为基础方案，对于更大尺寸容量的机组，制造上是可能的，但制造难度和工厂改造投资相应有较大增加，拟留待初步设计阶段深入论证。

可行性研究报告中选用的 26 台 680MW 大型混流式水轮发电机组方案，其技术参数和制造措施参照了国内外 20 世纪 70—80 年代已成批生产的 700MW 级机组制造和运行实践经验，经与国外大机组制造厂商的技术交流，同国外咨询公司有经验的机电设计工程师们座谈，并根据国内三峡工程论证机电设备专家组的推荐意见确定。

（四）单机容量由 680MW 调整至 700MW

原论证时受限于水轮机转轮尺寸，最大直径不能超过 9.5m。到 1993 年 7 月，综合考虑枢纽布置、机组和输变电设备的制造、电力系统等方面的情况，国务院三峡建委第二次会议讨论时，决定机组额定容量由 680MW 增加到 700MW，总装机容量为 18200MW，多年平均年发电量由 840 亿 kW·h 增加到 847 亿 kW·h，是世界上最大的水电站。水轮机转轮直径也由 9.5m 增加到 9.8m，重 500t，发电机推力轴承负荷为 5900t，均属世界最高水平。

（五）三峡水轮机组主要电气参数

水电站水轮机的转动惯量 GD^2、发电机直轴暂态电抗 X_d'、功率因数 $\cos\varphi$ 等参数选择与电力系统规划设计和运行有密切联系。

1. 转动惯量 GD^2

GD^2 对电网稳定有较大影响。计算表明，GD^2 增大可减小三峡电站至四川线路功率振荡幅值，系统最低电压也有所提高，因此增大 GD^2 对稳定有一定好处。

从造价看，GD^2 低于 45 万 t·m² 时铁材用量较小，大于 45 万 t·m² 后则铁材用量急剧上升，而耗铜量则以 45 万～46 万 t·m² 最低。

综合两种影响因素，GD^2 宜在 42 万～46 万 t·m² 之间选取（相应的惯性时间常数 T_J 为 8.32～9.12s），并以 45 万 t·m² 左右为佳。

2. 发电机直轴暂态电抗 X_d'

发电机直轴暂态电抗 X_d' 是一个对发电机型式、尺寸和重量有较重要影响的参数，通常是由系统稳定计算确定。

选取 X'_d＝0.35 和偏差于此值±20％的不同 X'_d 值进行稳定计算。结果表明，当 X'_d≤0.35 时，三峡至四川的线路功率振荡以及江西电厂角度幅值均呈衰减趋势，且 X'_d 越小，对稳定越有利；而当 X'_d 为 0.385 或 0.42 时，三峡至四川线路功率振荡发散，江西电厂角度摆开，系统失去稳定。所以，从稳定要求出发，宜取 X'_d≤0.35，考虑到 X'_d 取得太小，将增大发电机造价，故推荐 0.3≤X'_d≤0.35。

3. 功率因数 $\cos\varphi$

三峡输电系统有其特殊性：一方面，它要通过较长距离的交流线往华中和川东送电，而 500kV 交流线路充电功率较大，因此三峡机组额定功率因数不宜太低；另一方面，三峡左、右电厂四段母线中的三段有线路与直流换流站相连，而换流站需要一定的动态无功功率，这样就要求三峡机组具有给换流站提供一定规模无功的能力。因此，三峡发电机组额定功率因数的选取要兼顾直流和交流系统，以保证三峡电力安全经济送出。

研究结果表明，三峡左一、右一、左二机组的 $\cos\varphi$ 选择 0.9 较为合适，左二可取 0.9 以上，但考虑到设备参数宜规范统一，故最后推荐均取 0.9。

第三节　三峡电力供电范围及消纳方案

一、三峡电能消纳论证的基本情况

为配合三峡电站电力电量外送，1998 年对三峡电站的电力电量在华中、华东和川渝八省两市的市场消纳进行了分析研究。研究报告于 1999 年 2 月由原国家计委组织专家进行了审查，随后原国家计委基础产业司以报告所作的结论为基础，根据国家的产业政策和专家提出的意见，对三峡电站电能合理消纳方案进行了修改。2000 年 3 月，根据修改后的三峡电能消纳方案和一些边界条件的变化对三峡电站合理消纳方案作了进一步研究；2000 年 4 月，提出了三峡电站电力电量初步分配方案。

2001 年，根据市场需求的变化，国务院提出三峡（华中）向广东送电3000MW，并决定三峡不向川渝送电。为此，对三峡电站电能在广东、华中四省和华东的合理消纳再次进行研究。2001 年 11 月 27 日，国务院正式批复三峡电站电能消纳方案；2001 年 12 月 13 日，原国家计委正式下发了《印发国家计委关于三峡水电站电能消纳方案的请示的通知》（计基础〔2001〕2668号），明确了三峡电能在各省市的分配办法、定价原则、消纳方式等重要问题。

2003 年，三峡电站首批机组投产，由于机组投产进度加快、水库蓄水位提高，三峡电站发电量比预计电量有所增加，应重庆市政府的要求，国家发展改革委协调三峡电能消纳区相关省市及公司，并报国务院同意，以发改能源〔2003〕692号文、〔2004〕176号文、〔2005〕280号文的形式明确将2003—2005年三峡电站部分增发电量送重庆市消纳。

2005年，随着三峡左岸14台机组全部竣工投产，电站生产运行趋于稳定，经测算，"十一五"期间三峡电站将增发电量约560亿kW·h。基于各受电省市经济发展的需要，增发电量受到受电省市的密切关注，强烈要求消纳三峡增发电量。国家发展改革委组织开展了三峡电站"十一五"期间增发电量的消纳方案研究，经国务院批准，国家发展改革委于2007年下发了546号文。

鉴于"十二五"期间三峡右岸扩建6台单机容量为700MW机组的地下电站的情况，2010年国家能源局组织开展了三峡地下电站电能合理消纳研究。最终确定了以华中电网为主，部分电能在华东电网消纳，部分电能参与华中、华北水火调剂的电能消纳方案。

二、三峡电能消纳方案

(一) 2668号文方案

1. 三峡电能在华东、华中和广东之间的分配办法

三峡电站26台机组在2003—2009年陆续投产发电。其间，在三峡至广东的直流输电工程2004年建成送电以前，电力电量按5∶5送往华东和华中。三峡至广东输电工程投产后，汛期向广东和华东按5∶5的比例送电，在分别达到这两个地区设计的输电能力3000MW和7200MW以后，其余电力均送华中。在非汛期，电力分配以16%、40%和44%的比例，分别向广东、华东和华中输送；在分配电量时，考虑华中电网枯水期缺电量，需要适当多送，因此电量比例在上述比例的基础上，原则调整为16%、32%和52%。三峡电能在华中、华东和广东地区的电力电量分配见表2.2-4。

表2.2-4　　三峡电能在华中、华东和广东地区的电力电量分配

地区	来水情况	电力/电量	2003年	2004年	2005年	2006年	2007年	2008年	2009年	2010年
华中	枯水年	最大电力/MW	1100	1930	2640	3370	4930	6490	8000	8000
	平水年	电量/(kW·h)	19.5	64	79	90	171	217	234	353
华东	枯水年	最大电力/MW	1100	1900	2980	4200	4200	5700	7200	7200
	平水年	电量/(kW·h)	19.5	116	167	219	235	287	322	309
广东	枯水年	最大电力/MW	—	1890	2980	3000	3000	3000	3000	3000
	平水年	电量/(kW·h)	—	78	124	141	144	146	141	136

2. 三峡电能在华中四省之间的分配办法

三峡电力在华中四省之间的分配比例为河南 25％、湖北 35％、湖南 22％和江西 18％。考虑"十五"期间江西电力富余容量较大，"十五"期间送电华中的电力在河南、湖北和湖南之间暂按 40％、40％和 20％的比例分配。2006年及以后年度，逐步增加向江西送电，至电站正常运行时，达到上述的最终比例。

非汛期在华中四省之间电量比例调整为：河南 10％、湖北 42％、湖南 30％和江西 18％。

3. 三峡电能在华东三省一市之间的分配办法

三峡在华东地区的电力电量分配最终比例为上海 40％、江苏 28％、浙江 23％和安徽 9％。

（二）546 号文方案

"十一五"期间，三峡原计划电量仍参照 2668 号文分配方案执行，546 号文调整范围仅为三峡电站在 2668 号文基础上增发的电能。

"十一五"期间将重庆纳入三峡供电范围，每年三峡增发电量中的 20 亿 kW·h 送重庆；其余增发电量参照 2668 号文在华中、华东、广东地区分配的原则执行。电量分配情况详见表 2.2-5。

表 2.2-5　"十一五"期间三峡预计新增电量在华中、华东和广东的分配情况

年　份		2006	2007	2008	2009	2010
新增电量 /（亿 kW·h）	预计增发	77.3	87.9	175.8	158.2	63.4
	送华中	46.4	39.5	99.0	126.0	39.6
	其中：重庆	20.0	20.0	20.0	20.0	20.0
	送广东	10.7	9.3	10.5	10.0	7.5
	送华东	20.2	39.1	66.3	22.2	16.3

至 2010 年，三峡电站将进入正常运行期，其电能按 2668 号文的原则进行分配。

（三）三峡地下电站电能消纳方案

地下电站装机容量共计 4200MW，投产后新增三峡年发电量约 35 亿 kW·h，新增电量主要集中在汛期 7—9 月。根据相关研究结论，提出建议如下：

（1）三峡地下电站电能在华中、华东的消纳方案：汛期（即 5—9 月）地

下电站电力向华东送电 3000MW，其余电力均送华中；在非汛期（即 10 月至次年 4 月）地下电站电力分配以 71％和 29％的比例分别向华东和华中输送。地下电站所增加电量全部在华中消纳（三峡地下电站电量汛期全部送华东，非汛期利用三峡送华东电量返还给华中）。

（2）三峡地下电站电能在华中区内的消纳方案：三峡地下电站分配给华中的电力电量全部在湖北消纳。

（3）三峡地下电站电能在华东区内的消纳方案：三峡地下电站分配给华东的电力电量在上海、江苏、浙江和安徽三省一市消纳。电力全年按 2668 号文比例分配；电量汛期按 2668 号文比例分配；非汛期也按 2668 号文比例将汛期受入的地下电站电量返还给华中。

第四节　三峡输电系统设计方案

一、三峡电站电源送出设计

（一）三峡电站电源送出

三峡左、右岸两个电厂的容量都比较大，从电厂安全运行和系统短路电流控制来考虑，每个厂的母线均设分段断路器，在正常方式下，左、右岸两厂的分段开关断开运行，即三峡电站分 4 厂运行，装机容量分别为 5600MW、4200MW、4200MW、4200MW。

三峡电站出线 15 回，左岸电厂 8 回，右岸电厂 7 回。4 段母线的出线回路数分别为 5 回、3 回、4 回和 3 回，出线方向和排列如图 2.2－1 所示（后期根据川电东送需要，万县 2 回线直接进龙泉换流站）。

左岸电厂Ⅰ母线出 5 回，向东出线 3 回至龙泉换流站，向华东送电，并通过龙泉—斗笠线接入湖北中部环网；向西出线 2 回给重庆送电（后来三峡—万县线改接为龙泉—万县线）。左岸电厂Ⅱ母线出 3 回，接入荆州换流站，向广东送电，兼顾荆州地区供电。

右一出 4 回，2 回至宋家坝换流站，2 回至荆州。右二出 3 回，接入宜都换流站，经直流向华东送电，并通过宜都—荆州线接入湖北中部环网。

（二）三峡地下电站电源送出

三峡地下电站位于左、右岸坝肩山体内，安装 6 台水轮发电机组，单机容量为 700MW，推荐地下电站以 3 回 500kV 线路接入电网。

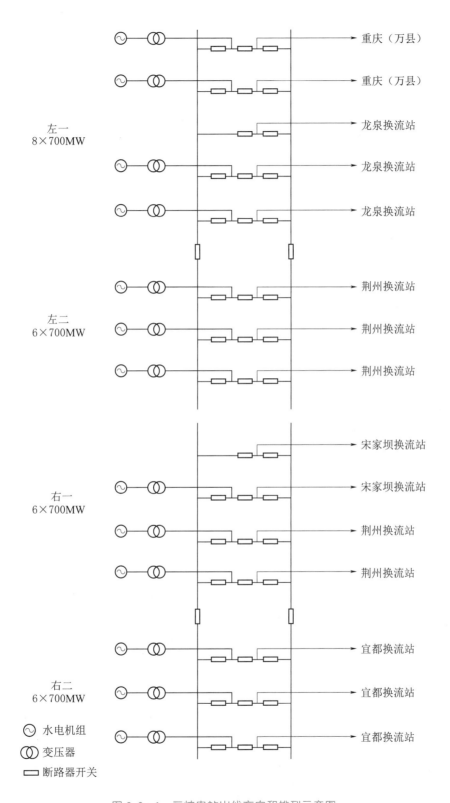

图 2.2 - 1　三峡电站出线方向和排列示意图

荆门特高压工程的建设，为三峡地下电站接入创造了非常有利的条件。2005 年 9 月，国家电网公司在北京主持召开了《三峡地下电站输电方案研究报告》中间评审会议，根据《关于印发三峡地下电站输电方案研究报告评审会议纪要的通知》（国家电网发展〔2005〕676 号），认为综合考虑各方面因素，将三峡地下电站接入电网工程与特高压交流试验示范工程相结合，贯彻了远近结合的思路，采用 3 回 500kV 交流输电线路将三峡地下电站接入荆门特高压变电站是较为积极并稳妥的方案，能够适应三峡地下电站向华中、华东和华北电网送电的需求，对电网发展的一些不确定因素适应性较强。

二、三峡近区电网设计

三峡近区电网是三峡外送电网的基础部分，起着接受和转送三峡电力的作用，三峡电力通过近区电网向三大区域电网输送电力。因此，三峡电站送出线接入电网的第一个落点，其地位和作用十分重要。相关设计院对三峡近区电网进行了逐步深入的研究。

（一）送端换流站站址的选择

大型直流输电送端换流站是大功率电力汇集的重要场所，其建设地点的确定对换流站建设的经济合理性和运行安全可靠性有极重要的影响。同时，换流站的选择，应符合换流站在电力系统中的地位和作用。

1. 龙泉换流站选择

龙泉换流站是三峡向华东送电第 1 回直流工程的起点，在论证中出现两类不同意见：一类意见是在电站坝区内选择方案（当时提出的有坛子岭、柳家村等），简称"厂内方案"；另一类意见是在距三峡电站以东 20～50km 范围内选择方案（当时提出的有红岩子、宜昌东、姜家畈等），简称"厂外方案"。

厂内方案交流线路短，投资省，但场地较为狭窄，进出线不方便，还有换流站靠近大坝、水工建筑物，机电设备、船闸等对其是否有影响还缺乏可供借鉴的经验。厂外方案地理位置适中、地势开阔，进出线方便，对系统的变化适应性强，便于两端换流站的统一协调和调度管理。

经充分论证比较后，最后决定换流站放在厂外。经技术经济比较，选定宜昌东的龙泉站址方案。实践证明，这个决策是十分正确的，因为换流站不仅仅是水电站的升压站，还兼作系统的枢纽变电站，要从系统上考虑它的适应性，三峡电站向华东送电是网对网送电，其性质更是如此。龙泉换流站站址确定后，在具体建设方案上又考虑与拟建的昌都 500kV 变电站合并建设，对节省建设投资和向昌都供电都十分有利。特别是后来考虑川电东送，使系统接线产生了变化，需将3回三万线（三峡左一电站至重庆万县线路）从左一电站摘出直接进换流站并增加向东的交流线路，更显出换流站设在厂外这个方案的优越性。总之，通过送端换流站站址选择的论证和讨论，可以得出一个重要的经验，送端换流站往往是系统一个重要的枢纽变电站，要从系统角度考虑其适应性。

2. 荆州、宜都换流站选择

龙泉换流站确定后并首先开始建设，对三广工程和三沪工程送端换流站站址选择认识基本一致。

三峡电站向广东送电3000MW是三峡电站通过华中电网向广东送电，送端换流站应当是华中电网一个枢纽点，电源要可靠，网架结构要强。换流站站址选择有三类，即三万线出口、宜昌、荆州，共7个方案，经审查确定采用荆州方案。为节省投资和方便运行维护，与荆州500kV变电站合并建设。荆州换流站距三峡大坝约110km。

三峡电站向华东送电第2回直流输电工程，送端换流站经论证比较，确定站址在宜昌市长江南岸宜都（蔡家冲），距三峡大坝48km。

（二）国务院三峡建委批复的三峡输电系统方案

1992—1994年，由原电力规划设计总院、中南电力设计院、华东电力设计院、西南电力设计院等单位共同完成了《三峡输电系统设计》共10卷报告，基本确定了三峡电站的输电方向、输电方式、大区间的送电能力及三峡电力外送网架方案等。经多次设计评审，1995年国务院三峡建委下达了《关于三峡工程输变电系统设计的批复意见》（国三峡委发办字〔1995〕35号），批复意见主要内容如下：

（1）三峡电站供电范围包含华中、华东和四川等，其中向华中、华东和川东（现重庆）分别送电12000MW、7200MW、2000MW。

（2）三峡输电系统共建线路9100km，其中直流线路总长2200km。交流变电容量为24750MVA，直流换流站（含送端及受端）容量为12000MW。

（3）三峡电站向华东送电全部采用±500kV直流方案，首端换流站站址在坝区外选择；三峡向华中、川东（现重庆）送电采用交流500kV方案，华东配套交流部分按500kV电压等级设计。

（4）三峡电站出线按15回出线设计。

此阶段三峡近区电网规划如图2.2-2所示。三峡电站共有15回500kV出线，其中左一电站有2回至万县，有3回至龙泉；左二电站有1回至双河，有2回至斗笠；右一电站有2回至葛换（宋家坝换流站），有2回至江陵；右二电站有3回至宜都。

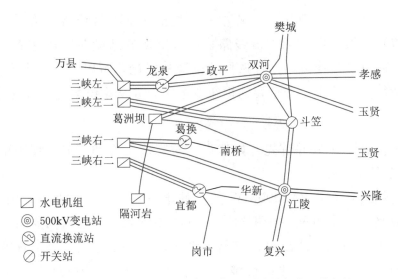

图 2.2－2　国三峡委发办字〔1995〕35 号文批复的三峡电站
近区电网规划示意图

从网架结构来看，此阶段三峡电站输电系统设计明确了三峡电站总的出线规模、出线电压等级以及三峡跨区的送电方式等。该设计方案成为设计单位进行电站设计工作的基础，在电能消纳方案尚不明朗的情况下，为三峡电站初步设计工作的顺利推进创造了有利条件，同时也较好地解决了三峡电站电力送出问题，基本确立了三峡电能整体外送平台架构，为后续输电系统的优化调整建立了坚实基础。

（三）斗笠站替代双河站成为三峡左岸电站外送枢纽

由图 2.2－2 可知，三峡左岸电站主要经由双河、斗笠两站接入华中主网，其中双河远期进出线规模达到 11 回，成为汇集左一电站、左二电站、葛洲坝电站及隔河岩电站的枢纽点，并经由双河—樊城、双河—孝感、双河—玉贤及双河—斗笠等通道向华中主网转送电能，相对而言，斗笠站共有 6 回出线，主要承担汇集左二电站电力及构建中部主框架的作用。

20 世纪 90 年代后期，综合系统需要和工程实施情况等因素后对原设计方案进行了优化。考虑到双河变电站已运行 20 多年，其站内设备、规划规模等均难以适应三峡输电系统的需要，结合三峡电站送出通道线路路径选择情况，最终确定三峡电站出线不进双河，具体调整方案为：左一电站出线 3 回至龙泉换流站，龙泉站出线 2 回至斗笠站，左二电站出线 3 回均至斗笠站，双河站—孝感站 2 回出线调整为斗笠站—孝感站 2 回出线。调整后的三峡近区电网规划如图 2.2－3 所示。

此阶段优化方案由斗笠站代替双河站成为三峡左岸电站外送枢纽，有利于

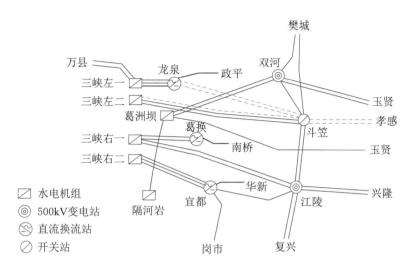

图 2.2－3　调整斗笠站为枢纽站后的三峡近区电网规划示意图
（虚线表示调整线路）

缓解双河站潮流汇聚压力，也便于远期三峡电站外送通道与葛洲坝外送通道的分离，网络结构更为清晰。此外，该优化方案的中部主框架已基本成型，三峡左岸、右岸电站通过斗笠站和江陵站 2 个枢纽点建立起紧密的电气联系，对于提高系统稳定运行水平具有重要意义。

（四）三峡送电至广东输变电系统规划调整

"十五"初期，随着我国国民经济的战略性结构调整，全国电力市场发生了重大变化，由全面短缺逐渐达到低水平供需平衡。为适应三峡供电区电力市场变化，对三峡电站供电范围和电能消纳方案进行了相应调整。2000 年，根据广东"十五"期间负荷增长需要，国务院办公会议研究确定"十五"期间向广东送电 10000MW，其中包括三峡（华中）向广东送电 3000MW。三峡（华中）向广东送电可缓解广东电力供应不足以及华中电力市场相对饱和的矛盾，保障了三峡电力的可靠消纳，近期还可以通过三峡输电系统将四川部分丰水期富余电力送往广东，有利于合理利用电力资源和实现更大范围内的资源优化配置。

经充分研究论证，并考虑建设工期、直流设备规范化及国产化等因素后，三峡送电广东工程最终采用 ±500kV 直流输电方式，输送容量为 3000MW，要求 2004 年初单极投运，2004 年 6 月双极投运。根据三广直流可行性研究审定意见，该直流系统起点为江陵站，并推荐换流站与 500kV 江陵变电站合建。为保障该直流输电工程送端电源组织的合理性，减轻斗笠—江陵线路的潮流压力，原三峡左二电站 3 回出线由接入斗笠站相应调整为接入江陵换流站。调整后的三峡近区电网规划如图 2.2－4 所示。

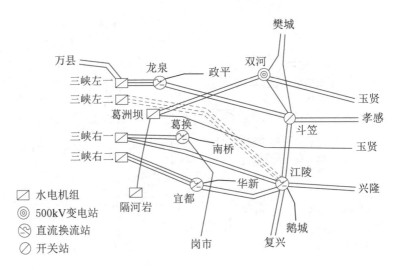

图 2.2－4　三峡送电至广东调整后的三峡近区电网规划示意图
（虚线表示调整线路）

综合来看，本次三峡输电系统优化调整是应三峡电力消纳方案变化（增加三峡送广东 3000MW）而做出的调整。从调整后网架结构来看，江陵站集中了三峡左二、右一、右二的全部交流进线，已成为三峡电力送出的重要枢纽之一，而三广直流输电工程的建设，实现了南方电网与华中电网的联网，对于缓解广东电力供需紧张局面和保障三峡电能的可靠消纳具有重要意义。

（五）三万线改接及万龙线串补工程

根据原三峡输电规划，三峡送川东输电能力按 2000MW 设计，三峡左一——万县双回 500kV 线路的建设较好地满足了这一要求。"十五"期间，随着四川水电基地电源开发进度的加快，四川电网丰水期产生的部分富余电力需外送消纳。

为了充分利用四川富余电能，减少弃水，经论证，确定以较小代价通过万县——三峡通道将川电送到华中（东四省）进行消纳，而三峡输变电部分单项工程需进行如下调整：

（1）2002 年，三峡左一——万县Ⅰ回与三峡左一——龙泉Ⅱ回临时跨接，形成万县——龙泉Ⅰ回 500kV 联络线。

（2）2003 年，三峡左一电站投产后，恢复三峡左一——万县Ⅰ回与三峡左一——龙泉Ⅱ回线路运行。

（3）2005 年，为保障三峡左一电站电力的可靠送出，同时为满足川电东送 1000～1500MW 的输送能力，将万县——三峡Ⅱ回调整为万县——龙泉，同时增建 1 回龙泉——斗笠线路。

（4）为进一步扩大川电东送能力及提高华中电网稳定水平，2006年将万县—三峡Ⅰ回改接至龙泉，同时在万县—龙泉双回线路上加装35％的串联补偿装置。

综合来看，将万县—三峡线路从左一电站解出后，三峡左一送出与川电东送潮流分别经由独立通道注入龙泉，避免了因川电东送容量大导致三峡左一—龙泉通道重载甚至过载的问题，有利于保障三峡左一电站电力的可靠送出，网架结构也更清晰。

经上述调整后，三峡近区电网规划如图2.2-5所示。

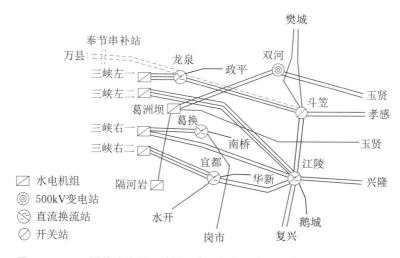

图 2.2 - 5　三万线改接后三峡近区电网规划示意图（虚线表示调整线路）

（六）宜都—江陵线改接

"十一五"期间，随着三峡电站送出输变电工程逐步建成和投运，由斗笠—孝感—玉贤—凤凰山—咸宁—兴隆—江陵—斗笠构成的500kV中部主框架也已成型，成为汇聚川电，并衔接河南、湖南及江西电网的中部枢纽。此外，2008年年底，晋东南—南阳—荆门特高压试验示范工程的建成投运，也使华中电网与华北电网建立起1000kV的电气联系，打通了南北水火电力调剂运行的通道。

电源及电网建设的快速发展，使三峡近区电网规模日益扩大，短路电流增长势头凸显。为限制该地区的短路电流水平，国家电网公司组织相关单位进行了研究，最终提出将宜都—江陵线改接至兴隆的限流方案，改接后三峡近区电网规划如图2.2-6所示。

该网架方案将右二送出通道从江陵解出，限流效果较为显著，同时也保留了华中中部主框架的完整性，实现了三峡电力的分散注入，潮流分布合理，工程实施也较为便利。

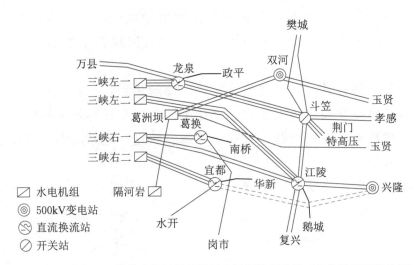

图 2.2－6　宜都—江陵线改接后三峡近区电网规划示意图（虚线表示调整线路）

（七）三峡地下电站接入系统

按照国务院三峡建委第十四次会议纪要精神，根据三峡地下电站容量大、电量少及丰水期电能的特点，国家电网公司在 2006 年进行了深入的研究和论证，完成了地下电站—荆门输电线路和葛沪直流综合改造等三峡地下电站送出相关工程的可行性研究报告及其评审等前期工作。同时提出了以华中电网为主，部分电能经葛沪直流综合改造工程在华东电网消纳，部分电能参与华中、华北水火调剂的电能消纳方案。2006 年 12 月，国家电网公司上报了《关于报送三峡地下电站送出方案和送出工程投资估算的报告》（国家电网发展〔2006〕1219 号），提出关于三峡地下电站送出方案的推荐意见。

此后，根据电网发展面临的新情况，国家电网公司组织对葛沪直流综合改造方案进行了优化研究，并提出了优化调整方案。根据原三峡地下电站送出方案，除新建湖北荆门—上海沪西 3000MW±500kV 直流工程外，将宋家坝、南桥±500kV 换流站容量改造为 3000MW，将原有设备搬迁至四川德阳—陕西宝鸡直流工程使用。

优化调整后，三峡地下电站送出工程建设包括以下内容：

（1）新建地下电站—荆门 500kV 交流线路长 3×196km（包括 2 座长江大跨越）。

（2）新建湖北荆门、上海沪西换流站，输电容量为 3000MW。利用葛沪直流已有走廊将现有单回线路塔改造成双回路塔，共计新建、改造直流线路 1931km（其中同塔双回 914km），新增线路按 3000MW 能力设计。葛沪 1200MW 直流系统继续运行，设备寿命到期后改造为容量为 3000MW 的直流输电系统。

安福寺变电站投运后，右一分厂送电的第一落点从江陵换流站改为安福寺变电站，形成三峡右一电力与220kV葛二江外送系统并列运行方式，两大水电送端互连以及500/220kV电磁环网运行结构将使控制策略变得更加复杂，迫切需要优化网架结构。为此，2013年12月，将葛洲坝换流站π接入三峡右一—江陵2回线路，形成三峡右一—葛洲坝换流站4回线、葛洲坝换流站—江陵2回线路的右一电厂送出网络，如图2.2-7所示。

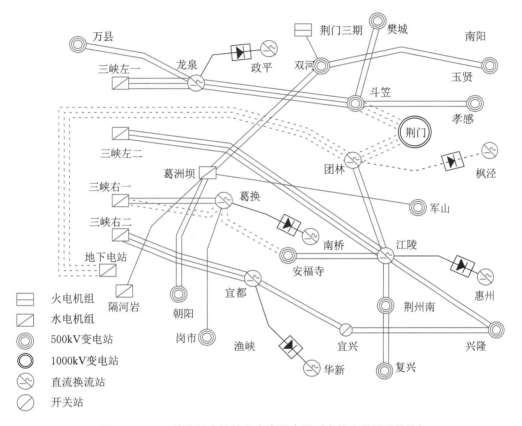

图2.2-7　三峡地下电站接入方案示意图（虚线表示调整线路）

三、三峡电站外送输电方式与电压等级设计

（一）设计送电能力

三峡电站供电范围和供电方向确定后，必须尽快决策三峡外送的输电方式和输电电压，它既是配合三峡机电设计的需要，也是开展三峡输变电工程设计的先决条件。但是，三峡电站规模大、涉及面广、不确定因素多、技术问题复杂，要做好三峡外送输电方式和输电电压论证工作困难很大，主要表现为以下几点：

（1）三峡电站规模大、送电距离长、送电容量大，可能涉及的方案众多，工作量大。

（2）影响各方经济利益，情况复杂。

（3）技术问题复杂，如 500kV 电网叠加 750kV 电压的合理性，交直流并列方案中交直流的合适比例，纯直流方案的设备供应，以及电压等级和经济性等。

（4）电力电量消纳方案未定，外送输电方式和输电电压等级论证缺乏最基本的依据。

在此情况下，原电力部提出"设计送电能力"的概念，它仅用于论证三峡外送输电方式和输电电压，不作为三峡电力电量消纳的依据，这一做法为开展三峡输电系统设计创造了条件。

国务院三峡建委以国三峡委发办字〔1995〕35 号文批复三峡输电系统的设计送电能力为：四川（现重庆）2000MW，华中 12000MW，华东 7200MW。2001 年，广东纳入三峡供电范围，确定设计送电能力为 3000MW。

（二）外送方式与输电电压等级

1. 三峡送川东（现重庆）输电方式和输电电压

川东电网最高电压为 500kV，三峡出线电压亦为 500kV，三峡送川东距离约为 600km，设计送电能力为 1500～2000MW，并按上限设计，2 回交流 500kV 线路送电 2000MW，每回 1000MW，正是交流 500kV 电压等级的技术经济方案，首先予以明确。

2. 送华中输电方式和输电电压

华中电网的最高电压亦为 500kV，且其骨干网架已有一定基础，同时湖北地处华中中心，所有向河南、湖南、江西送电的线路都要经过湖北，三峡向华中四省的送电距离在 400～700km，因此采用交流 500kV 电压也是毋庸置疑的，重点是研究其送电方案。

3. 送华东输电方式和输电电压

三峡送华东设计送电能力为 6000～8000MW，送电距离约为 1000km，如此大的送电容量和距离，采用交流还是直流，采用什么电压等级为好，将是三峡外送输电方式和输电电压的研究重点。

三峡送华东的输电方案，在可研阶段论证中曾提出四类方案，即 500kV 交流输电方案、750kV 交流输电方案、纯直流输电方案，以及交、直流混联输电方案，并推荐交、直流混合方案。但是，也有一些单位和专家认为纯直流输电方案在技术上有不少优点，希望进一步研究，根据三峡输电系统设计任务书要求，又对交、直流混合方案和纯直流输电方案做进一步论证。

根据各方面意见，在《三峡输电系统设计》中列出三个方案，重点进行论证比较。

方案1：交、直流混合输电方案（即原方案）。

方案2：纯直流输电方案。

方案3：交、直流混合（直供华东）输电方案。该方案的特点是除在右岸出直流送华东外，在左岸单独出一个厂（左一），以交流直送华东，不与华中并网。

经过研究，认为交、直流混合输电方案（方案1）的优点是与三峡电站的建设工期能较好地配合，输变电工程可分期建设，比纯直流方案更为灵活，加上它的交流输电部分可以沿途落点，能照顾华东电网安徽与江苏两省的缺电地区。对于方案3也同样具备上述优点，但它不与华中相连，稳定水平比方案1低，由于单独拉出一个厂向华东送电，三峡出线至少16回，使三峡运行灵活性受到影响。

纯直流输电方案（方案2）的优点，主要是华中、华东两个区域电网可以按各自的参数运行，不受交流同步联网的影响，也不增加系统的短路容量，可以避免交流同步联网的复杂性，包括技术上和管理上的复杂性。纯直流输电方案主要问题是设备要进口，造价较高。按1992年年底静态价美元兑换率1：5.7元计算，投资比交、直流混合输电方案（方案1）多12.9亿元，考虑补充装机后多15.49亿元，年费用多2.23亿元。其次是直流工程在投产的初期可靠性可能较低。

从技术上来看，交、直流混合输电方式和纯直流输电方式都是可行的。纯直流输电方案造价高的问题，可结合工程引进国外技术进行合作制作，逐步扩大国内制造的范围和提高国产化率加以解决。可靠性可以随着新技术的发展不断提高，同时随着电网规模的扩大，直流故障对电网的影响也呈减小趋势。因此，综合当时技术条件，并考虑到联网技术上和管理上的优越性，以及各个电网长远规划设想，三峡向华东送电的联网方案，推荐采用纯直流输电方案。

关于直流输电电压等级，在论证中除±500kV方案外，还提出了±600kV方案，考虑到±600kV方案在当时的技术难度和我国已有±500kV直流输电工程的实际情况，推荐采用±500kV方案。

三峡工程向华东送电，在葛沪直流输电工程的基础上再增加2回输电能力各为3000MW的双极直流输电工程，总输送容量为7200MW。

四、三峡各供电区域送电方案和规模

(一) 三峡电力送电华中四省

三峡电站装机台数多，出线回路多，送电地区也多，需要一个坚强的华中电网吸收、输送和分配三峡电力；另外，华中电网处于我国腹地，是大西南水电东送和北部火电南送的必经之路，也需要建设一个坚强的华中电网。

1. 中部框架

为配合三峡水电东送，在三峡输电系统设计中提出了连接鄂西和鄂东的中部大框架方案，即在湖北中心地带形成 1 个荆门—孝感—汉阳—凤凰山—咸宁—潜江—荆州—荆门接近 650km 的大环网，该环网的东西、南北各有两大通道，东西通道为 2～3 回线，南北通道为 2 回线路，采用大截面线路，使其成为框架结构。该框架在距三峡 150km 左右的鄂中汇集三峡及其他水电站、火电站的电力，并在大框架上进行电力集散，向东送电至鄂东、江西，向南送电至湖南，向北送电至河南。中部框架有较大的吞吐能力，可为以后大容量的水电、火电输送及调节打下基础。华中电网中部框架基本情况见表 2.2－6。

表 2.2－6　　　　　　华中电网中部框架基本情况

通道	项　目	回路数	长度/km	导线截面/mm²
东西通道	荆门—孝感	2	170	LGJ－4×500
	荆州—潜江	2	89	LGJ－4×500
	潜江—咸宁	3	165	LGJ－4×630
南北通道	荆门—荆州	2	62	LGJ－4×400
	孝感—汉阳	2	64	LGJ－4×400
	汉阳—凤凰山	2	62	LGJ－4×300
	凤凰山—咸宁	2	55	LGJ－4×500

2. 三峡配套省际联网线

湖北—河南：1 回联网线（西面 1 回），即双河（经荆门）—南阳。

湖北—湖南：2 回联网线，即荆州—益阳双回。

湖北—江西：1 回联网线，即咸宁—西昌。

重庆—湖北：2 回联网线，即万县—龙泉双回。

3. 华中电网三峡配套输变电项目

华中电网三峡配套项目在增加三广直流后进行了一次调整，调整后的规模为：变电容量 12000MW，线路 4596km。华中电网三峡配套输变电项目见表 2.2－7。

表 2.2-7　　　　　　　　　　　华中电网三峡配套输变电项目

项　　目	规模/km	项　　目	规模/MW
华中 500kV 交流线路	4596	华中 500kV 交流变电	12000
1. 省际联网线	961	1. 湖北	4500
2. 湖北	2687	2. 湖南	3000
3. 湖南	233	3. 江西	2250
4. 江西	330	4. 河南	2250
5. 河南	395		

（二）三峡电力送华东输电方案

三峡送华东采用纯直流输电方案，包括 2 条新建的三峡至华东直流线路和利用原葛洲坝至上海南桥直流线路，共 3 条线路，总容量为 7200MW。该输电系统的作用主要体现以下三个方面：一是满足三峡电力外送的需要；二是满足华东电网用电增长的需要；三是加强华中、华东两大电网联网，有利于水火调节、优势互补，更大程度地发挥两大区域电网的经济效益。

1. 三峡—常州直流输电工程

三峡左岸至常州 ±500kV 高压直流输电工程额定容量为 3000MW，直流线路东起华中电网的龙泉换流站，西至华东电网的政平站，直流线路全长约890km，采用 ACSR-4×720mm² 导线。该工程已于 2003 年 5 月双极投运。

龙泉换流站位于宜昌以东 22km 左右，通过 3 回 500kV 线路同三峡左岸电站相连，距离约 58km，再通过 3 回 500kV 交流线路与华中主网中的枢纽荆门（开关）站相连，距离约 78km。龙泉换流站由直流整流站和原拟建设的宜昌变电站两大部分组成，合并建成后的龙泉换流站是华中电网的一个重要变电站，它将三峡左岸电站电力降压供宜昌地方负荷，同时也是三峡左岸电站外送第一站。通过龙泉至常州直流输电工程将三峡电站电力送往华东地区，通过龙泉至荆门线路将左岸电站电力送往华中电网，因此在系统中的地位极其重要。

直流部分：额定容量为 3000MW，额定电压双极 ±500kV。

交流部分：规划容量为 2×750MVA 变压器。

500kV 规划出线 8 回；220kV 规划出线 9 回；35kV 并联电抗器 3×60Mvar，并联电容器 4×50Mvar。

受端政平换流站位于江苏省常州市武进区政平乡，为纯直流逆变站，政平向北通过 2 回 500kV 交流线路同华东网的武南 500kV 枢纽变电站相连，距离约 5km。

2. 三峡—上海直流输电工程

三峡—上海直流输电工程起点为宜昌地区蔡家冲站，位于长江南岸，距宜都北面 19km 处，距三峡电站 48km。落点为上海青浦区白鹤站，直流线路全长约 1100km，采用 ACSR－4×720mm² 导线。

蔡家冲站为纯直流整流站，额定容量 3000MW，双极±500kV。交流侧电压 500kV，规划出线 9 回，其中至右二 3 回、荆州 2 回、水布垭 1 回、备用 3 回。

白鹤站为纯直流逆变站，交流侧以 2 回 500kV 接至黄渡变电站，双环同杆架设，导线截面为 4×720mm²，另外还留有 2 回备用间隔。

3. 葛洲坝宋家坝—上海南桥直流输电工程

该工程原为配合葛洲坝大江电站东送华东，缓解上海市的缺电局面而兴建，额定容量 1200MW，双极±500kV。起点为宜昌宋家坝，距离葛洲坝 3.5km，受端南桥在上海郊区，全长 1045km，导线型号采用 LGJQ300×4mm²，1990 年 8 月双极投运。

三峡右岸电站建成时，宋家坝改接右一，作为三峡向华东送电 3 回直流中的 1 回，宋家坝距右一约 26km，500kV 交流出线 4 回，其中 2 回至三峡右一、1 回至湖南岗市、1 回备用。

（三）三峡电力送广东输电方案

三峡电力送广东是作为落实"十五"期间向广东送电 10000MW 的重要措施提出来的，2000 年完成《三峡（华中）—广东直流输电工程可行性研究报告》，2001 年 3 月完成《三峡（华中）—广东直流输电工程接入系统设计报告》。2002 年 4 月开工建设，2004 年 4 月双极投运。

1. 送端落点及规模

根据三峡电站近区网络方案研究，经中国电力工程顾问集团公司审查明确建设 500kV 江陵换流站，在《三峡—广东直流输电工程可行性研究（规划）报告》中，对换流站与系统的连接方案做了较多的计算研究和分析比较，推荐换流站与 500kV 江陵换流站合建，接入系统的方案为三峡左二 3 回出线接入本站。后经原国家电力公司 2000 年 12 月组织审查，以国电计〔2000〕89 号文明确换流站接入系统方案为原规划的三峡左二至荆门的 2 回线调整为荆州方向，左二出 3 回线进换流站。其后，原国家电力公司进一步明确，换流站与荆州 500kV 变电站合并建设，总体优化，统筹考虑。

直流部分：额定容量 3000MW，双极±500kV，交流侧电压 500kV。

交流部分：交流主变压器本期 1×750MVA，远期 2×750MVA，并留有扩建可能性。低压侧配置 4×60MVA 电抗器和 1×60MVA 电容器，远期按 6×60MVA 和 2×60MVA 考虑。

500kV 规划出线 13 回，为三峡左二电厂 3 回、右一电厂 2 回、右换 2 回、荆门 2 回、益阳 2 回、潜江 2 回。220kV 出线 12 回。

2. 受端落点及规模

根据广东电网的规划，广东电网将在当时 500kV 电网上，逐步形成内、外两个环，根据广东省电力设计院的研究结果，广东"十五"期间，需接受外区电力的主要地区为粤中负荷中心的东莞、佛山等地。惠州二与石排分别为广东外环和内环东侧上的两个点，选择惠州二落点负荷广东电网远景规划，有利于推进粤中 500kV 外环网建设，换流站站址选为惠州博罗（鹅城换流站）。

直流逆变站为纯换流站，交流电压选择为 500kV，有利于发挥 500kV 受端系统对直流的支撑作用，同时，直流电力直接接入主网架，功率比较容易通过主网送往其他负荷点。《三峡（华中）—广东直流输电工程可行性研究审查意见》明确了广东换流站接入系统方案，即广东换流站以 2～3 回 500kV 交流线路经惠州二 500kV 变电站与广东内环网连接。经研究后确定为 2 回 ASCR－$4\times720\mathrm{mm}^2$ 导线。

五、三峡输变电工程的总规模

三峡输变电工程包括直流工程 5 项、交流工程 94 项，500kV 直流输电线路长 4942km，直流换流站容量为 24000MW，500kV 交流变电容量为 22750MVA，500kV 交流线路长 7283km。

第五节 小 结

（1）三峡大坝坝顶高程为 185m、正常蓄水位为 175m 的建设方案，是综合防洪、发电、航运等多方面技术和经济论证后得出的方案。

（2）采用常规方法和电源规划方法的分析结果均表明，三峡电站 2000 年发电方案的经济性均优于其他的替代方案。三峡电站相当于 7 个 2400MW 火电厂，有能力解决供电区电力需求与发展的矛盾。

（3）综合三峡电站主要水力参数、水轮发电机组的国内外制造能力、减少三峡电站汛期弃水以及充分发挥三峡工程的综合效益等因素，三峡电站装机 32 台 700MW 机组，总容量为 22400MW，其中左岸电厂装机 14 台，右岸电厂 12 台，地下电站装机 6 台。

（4）从一次能源平衡和交通运输状态等情况出发，结合三峡电站的地理位置，三峡电站 175m 正常蓄水位方案的合理供电范围主要是华中、华东及川东地区。为落实 2000 年国务院作出的关于"西电东送"和"十五"期间外区向广东送电 10000MW（其中三峡电力送广东 3000MW）的重大决策，三峡电力供电范围增加广东地区。

（5）在三峡工程 2004 年建成送电以前，电力电量按 5∶5 送往华东和华中。三广工程投产后，汛期向广东和华东按 5∶5 的比例送电，在分别达到这两个地区设计的输电能力 3000MW 和 7200MW 以后，其余电力均送华中。在非汛期，电力分配以 16％、40％和 44％的比例，分别向广东、华东和华中输送。

（6）三峡输电系统论证过程，经历初步论证、全面论证和滚动研究三个阶段，涉及电源送出系统设计、近区电网设计和外送输电方式及电压等级选择，以及各供电区域送电方案和规模等内容。

（7）三峡输变电工程包括直流工程 5 项、交流工程 94 项，500kV 直流输电线路 4942km，直流换流站容量 24000MW，500kV 交流变电容量 22750MVA，500kV 交流线路 7283km。

（8）自 1992 年开始至 2015 年 12 月，三峡输电系统设计及其滚动规划工作已基本完成。三峡输电项目的顺利建设、投产和运行表明三峡输电系统规划是成功的，输电方案不仅能满足三峡电力送得出、落得下、用得上的目标，而且建设规模适宜，达到了技术、经济的和谐统一。

第 三 章

三峡电站电源规划设计方案评估

第一节　三峡电站机组单机容量选择评价

一、水电站核心设备制造能力

大型水轮发电机组是水电站的核心设备，也是制造难度最高的顶尖工业产品之一，涉及众多复杂加工技术。长期以来，核心技术一直为少数发达国家所垄断。在三峡工程建设前，我国国产最大的水轮机组是 1987 年在黄河上游龙羊峡水电站投产的 320MW 水轮机组，与美国、苏联在 20 世纪 70 年代研制的 600～700MW 机组有着相当大的差距。虽然我国从 20 世纪 80 年代早期就开始对三峡工程机电设备进行技术攻关，但仍缺乏实际制造经验。

在这种情况下，我国决定以三峡工程为契机，通过国际招标，引进国外先进技术，提升国内企业竞争力。从 1997 年起，国内以哈尔滨电机厂、东方电机厂为主的企业开始对 700MW 机组进行技术转化，企业投入巨资进行技术改造，派出数百人次去国外学习，学习国外水电设计软件，掌握了水轮机水力设计与模型试验、发电机电磁设计、大部件强度刚度计算、推力轴承计算与试验、轴系稳定性计算、发电机通风冷却计算等核心技术。

通过三峡工程，我国企业不仅掌握了核心技术，完成了从分包商到主承包商的地位转换，更找到了新的跳板，站到了世界电机制造业的制高点，使我国在一些原先落后的关键技术领域迅速赶上了世界先进水平。

2008 年 8 月 28 日，中国三峡总公司在北京签订金沙江向家坝、溪洛渡水电站 26 台水轮发电机组招标采购合同，总金额达 110 多亿元。这是迄今为止世界最大一宗水电机组采购活动，包括溪洛渡电站 18 台单机容量为 770MW 的机组，向家坝电站 8 台单机容量为 800MW 的机组。最终哈尔滨电机厂中标 10 台机组，包括溪洛渡电站左岸 6 台单机容量为 770MW 的机组和向家坝电站左岸 4 台单机容量为 800MW 的机组；东方电机厂中标溪洛渡电站右岸 9 台单机容量为 770MW 的机组。

二、机组运行性能

在 2008—2010 年三年试验性蓄水位抬升过程中，遵循国际、国内相关标准和规范，对三峡左、右岸电站 26 台单机容量为 700MW 的水轮发电机组进行了较全面的真机性能试验监测，具体包括水位 145~175m 各水头相应的稳定性和相对效率等试验，以及对机组从低水头至高水头、单机额定容量和最大容量、电站满出力等不同运行工况的考核。在 2011—2012 年试验性蓄水位过程中，对地下电站 6 台单机容量为 700MW 的水轮发电机组也进行了同样的试验。

试验结果表明，机电设备可以在水位 145~175m 范围安全、稳定、高效地运行。

第二节　三峡地下电站评价

据测算，在三峡地下电站 6 台机组全部投产后，与三峡左、右岸电站 26 台机组统一调度运行，32 台机组总过机流量可达 31000m^3/s 左右，可以将水量的利用系数由 92% 提高到 97%，三峡电站的多年平均年发电量由 847 亿 kW·h 增加到 882 亿 kW·h，从而每年可增发电量 35 亿 kW·h；枯水期可增加三峡电站调峰容量 3000MW，汛期地下电站 4200MW 容量可全部参与调峰运用，按汛期调峰幅度 6000~8000MW 计算，地下电站 6 台机组的投入可减少调峰造成的年弃水电量约 18.5 亿~25.3 亿 kW·h。

从实际来看，可行性研究和初步设计时，在三峡右岸规划预留扩建 6 台机组的地下电站厂房的方案是合理的。

第三节　三峡工程在我国水电可持续发展中的地位及作用

三峡工程电站总装机容量达 22500MW（含电源电站），多年平均年发电量为 882 亿 kW·h，相当于每年 5000 万 t 原煤的发电量，也相当于每年 2500 万 t 原油的能量，是我国重要的清洁能源基地。三峡电站年发电量相当于每年减排 CO_2 气体 1 亿~1.2 亿 t，并减排有害气体如 SO_2 200 多万 t、CO 1 万 t、NO_x 37 万 t 等，有效地减少了温室气体和污染物的排放，为应对气候变化的温室气体减排做出了贡献。

由于三峡坝址控制面积大，地域之间互相补偿使年入库水量变化较小。因此，年发电量的波动不大，丰水量的发电量约比平水年多10%，枯水年约比平水年少10%。三峡电站的稳定性和持续性能比一般水电站好，且地理位置适中，作为"西电东送"和"南北互供"的骨干电源点，在促进全国各地区电网形成联合电力系统和长江上游水电开发中将发挥重要作用。三峡电站可将华中、华东、华南和西南等电网连成跨地区的电力系统，再与华北、西北、东北等电网相连，即形成全国联合电力系统，可取得巨大的联网效益，这是其他电站难以达到的。我国丰富的水能资源主要集中在西南地区，长江上游干流金沙江和支流雅砻江、大渡河及乌江都是重要的水电基地，其距经济发达的华东、华南、华中等地区较远，在当时的输电技术条件下，除了输送电功率、电能损失较大外，电压损耗也较大，且远端电压与受端电压相差大，增加了远距离输送电的难度。三峡电站正位于"西电东送"的中间地带，可以起到电压支撑的作用，为西南地区的水电开发及大规模的"西电东送"创造了有利条件，对电网的稳定运行起到很大的作用，在我国水电可持续发展中具有重要的战略地位。

第四节　小　　结

（1）三峡电站机组单机容量由680MW提升至700MW，机组在水位145～175m范围内，可安全、稳定、高效地运行。

（2）通过三峡工程，我国水电机组制造企业掌握了核心技术，完成了从分包商到主承包商的地位转换。电站总装机容量由21760MW提升至22400MW。仅2010年和2012年，电站机组连续满发期间，可分别增发电量4903.6万kW·h和4550.4万kW·h。

（3）地下电站所发的电量主要在夏季，其运行的特点适应电力市场负荷需要。据测算，在地下电站机组全部投产后，三峡电站水量的利用系数由92%提高到97%，三峡电站的多年平均年发电量由847亿kW·h增加到882亿kW·h。

（4）三峡电站作为"西电东送"和"南北互供"的骨干电源点，可在促进全国电网互联和长江上游水电开发中发挥重要作用。

第 四 章

三峡电能消纳方案评估

第一节　电能消纳现状

可行性研究论证阶段充分考虑在负荷需求旺盛的情况下，华中地区煤炭资源缺乏、华东地区整体能源资源匮乏的状况，提出三峡电能在华中电网和华东电网消纳，以实现三峡工程供电、节煤、缓解交通压力和环保的多重目标；输电系统设计阶段受亚洲金融危机影响，三峡部分受电地区电力需求增长减缓，为满足广东省负荷发展需要，适时将供电范围扩大到南方电网。电力系统运行实践证明，三峡电能消纳方案缓解了各受电区供电紧张的局面，支撑了当地经济发展，规划制定的消纳方案是合适的。

2003 年以来，三峡电站机组陆续投产发电。由于三峡工程建设速度加快，机组投产时间提前，水库蓄水位提高，三峡电站实际发电量大于三峡电能消纳方案确定的发电量；三峡电能的竞争力强〔落地电价较各省平均上网电价低 $0.05\sim0.07$ 元/$(kW \cdot h)$〕，在电力需求持续增长的形势下，各省市纷纷要求增购三峡新增电量。截至 2013 年年底，三峡电力系统分别向华中电网（含重庆）送电 2920.32 亿 $kW \cdot h$，向华东电网送电 2775.11 亿 $kW \cdot h$，向南方电网送电 1361.48 亿 $kW \cdot h$。

按照 2668 号文及 546 号文，三峡电量在各地区的分配比例见表 2.4-1。2003—2013 年，三峡电量在各地区的实际分配比例见表 2.4-2。2006 年以后，重庆每年消纳三峡电能约 $2\% \sim 5\%$，相应减少了南方电网（广东）和华东的比例。华中四省 2011 年以后受电比例略有提高，主要是增加了地下电站电量。

事实表明，三峡电能（包括新增电量）通过三峡输电系统全部消纳，消纳方案执行情况良好，达到了 2668 号文及 546 号文中指定的电量比例，少量偏差主要由"十五"期间增发电量的分配、三峡试运行电量及三峡实际丰枯期来水状况与平水年的差异所形成。

表 2.4-1　　三峡电量在各地区的分配比例（根据 2668 号文及 546 号文）

受电地区	2003 年	2004 年	2005 年	2006 年	2007 年	2008 年	2009 年	2010 年
华中四省	52.7%	24.8%	22.8%	23.2%	30.3%	36.7%	39.7%	43.2%
重庆	0.0%	0.0%	0.0%	3.8%	3.1%	2.4%	2.3%	2.3%
华东	47.3%	44.9%	43.6%	44.2%	42.5%	42.0%	40.3%	37.7%
南方电网	0.0%	30.3%	33.5%	28.7%	24.1%	18.9%	17.7%	16.7%

表 2.4-2　　　2003—2013 年三峡电量在各地区的实际分配比例

受电地区	2003 年	2004 年	2005 年	2006 年	2007 年	2008 年
华中四省	50.7%	26.9%	24.3%	24.6%	30.7%	39.0%
重庆	9.0%	1.2%	3.7%	3.5%	3.3%	2.5%
华东电网	40.1%	50.7%	41.3%	42.2%	42.3%	41.0%
南方电网	0.1%	21.2%	30.6%	29.8%	23.7%	17.5%

受电地区	2009 年	2010 年	2011 年	2012 年	2013 年
华中四省	37.7%	44.4%	40.6%	46.0%	45.8%
重庆	2.5%	2.4%	2.7%	4.1%	4.9%
华东电网	40.8%	36.7%	39.0%	34.9%	33.7%
南方电网	19.0%	16.4%	17.8%	15.0%	15.6%

第二节　远期适应性

一、三峡发电方案决定于我国资源结构和分布特点，符合我国能源长远发展战略，体现了电力工业可持续科学发展观

　　根据三峡供电区华东、华中和广东的能源资源分布、负荷发展分析，从当前情况和长远来看，华东、华中和广东地区接受外来电力的空间都是比较大的。

　　三峡电力送到以上受端地区后，作为一种清洁能源，直接替代受电地区需要新增的部分燃煤火电，对于解决受端地区电力供需矛盾、优化能源结构，减轻煤炭南运交通运输压力和东部地区环境保护压力，发展中部经济，实现经济的可持续发展，以及沟通中部和东部经济区，实现中部能源资源与东部电力市场互补，都具有深远意义，经济效益巨大，社会效益和环境效益显著，是一项

重大战略举措。

二、三峡电力在各受电地区的消纳有保障，其市场广阔

从未来电力市场空间分析，三峡各受电区 2015 年共需要电源装机容量为 522GW，三峡装机容量占受电区 2015 年需要装机总量的 4.3％。2020 年及以后，随着供电区需要装机总量进一步增大，三峡装机容量所占比例还将逐年降低。可见，三峡电力所占受电区需要装机容量的比例较小，在各受电区的消纳是有保障的，未来市场更为广阔。

华中、华东四省电网 2020 年电源装机需求超过 200GW，完全具备消纳三峡电力电量的能力。结合国家西部水电开发外送需要，未来三峡水电继续按目前分配方案外送，华中地区由西南水电接续供电；或是三峡水电全部在华中地区消纳，利用三峡输电系统转送西南水电至华东、广东均是可行的。

三、三峡电站的发电质量将更加优良

三峡电站建设以来，长江上游水库的建设速度也在加快，雅砻江锦屏一级、金沙江溪落渡与向家坝电站相继建成，三峡上游水库调节库容可达 270 亿 m³，比可行性研究阶段考虑的上游水库调节库容增加约 100 亿 m³。上游水库的调节作用增加了三峡水库枯期调节流量，使三峡电站的保证出力增加，航运基荷加大，电站的调峰能力加大，三峡电站的发电质量将更加优良。

第三节　小　结

三峡电能消纳方案是以 2668 号文及 546 号文为依据，结合实际来水情况制定的。三峡电能消纳方案缓解了各受电区供电紧张的局面，支撑了当地经济发展，规划制定的消纳方案是合适的。

2003 年以来，三峡电能（包括新增电量）通过三峡输电系统全部消纳，消纳方案执行情况良好，达到了 2668 号文及 546 号文中指定的电量比例，少量偏差主要由"十五"期间增发电量的分配，三峡试运行电量，以及三峡实际丰、枯期来水状况与平水年的差异所形成。

从未来电力市场空间分析，三峡电力所占受电区需要装机容量的比例较小，在各受电区的消纳有保障，未来市场更为广阔。未来三峡水电继续按目前分配方案外送，华中地区由西南水电接续供电；或是三峡水电全部在华中地区消纳，利用三峡输电系统转送西南水电至华东、广东均可行。

第五章

三峡输电系统规划及设计方案评估

第一节 三峡输电系统概况

三峡输电系统规划方案明确了三峡电能的输电方向、输电方式及外送网架等框架体系。三峡电能向华中电网、华东电网及南方电网输送。在华中电网内部为交流输电方式，采用交流方案向川渝电网（重庆）送电，采用直流方案跨区外送华东电网及南方电网。三峡近区交流网架深入湖北电网内部，并与河南、湖南、江西互连，构成华中四省同步电网；在此基础上，与川渝电网联网，并与华东、南方电网异步联网，形成跨大区互联电网格局。在工程设计阶段，上述规划目标通过具体工程设计工作予以充分完整实现。

三峡输电系统设计方案主要包括电站接入系统方案、三峡近区交流电网方案及三峡直流跨区输电系统方案三部分。

一、电站接入系统

依据国三峡建委发办字〔1995〕35 号文，三峡左右岸电站共出线 15 回（图 2.2－1），其中三峡左岸电站出线 8 回，右岸电站出线 7 回。

考虑川电东送需要，多次调整出线方案，最终于 2006 年将原规划三峡—万县双回线改接为龙泉—万县双回线，三峡左、右岸电站出线总数从 15 回减少为 13 回。

为配合三峡地下电站投产，新建地下电站出线 3 回至团林换流站，向华东电网送电，并通过团林—荆门线、团林—江陵线接入湖北中部环网。计及地下电站出线，三峡电站 500kV 电源全部出线达到 16 回。

二、三峡近区交流电网

三峡电站处于华中电网的枢纽位置，通过 500kV 交流电网实现三峡电能在华中电网内部消纳。三峡近区交流电网构成如图2.5-1所示。三峡近区电网与华中电网各省间的联络线具体描述如下：北部通过荆门—南阳线、樊城—白河线、孝感—狮河线与河南电网联网；南部通过葛洲坝换流站—岗市线、江陵—复兴线与湖南电网联网；东南部通过咸宁—梦山线、磁湖—永修线与江西电网联网；西部通过龙泉—九盘线、恩施—张家坝线两个走廊与重庆电网联网。

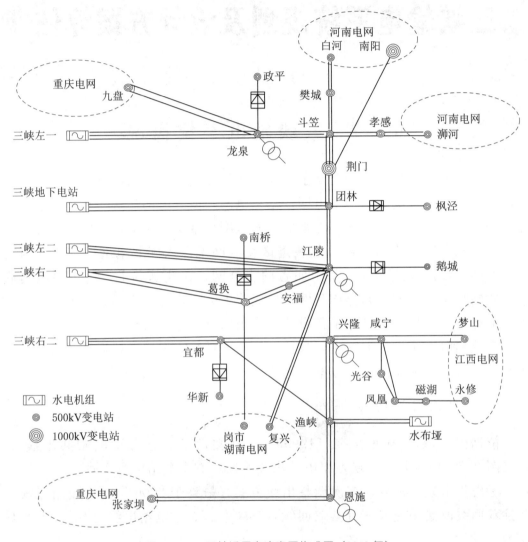

图 2.5-1　三峡近区交流电网构成图（2013 年）

三、三峡直流跨区输电系统

除了在华中电网内部消纳外，其余三峡电能跨区外送。通过 3 回 ±500kV 直流线路跨区送电华东电网，分别是三常（三峡—常州）、三沪（三峡—上海）、三沪Ⅱ回（三峡—上海Ⅱ回）直流工程，通过 1 回 ±500kV 三广（三峡—广州）直流跨区送电南方电网，设计电压等级均为±500kV，单个直流工程设计输电容量为3000MW。三峡直流跨区输电方案如图2.5-2所示。

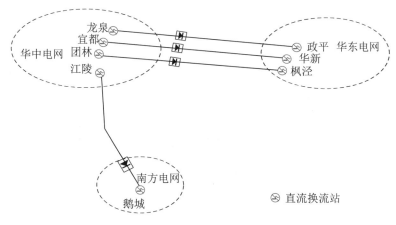

图 2.5-2　三峡直流跨区输电方案示意图

第二节　输电能力及系统参数选取

一、输电能力

三峡电站500kV电源出线采用$4\times400\text{mm}^2$及$4\times500\text{mm}^2$导线，单回线输送功率约为2200～2800MW，16回出线能够满足电网静态$N-1$安全运行要求。

据运行方式分析计算，三峡输变电系统向各地区电网的输电能力见表2.5-1。

表 2.5-1　　　　　三峡输变电系统向各地区电网的输电能力

消纳地区	三峡输电断面	送电/受电能力/MW
华中电网	三峡—湖北	—
	三峡（湖北）—湖南	2600/1100
	三峡（湖北）—江西	3000/1600
	三峡（湖北）—河南	4000/5000
	三峡（湖北）—川渝	3300/2600
华东电网	三常直流	3000
	三沪直流	3000
	三沪Ⅱ回直流	3000
南方电网	三广直流	3000
总计		24900

由表 2.5－1 可知，三峡通过湖北电网向华中电网（包括湖南、江西、河南、川渝电网）送电能力为 12900MW，再计及湖北电网对三峡水电的消纳能力，达到并超过可行性研究阶段提出的向华中电网送电 10000～12000MW 的设计输电能力。三峡向华东电网及南方电网跨区送电的 4 回±500kV 直流输电能力达到 12000MW，与可行性研究阶段的设计能力相符。三峡输变电系统总输电能力为 24900MW，能够满足三峡电站全部机组满发的外送需求。

二、输电系统参数选取

三峡近区采用 500kV 交流电网疏散电力。在三峡近区 500kV 交流输变电工程基础上，形成了湖北中部荆门—斗笠—孝感—玉贤—军山—江夏—凤凰山—咸宁—兴隆—江陵—团林—荆门双回 500kV 大环网，并通过鄂豫、鄂湘、鄂赣联络线分别与河南、湖南、江西电网联系，通过两个双回线通道与川渝联网。三峡近区 500kV 交流方案的选择，既与湖北省已有的 220kV 电网衔接良好，又加快了华中 500kV 主网架发展，电压等级选择合理。

三峡采用直流跨区输电方案。送端换流站选址在三峡电站厂区外，充分考虑了厂外方案具有地理位置适中、地势开阔、进出线方便、对系统变化的适应性强等优点，使得厂区内接线简单，有利于电厂安全运行。各送端换流站除直流送出线路外，还通过多回交流线路接入华中 500kV 电网，来自各方的电能在换流站汇集，有利于电网灵活运行，电能合理消纳。采用直流跨区输电方案，并依据《电力系统安全稳定导则》（DL 755—2001）要求确定了与送受端电网规模相匹配的输电容量，单回直流容量小于受端电网容量的 10%（经验参考值），且采取多回直流分散接入受端电网，保障了交直流系统的安全可靠运行。实际运行情况表明，三峡送华东电网 1 回直流线路发生双极闭锁，华东电网能够保持稳定运行。此外，通过发挥直流功率灵活快速可控的优点，还能在交流电网故障情况下提供功率支援。

三峡工程建设和运行实践表明，三峡输电系统规划设计方案合理。

第三节　工程设计及科技创新

三峡输变电工程技术要求高、难度大，工程设计在很多方面都进行了大胆的创新和探索，对换流站国内成套设计，换流站设备国产化，输电线路大截面导线，大跨越导线和金具，交、直流输电线路塔型和路径的优化，紧凑型线路和同塔双回线路，变电站 HGIS 设备的应用，在工程设计中重点考虑了工程对环境的影响，在换流站的噪声控制设计、各种原状土基础和全方位高低腿技术、塔基基面综合治理等方面做了大量应用技术的研究和创新，并成功投入实际应用。例如三峡输变电工程第二个 500kV 变电站——南昌变电站，在初步设计阶段大胆创新，提出了国产化综合自动化、保护下放的模式，属国内首创。南昌变电站成功投运后，全国新建的 500kV 变电站都采用了这种先进的模式，带动了全国变电站先进技术的应用，提高了变电站的自动化水平。通过三峡输变电工程的设计，国内单位在输变电领域的设计能力和科技创新能力均得到大幅提升。

一、直流输电设计能力提升

历经三峡直流工程的建设，我国已成为直流输电工程建设的大国，我国直流输电的科研、设计、设备制造水平已基本与国际先进水平接轨，并且已总结出一套完整的、符合我国实际的直流输电工程建设和管理的经验和制度。通过三峡直流工程引进技术的消化吸收，通过步步深入的工程实践锻炼，我国已具备独立自主建设 $\pm 500kV$ 及以下直流输电工程的能力，并在此基础上，实现了创新建设 $\pm 800kV$ 直流输电工程。

（一）前期咨询研究和工程功能规范书的制定

前期咨询研究和功能规范书是在工程可研、立项以及工程接入系统要求基础上完成的工作。其目的是经过前期咨询研究，进一步细化和确定工程的系统和环境条件，确定直流换流站工程的范围、设备采购内容和采购方式，研究/设计工程的工作范围和接口、工程的主要技术特点和性能要求，以及工程后续的成套设计所需的系统数据和等值等条件。功能规范书还为尽早开展工程设计提供必备的条件。

经过三峡直流输电工程的实践，我国已完全具备独立自主完成咨询研究和功能规范书编制的能力，并逐步趋于成熟、规范。

（二）直流系统研究/换流站成套设计

直流系统研究/换流站成套设计是根据工程规范的基本要求，完成一系列系统稳态、动态和暂态性能研究，确定直流系统的主回路接线和参数，确定一次设备的配置、参数/功能/性能要求，确定换流站二次系统和辅助设备的配置、参数/功能/性能要求，完成换流站设备的采购规范。

经过三峡直流工程的实践，我国已具备独立自主完成 $\pm 500kV$ 及以下直流输电工程的直流系统研究/换流站成套设计的能力，这使我国不仅可以自主承担国内 $\pm 500kV$ 及以下直流输电工程的建设，而且可以牵头参加国外同类工程的投标。

（三）换流站工程设计

换流站工程设计除了全站的土建部分、常规交流部分和全站辅助系统部分设计以外，其核心部分主要是阀厅的布置和建筑结构设计，以及换流变压器、交流场、直流场的布置，控制保护系统的设计和阀厅设计。

二、交流输电自主创新和新技术推广

三峡输变电工程积极采用先进技术，努力提高系统的输送容量、单位走廊的输电能力和土地资源利用率，减少对生态环境的影响。同时，三峡工程积极支持国产设备的"首台首套"新产品的挂网运行，积极推动新产品、新技术的应用，促进了设备装备水平的提高。

（一）500kV 静止无功补偿装置

静止无功补偿器（Static Var Compensator，SVC）有响应速度快、控制灵活、连续可调等优点，具有增加线路的输电能力、提高电压稳定性、增强系统阻尼特性等作用。万县 SVC 工程填补了国产化 SVC 在 500kV 电网中的应用空白，不仅提高了渝鄂交流输电通道的输电能力，而且形成了静止无功补偿器接入超高压输电网设计、系统设计方案及其相关设备的技术规范，积累了有关 SVC 装置研制、系统集成和系统调试经验。在此基础上得出大容量 SVC 在超高压电网的布局方式、配置容量、控制策略以及其对系统的影响等特性，提出大容量 SVC 技术在超高压电网中的应用实施方案，特别是针对大负荷中心，用以提高受端的电压稳定性和系统有功输送能力，有力地推动了国产 SVC 的工程化进程。

（二）500kV 磁控型可控并联电抗器

我国自主研发的国际上第一套 500kV、100Mvar 磁控型可控并联电抗器于 2007 年在江陵换流站（荆州）顺利投入运行。工程中所有技术全部依靠自主创新，拥有完全自主知识产权。磁控型可控并联电抗器的电抗值和容量可以连续快速调节，有效地调节系统电压；紧急情况下可以实现强补以抑制工频过电压；作为线路用可控并联电抗器，配合中性点电抗器还可以起到抑制潜供电流、降低恢复电压等作用，保证线路重合闸成功率，提高线路和系统可靠性。该可控并联电抗器还具备安装、维护简单，可靠性高，谐波、损耗小，成本低等优点。

（三）紧凑型输电技术

采用同塔双回 500kV 紧凑型输电技术，能提高输电线路的输电能力并有效降低工程投资。单基铁塔耗钢量比常规同塔双回 500kV 线路降低约 30%，基础混凝土耗量比常规同塔双回 500kV 线路降低 10% 以上。每千米综合造价比常规同塔双回 500kV 线路降低 10% 以上。在三峡输变电工程中由于苏南地区土地资源紧张，依托政平－宜兴 500kV 双回线路工程进行同塔双回紧凑型线路的工业性试验项目，该项目首次在我国同塔双回 500kV 输电线路上实践了紧凑型输电技术，成功探索并在工程中应用了"500kV 双回同塔紧凑型"系列塔型，解决了带电作业、系统参数、电磁环境、防雷性能等一系列技术难题。

三、交直流输电系统规划、试验及工程调试水平进步

（一）交直流输电规划设计研究

三峡输电系统工程地域跨度大、网络结构复杂，如此大规模输电系统的统一规划在世界电网建设史上尚属首次。三峡输电系统的规划设计研究，取得的主要创新性成果如下：

（1）对系统规划负荷水平、电网发展基本结构进行分析预测，制定了三峡电力电量消纳方案，解决了供电范围、输电方式、电压等级、输配电网络方案等关键问题。

（2）首次综合采用大型电力系统计算分析软件、大规模动模试验和数模混合仿真试验手段，对三峡输电系统规划设计方案的合理性和技术可行性进行对比分析论证。

（3）解决了交直流工程选站选线及接入系统方案、出线走廊规划及跨江点规划问题。

（4）对超高压无功补偿方案、无功电压控制、安全稳定控制措施等系统性问题进行研究，攻克了交直流混合运行方式下，应对不同故障需采取的安全稳定控制措施等关键技术。

通过三峡输电系统工程规划设计研究，成功解决了复杂电网建设运行的安全性和稳定性，达到了电网结构和潮流分布合理的预期目标，确保三峡电力全部、及时、高效送出及使用，奠定了我国电网互联格局，提高了能源资源优化配置能力和电网事故支援能力。

（二）实验室建设及实验水平

三峡交直流输电系统规模巨大，其技术复杂性是空前的。依托三峡输电系统工程，在实验室建设及实验水平方面，取得的主要创新性成果如下：

（1）建成了规模为当时亚洲第一的电力系统仿真中心和动态模拟实验室，

在交直流输电系统数模混合仿真及其模拟精度、数据处理能力、系统适应性等实验能力方面处于国际前列。

（2）建成了分裂导线力学性能实验室，研制垂直、水平、扭转、顺线四种振动型式的专用液压激振器，填补了国内空白并达到了国际先进水平。

（3）建成改造了杆塔试验基地，为线路杆塔真型试验提供条件，在杆塔计算理论与试验研究之间的对比分析等方面达到了国际先进水平。

（4）建成了电力系统首个电磁兼容实验室，并研制成功了电力系统电磁兼容测试专用车，建成技术国内领先的抗扰度实验室和电波暗室，为解决电磁环境影响、变电站微机监控技术应用创造了条件。

（5）建成实时数字仿真实验室，首次建立了可以同时完成多个高压直流输电控制保护系统的全数字仿真实验平台。

依托三峡输电系统工程，建成了一批具有世界先进水平的重点实验室，实现了实验能力的跨越式提升。我国电网关键技术实验研究手段达到国际领先水平，为后续电网项目建设提供了先进的实验条件和技术支撑。

（三）工程调试能力

工程调试阶段是整个工程建设的最后一个环节，对设计、设备性能和施工安装质量进行全面检验，保证工程安全可靠投入商业运行。通过三峡直流输电工程和 500kV 交流输变电工程的调试，我国已掌握了大型输变电工程调试的关键技术，完善了输变电工程调试的技术内容，形成了一整套输变电工程调试的技术体系，包括调试系统的仿真研究、调试方案和实施计划编制及其现场实施等；掌握了从设备试验、分系统试验、站系统调试到系统调试全过程的调试关键技术，研发了试验测试装置；培养了一支具有丰富实践经验的调试队伍，能够承担国内包括高压直流输电工程所有重大输变电工程的调试任务。

通过三峡直流输电工程和 500kV 交流输变电工程调试的锻炼，我国已具备不依赖国外的技术力量，独立自主进行交、直流输变电工程调试的能力。

第四节　输电系统结构安全可靠性的全面校核

从首台机组投运至 2013 年年底，三峡输电系统已安全稳定运行 10 年，实际运行情况与仿真计算和动模试验结论相符合。在各个运行阶段、各种运行方式下均有较高的安全稳定裕度，实现了三峡电力全部送出及有效消纳，保障了电站效益的发挥。事实证明，三峡输电系统结构合理，运行安全稳定。

第五节　促进全国联网作用及远景适应性

一、促进全国联网作用

三峡电站建设之初，我国各区域电网尚处于孤立运行阶段，既无法实现更大范围内的电能优化配置，也限制了各区域电网之间错峰避峰及事故后相互支援能力的发挥。三峡电站地处华中电网的中间位置，具有地理上的天然优势，对电网互联可以起到枢纽作用，再加上其巨大的容量效益，对于推动区域电网互联起到了重要作用。

（一）华中—华东联网

华中电网与华东电网通过三峡至华东的直流输电工程实现异步联网。1990年8月，葛沪直流双极投运，额定电压为±500kV，额定容量为1200MW。2003年5月，三常直流双极投运，额定电压为±500kV，额定容量为3000MW。2006年12月，三沪直流双极投运，额定电压为±500kV，额定容量为3000MW。2010年4月，三沪Ⅱ回直流双极投运，额定电压为±500kV，额定容量为3000MW。至此，华中电网向华东电网送电由原葛沪1回直流1200MW提高到4回直流10200MW，在当时来看，直流异步联网工程规模在世界上处于领先水平。

作为西电东送中通道的重要组成部分，华中—华东联网工程的建设支撑了华东地区经济发展，为更大范围内资源优化配置创造了条件。

（二）华中—华北联网

华中电网与华北电网通过交流线路实现联网。2003年9月，500kV辛洹线成功投运，标志着华中电网与华北电网首次实现并网运行。2009年初，晋东南—南阳—荆门特高压交流试验示范工程投运，华中与华北电网实现特高压交流线路联网运行。特高压示范工程投运后，500kV辛洹线转为备用运行。

华中电网与华北电网成功实现联网，使区域电网功率互补、电力交换、事故支援能力进一步得到加强，取得了显著的水火电互补效益和互为备用效益。

（三）华中—川渝联网

华中主网（即包含河南、湖北、湖南、江西在内的主干网架）与川渝电网通过500kV交流线路实现联网。2002年5月，川电东送工程正式投运，该工程西起四川二滩水电站，经昭觉、万县到荆门开关站，标志着华中主网与川渝电网实现并网运行。后期又建设了恩施—张家坝双回500kV交流输电线路，与之前川电东送工程的奉节（九盘）—龙泉双回 500kV 线路，共同构成华中—川渝交流联网通道。

华中—川渝电网联网工程是实现"西电东送、南北互供、全国联网"战略的重要组成部分，是加快建设西电东送中部通道的关键一步，能够实现三峡与四川水电的跨区域资源优化配置。

（四）华中—西北联网

华中电网与西北电网通过灵宝直流工程实现异步联网。为全面检验和提高我国直流输电国产化能力，国家电网公司提出将灵宝背靠背换流站（以下简称"灵宝换流站"）作为三峡右岸直流工程的中间试验项目，完全依靠国内科研、设计和制造力量进行建设。2001 年，原国家计委以计基础〔2001〕55 号文批复灵宝直流工程立项。2002 年，应国家电网公司要求，国务院三峡建委以国三峡建委发办字〔2002〕02 号文批复，同意在三峡基金中为该工程安排部分资本金；以国三峡建委发改办〔2002〕64 号文批准了该工程的技术方案与总体投资。2005 年 7 月，灵宝直流工程投运，额定电压为 ±120kV，额定容量为 360MW，灵宝换流站站址位于河南省三门峡市。

2008 年 9 月，为扩大联网规模和适应"西电东送"新要求，灵宝换流站扩建工程开工建设，并于 2009 年 12 月正式投入商业运行。作为世界上第一个额定电流为 4.5kA 的直流输电工程，灵宝换流站扩建工程新增换流容量 750MW，西北侧出线电压等级为 330kV，华中侧出线电压等级为 500kV。灵宝换流站扩建工程投运后，换流容量提升两倍，达到 1110MW。

在三峡电力系统的建设中，灵宝直流工程及扩建工程既作为直流建设全面实现自主化、国产化的示范工程，又是实现华中电网与西北电网的直流联网工程，工程的顺利投产具有重要意义。

（五）华中—南方电网联网

华中电网与南方电网通过三广直流工程实现异步联网。2004 年 6 月，三广直流双极投运，额定电压为 ±500kV，额定容量为 3000MW，直流输电线路约 975km，在湖北荆州和广东惠州建换流站。荆州换流站与 500kV 荆州变电站合建，同时建设了相应的交流输变电工程。

三广直流工程建设极大地缓解了广东电力供需矛盾，促进广东经济的快速发展，同时又为实现全国联网迈开关键的一步。

（六）全国联网格局基本形成

在三峡输变电工程建设的同时，还先后实现了东北—华北、华东—福建、华北—山东的交流联网。2009—2012 年，又陆续完成了海南—广东交流联网、西北—华中（四川）直流联网、新疆—西北交流联网、西北（青海）—西藏直流联网，结束了海南、新疆、西藏等电网长期孤网运行的历史，实现了我国内地电网全面互联。三峡输变电工程的建设在全国联网形成过程中发挥了极大的促进作用。可以这么说，如果没有三峡输变电工程，这一目标的实现至少要推迟若干年。

三峡电站自投产发电以来，已经向华中、华东、广东、华北、川渝等电网提供了巨大的清洁能源，有效缓解了这些地区的用电紧张局面。除了其直接发电效益外，还取得错峰效益、水火互补、互为备用等联网效益。三峡电站充分发挥大电源的优势，可在华中电网事故中提供强有力的紧急支援，直流输电方案的优点也得以发挥，对于缩小事故影响范围、尽快恢复电网正常运行起到很好的作用。

二、远景适应性

（一）三峡直流工程投运后及现阶段功能定位

根据 2668 号文件，三峡电站丰水期时，在达到广东、华东两个地区设计的输电能力后，其余电力均送华中电网；在枯水期，电力分配以 16%、40% 和 44% 的比例，分别向广东、华东电网和华中电网输送。

在丰水期（6—9 月），三峡电力在系统中更多地承担基荷和腰荷，在枯水期（10 月至次年 5 月），水电站按电网的调峰要求运行。图 2.5－3 和图 2.5－4 分别给出了丰水期和枯水期三沪直流典型日运行曲线。

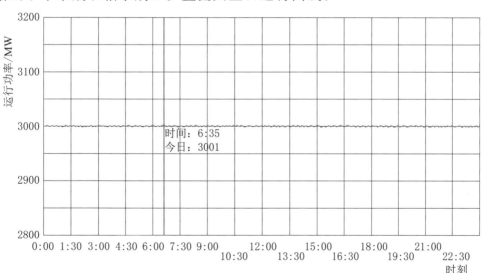

日期	最大	最大时刻	最小	最小时刻	峰谷差	平均负荷率	积分电量
2012-08-01	3001.60	6:30	2998.40	13:30	3.20	99.94	71998

图 2.5－3　丰水期三沪直流典型日运行曲线

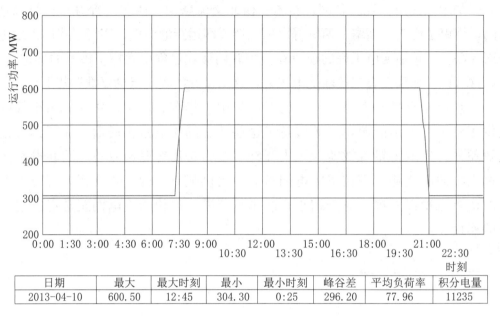

日期	最大	最大时刻	最小	最小时刻	峰谷差	平均负荷率	积分电量
2013-04-10	600.50	12:45	304.30	0:25	296.20	77.96	11235

图 2.5-4　枯水期三沪直流典型日运行曲线

(二) 三峡直流远期功能定位变化

未来三峡直流工程送入电力占受电地区需要电源装机容量的比例逐步下降，三峡直流输电工程功能定位也将随之发生变化，由主输电通道向输电兼调节通道发展，运行更为灵活。枯水期三峡直流运行功率约为额定功率的20%，尚有空余容量，具备接续输送西南水电或外来盈余电力的潜力。利用三峡直流的可调节容量，参与华东、南方电网调峰，还可提高受电地区接纳风电、光伏发电等可再生能源的能力。综上所述，三峡输电系统对电网发展的适应性良好。

第六节　小　　结

三峡交直流系统输电能力达到并超过可行性研究阶段提出的设计输电能力，能够满足三峡电站全部机组满发的外送需求。三峡近区500kV交流方案及跨区±500kV直流方案与已有电网衔接性好，对电网发展的适应性强，安全可靠性高，规划设计方案整体合理。三峡输电系统实际运行情况与前期仿真计算和动模试验的论证结论相符合，在各个运行阶段、各种运行方式下均有较高的安全稳定裕度。

三峡输变电工程技术要求高、难度大，工程设计在很多方面都进行了大胆的创新和探索。通过三峡输变电工程的设计，国内单位在输变电领域的设计能力和科技创新能力均得到大幅提升。

三峡输变电工程促成了以三峡电力系统为核心的全国联网格局。三峡向华东输电，促成了华中和华东两个区域电网互联；与川渝电网联网，实现了四川水电外送；向广东送电，实现了与南方电网的互联。在此基础上，与华北电网、西北电网联网，全国联网的格局基本形成。

未来三峡直流输电工程功能定位由主输电通道向输电兼调节通道转化。枯水期三峡直流运行功率约为额定功率的 20%，尚有空余容量，具备接续输送外来盈余电力的潜力；利用三峡直流的可调节容量，参与华东、南方电网调峰，还可提高受电地区接纳风电、光伏发电等可再生能源的能力。

第 六 章

结 论 与 建 议

第一节 结 论

一、关于三峡电力系统规划论证及工程设计过程

三峡电力系统规划设计是三峡工程建设的重要组成部分。规划设计过程坚持远近结合、反复论证、（电源电网）统一规划、总体审批、分步实施、适时调整的原则，并根据系统内外部条件的变化及时进行调整完善。研究过程中应用了先进的生产模拟、仿真计算、动模试验等技术手段和方法。在工程设计阶段，具体工程设计工作严格遵循系统规划方案，支持采用各种国产化先进技术，充分完整地实现了系统规划的各项目标。

三峡电力规划论证及工程设计工作系统、全面、科学，方案总体合理，满足了各阶段三峡电力系统安全稳定运行及三峡电能全部送出需求，对系统条件变化适应性良好，是大型水电开发建设的成功范例。

二、关于三峡电源规划方案评估

实践证明，三峡电站机组在水位 145～175m 范围内可实现安全、稳定、高效的运行。三峡电站单机容量为 700MW，规模合理，水能资源得到充分利用。

地下电站所发的电量主要在夏季，其运行的特点适应电力市场负荷需要，可提升三峡电站水量利用系数。

三峡电站作为"西电东送"和"南北互供"的骨干电源点，在促进全国电网互联和长江上游水电开发中发挥了重要作用。

三、关于三峡电能消纳方案评估

可行性研究论证阶段充分考虑在负荷需求旺盛的情况下，华中地区煤炭资

源缺乏、华东地区整体能源资源匮乏的状况，提出三峡电能在华中电网和华东电网消纳；输电系统设计阶段受亚洲金融危机影响，三峡部分受电地区电力需求增长减缓，为满足广东省负荷发展需要，适时将供电范围扩大到南方电网。运行实践证明，三峡电能消纳方案执行情况良好，缓解了各受电区供电紧张的局面，支撑了当地经济发展，规划制定的消纳方案是合适的。

从未来电力市场空间分析，三峡电力所占受电区需要装机容量的比例较小，在各受电区的消纳有保障，未来市场更为广阔。未来三峡水电继续按目前分配方案外送，华中地区由西南水电接续供电；或是三峡水电全部在华中地区消纳，利用三峡输电系统转送西南水电至华东、广东均是可行的。

四、关于三峡输电系统规划及设计方案评估

三峡交直流系统输电能力达到并超过可行性研究阶段提出的设计输电能力，能够满足三峡电站全部机组满发的外送需求。三峡近区 500kV 交流方案及跨区 ±500kV 直流方案与已有电网衔接性好，对电网发展的适应性强，安全可靠性高，规划设计方案整体合理。三峡输电系统实际运行情况与前期仿真计算和动模试验的论证结论相符合，在各个运行阶段、各种运行方式下均有较高的安全稳定裕度。

通过三峡输变电工程的设计，国内单位在输变电领域的设计能力和科技创新能力均得到大幅提升，三峡输变电工程促成了以三峡电力系统为核心的全国联网格局。未来三峡直流输电工程功能定位将由主输电通道向输电兼调节通道转化，枯水期三峡直流尚有空余容量，具备接续输送西南水电或外来盈余电力的潜力；利用三峡直流的可调节容量，参与华东电网、南方电网调峰，还可提高受电区接纳可再生能源的能力。

第二节　建　议

一、大型能源基地规划应充分借鉴并推广三峡工程规划设计的成功经验

三峡工程实现了电源电网统一规划、科学民主决策，并从国家经济发展全局出发制定了电能消纳方案，保障了发电、电网和受电方的多方受益。未来国家大型电源基地，尤其是大型可再生能源基地规划应充分借鉴三峡工程规划设计的成功经验，着眼长远能源发展战略，统筹全国电力市场，科学规划可再生能源基地的建设方案、电能消纳方案和电力输送方案，推动能源供应的"清洁

替代"，助力国家经济的可持续发展。

二、开展枯水期三峡输变电工程空余容量利用的研究

在保障丰水期三峡电力送出和消纳的基础上，应充分利用三峡输变电工程枯水期空余容量，发挥更大作用。建议结合国家电力工业专项规划，研究枯水期三峡直流工程空余容量接续输送西南水电和外来盈余电力的可能性和可行性，利用直流输电的可调节能力，提高华东、广东等受电地区接纳可再生能源的能力。同时，应结合电网发展需要，从短路电流控制、三峡近区用电等角度进一步研究三峡近区电网优化方案。

参 考 文 献

[1] 国家电网有限公司. 中国三峡输变电工程 综合卷 [M]. 北京：中国电力出版社，2008.

[2] 国家电网有限公司. 中国三峡输变电工程 系统规划与工程设计卷 [M]. 北京：中国电力出版社，2008.

[3] 钱正英. 三峡工程的决策 [J]. 水利学报，2006，37 (12)：1411 – 1416.

[4] 潘家铮. 三峡工程重新论证的主要结论 [J]. 水力发电，1991 (5)：6 – 16.

[5] 邵建雄. 三峡电站供电范围及在电力系统中的地位与作用 [J]. 人民长江，1996，27 (10)：8 – 10.

[6] 吴鸿寿，黄源芳. 三峡水电站水轮发电机组的选择研究 [J]. 人民长江，1993，24 (2)：6 – 12.

[7] 郑美特. 三峡输电网络结构的研究 [J]. 电网技术，1992，16 (3)：9 – 15.

[8] 叶运良，杨海涛. 三峡水电站输电网络结构研究 [J]. 电网技术，1994，18 (3)：22 – 27.

[9] 周献林，林廷卫. 三峡电站近区输电系统规划优化调整 [J]. 电网技术，2010，34 (8)：87 – 91.

第三篇　输变电工程建设评估专题报告

第 一 章

工 程 建 设 概 况

1992年，第七届全国人民代表大会第五次会议批准建设三峡工程；1995年，三峡输变电工程系统设计方案获得批复；1997年开工建设。截至2007年年底，三峡输变电主体工程已全部建成投产，形成结构坚强、安全稳定、潮流合理、方式灵活的输电系统，确保了三峡电力及时、全部外送；实现了向华中、华东、南方电网送电，供电范围包括八省两市（湖北、湖南、河南、江西、江苏、浙江、安徽、广东、上海、重庆），覆盖面积共182万 km²，惠及人口超过6.7亿人；促进了全国联网格局的初步形成，取得了良好的联网效益，为电能资源优化配置奠定了物质基础。

第一节 建 设 内 容

三峡输变电工程建设以满足三峡电力送出，确保三峡电力"送得出，落得下，用得上"为目标，落实我国"西电东送"能源战略。三峡输变电工程的建设内容如下。

一、直流输电工程

三峡输变电工程建设的三项直流输电工程均为：额定直流电压等级为±500kV、交流母线额定电压为500kV，每项直流输电工程的双极额定输送功率为3000MW。三项直流输电线路长度合计2854km，换流站共6座，输送容量共计9000MW。其中：

三峡—常州±500kV直流输电工程（以下简称"三常直流"）是三峡送电华东的主干通道之一，直流线路长860km，换流站两座，其中，三峡侧为龙泉换流站，江苏常州侧为政平换流站，因此也称为"龙政直流"。

三峡—广东±500kV直流输电工程（以下简称"三广直流"）是三峡电

力送广东的主干道，直流线路长 941km，换流站两座，其中，三峡侧为江陵换流站，广东侧为鹅城换流站，因此也称为"江城直流"。

三峡—上海±500kV 直流输电工程（以下简称"三沪直流"）是三峡送电华东的又一主干通道，直流线路长 1053km，换流站两座，其中，三峡侧为宜都换流站，上海侧为华新换流站，因此，也称为"宜华直流"。

为配合三峡地下电站电力消纳，建设葛沪直流改造工程，新增至华东输电能力 3000MW，新建直流线路长 975.9km，其中荆门换流站出线段 61.6km 按单回路架设，其余 914.3km 与原葛沪直流线路同塔架设。

二、交流输变电工程

三峡输变电工程建成 500kV 交流输变电工程 88 项，其中线路工程 55 项，共 61 条，线路总长度 6338km；变电工程 33 项，共建成 500kV 变电站 22 座，开关场 2 座，变电总容量为 22750MVA。其中，华中地区（含重庆）建设交流线路长 5549km，变电容量为 14250MVA；华东地区建设交流线路长 789km，变电容量为 8500MVA。

此外，配合三峡地下电站送出，建设了送出交流工程、宜都至江陵改接兴隆 500kV 交流线路工程；配合送电通道自然环境变化，实施了三峡输变电线路优化完善工程。

三、二次系统

三峡输变电二次系统包含国调中心以及华中、华东、四川、重庆等相关网省（直辖市）电力调度通信中心的能量管理系统、电能量计费系统、交易管理系统、继电保护及故障信息管理系统、安全稳定控制装置、系统通信 6 个大类共 26 个单项工程，建成了"三纵一横"的网状主干电力通信网络，由跨省主干光纤通信电路、微波通信电路、综合网管系统、同步网、国家电力数据网等组成。

四、投资规模

1995 年，国务院三峡建委印发国三峡委发办字〔1995〕35 号文，批准了三峡输变电工程的系统设计方案；1997 年，国务院三峡建委下达了《关于三峡工程输变电系统设计概算的批复》（国三峡委发办字〔1997〕07 号），批准了三峡输变电系统设计概算，静态投资（1993 年 5 月价格）为 275.32 亿元。2002 年 7 月，纳入三广直流工程后，三峡建委予以国三峡委发办字〔2002〕13 号文对三峡输变电工程总投资规模进行了批复，按 1993 年 5 月末价格水平静态投资为 322.7 亿元（含三广直流工程，不含灵宝直流工程），其中二次系统（调度自动化和系统通信）静态投资为 11.1 亿元。进一步计入后续批复葛沪综合改造等项目，初步设计批复的现价动态概算总投资合计为 502.61 亿元，工程竣工决算金额总计 431.39 亿元（其中，不含增值税部分 424.27 亿元，抵扣的增值税 7.12 亿元）。

第二节　建　设　过　程

一、总体建设计划

根据三峡电站的计划装机进度，即 2003 年三峡电站首批机组并网发电，2009 年 26 台机组全部建成发电，三峡输变电工程的建设安排分成三个阶段。

（一）第一阶段（1997—2003 年）

三峡输变电工程建设以确保 2003 年三峡首批投产机组发电送出为目标，建成三常直流及三峡电站左岸电厂接入龙泉换流站交流工程、政平换流站交流送出工程；加强华中电网的主网架，形成鄂电东送北通道，鄂豫联网西通道、鄂湘联网东通道、鄂渝联网北通道和鄂赣联网工程；并加强河南、湖南、江西三省负荷中心 500kV 电网。在三峡电站首台机组建成发电之前，1997 年率先建设 500kV 长（寿）—万（县）输电线路，并实现川电东送。配合一次电网建设进度，同步建设电网相应的二次系统。

（二）第二阶段（2004—2006 年）

三峡输变电工程建设以确保左岸电厂 14 台机组全部发电送出为目标，建成三广直流及左岸电厂接入荆州换流站工程，并在龙泉、荆州两个送端换流站间形成交流联络；在华中电网建设鄂电东送南通道并加强鄂豫、鄂湘、鄂赣联网，形成以湖北 500kV 环网为中心辐射河南、湖南、江西的华中主网架，同时加强各省负荷中心电网；在华东地区加强江苏、浙江电网消纳能力建设，建设相应的 500kV 输变电工程。配合一次电网建设进度，同步建设相应的电网二次系统。

（三）第三阶段（2007—2008 年）

三峡输变电工程以确保三峡电站右岸电厂 12 台机组发电送出为建设原则，全面建成相应的三峡输变电工程；建成三沪直流及右岸电厂接入宜都、荆州换流站交流工程，将葛洲坝换流站改接到三峡电站右一母线；加强华中主网架；并建设华东电力消纳的相应输变电工程。配合一次电网建设进度，同步建设电网二次系统。

此外，配合三峡电站地下厂房建设，三峡输变电工程开展葛沪直流综合改造、交流送出线路等工程建设。

二、主要建设过程

三峡输变电工程建设以 1997 年 3 月 500kV 长（寿）—万（县）输变电工程开工为标志，工程正式进入建设阶段。至 2007 年年底，按批准规模三峡输变电工程全部建成投产，比计划提前一年。

自 1997 年到 2003 年年底，三峡输变电工程累计投产 27 个交流线路单项工程，线路总长度 3462km，11 个交流变电单项工程，变电总容量 7750MVA；1 个直流工程，即三常直流工程，直流线路长 890km，直流换流站 2 座，换流站容量为 6000MW；二次系统单项工程 9 项，包括调度自动化工程 4 项（3 项能量管理系统工程、1 项计量系统工程）、通信工程 5 项，确保了三峡电站 2003 年首批投产机组的发电送出。

2004—2006 年，三峡输变电工程新增投产交流线路 12 个单项工程，线路总长度 1532km，交流变电 14 个单项工程，变电总容量为 9000MVA；直流工程 3 项，即三广直流、灵宝直流工程和三沪直流，直流线路 1994km，直流换流站 5 座，换流站容量为 12360MW（含灵宝换流站容量 360MW）。截至 2006 年年底，三峡电力外送系统已形成由左一母线—龙泉 3 回、左二母线—江陵 3 回、龙泉—斗笠 3 回、斗笠—江陵 2 回共计 11 回 500kV 交流线路构成的三峡近区网络，接入华中主网，并通过龙泉—万县双回 500kV 交流线路连接川渝电网。三常直流、葛沪直流、三广直流、三沪直流构成连接华东和南方电网的外送通道。

至 2007 年年底，建成 500kV 交流、荆州—益阳 2 回、宜都换流站—荆州双回、右二—右换 3 回、荆州—孝感 2 回、咸宁—凤凰山 2 回、潜江—咸宁 2 回线路，以及万县扩建、长寿扩建、双林扩建、宜兴扩建、吴江扩建、荆州扩建等变电工程陆续投产，三峡输变电系统主体全部建成。同时，全部建成相关的调度自动化及系统通信工程。

2006 年，开工建设三峡输电线路优化完善工程；2009 年，开工建设三峡地下电站送出交流工程、宜都至江陵改接兴隆 500kV 线路工程、葛沪直流综合改造工程；至 2011 年年底，上述工程全部建成。

第三节　建　设　管　理

一、建设管理程序

在国务院三峡建委及有关部门的监管下，以业主为主体，国家电网公司作为三峡输变电工程项目法人，对三峡输变电工程建设进行了全过程管理。项目的实施主要包括建设准备、施工、工程验收等主要阶段。

单项工程的建设准备过程主要包括前期准备、工程设计和开工准备工作三个主要环节，其中，前期准备包括资金筹措、工程监理、设计招标投标和合同签订等；工程设计包括初步设计和施工图设计；开工准备工作包括征地拆迁、取得各有关协议、"四通一平"、参建单位进场、物资进场等工作。

施工过程以工程开工为标志，包括工程主体及辅助项目的建设施工；项目法人在工程建设阶段以合同管理、工程监理为手段，控制投资、进度、质量和安全。

国家电网公司受国务院三峡工程验收委员会的委托，按规定的内容和程序对每个单项交流 500kV 输变电工程和二次系统工程进行竣工验收。国务院三峡工程验收委员会负责交流 500kV 输变电工程和二次系统工程的总体考核，在国家电网公司完成初验的基础上负责三峡直流输电工程的终验。

二、建设管理内容

（一）设计管理

设计是工程建设的龙头，对工程建设起到至关重要的作用。因此，国务院三峡建委及国务院三峡办、国家电网公司将工程设计作为重要环节，给予高度重视。项目法人在设计管理上严格推行了招标投标制、合同管理制，从设计管理、设计环节控制入手，切实加强了对设计质量的事前控制；在各个设计环节组织资深专家及时开展检查和指导；积极开展优质设计的创建工作。主要管理措施包括：①明确界定了设计单位的职责，并对取得用地协议、招标技术配合、工程结算等工作加以规范；②严格执行设计深度规定，同时要求物资采购的结果反映在施工图中；③加强了设计单位之间的协调，实现了系统设计、工程选站、预选路径、线路设计、变电设计间的有效衔接；④建立了设计质量跟踪制度体系，明确了现场设计代表的到位率和及时性要求，实行设计后评估的过错管理与责任追究。参与三峡输变电工程的 13 家设计单位均具备甲级设计勘察资质。参与工程设计的单位质量管理体系健全，运转正常。依靠完善的质量管理体系和先进的技术手段，使设计进度、深度和设计质量得到了可靠保证。

（二）物资管理

为了做好物资采购供应管理工作，国家电网公司成立了专门的物资管理部门，建立了设备、材料的招投标制度，负责工程建设所需设备及物资的采购、供应管理工作。鉴于交、直流项目的设备及物资供应来源及渠道有较大差异，因此采取了分开管理的方式。其中，三峡输变电工程交流部分、直流工程的线路部分的主要物资，以及直流进口设备的国内接货转运工作由原国家电网建设有限公司物资部负责，直流进口设备的采购由国家电网公司国际合作部负责。物资管理部门认真执行了主要设备、材料的招投标制度，并实行了由项目法人集中供应大宗材料的做法，规避了原材料涨价对工期影响的风险；组织对主要设备、材料实施的监造，控制了物资制造质量；并组织研制了大型设备的专用运输车辆，解决了铁路运输超大型输变电设备的问题。

（三）施工管理

每个单项工程管理严格按照基本建设程序执行，以系统设计批准的项目为依据，国务院三峡办审批并下达年度计划后，严格按照招投标制度确定建设监理单位和施工单位；工程现场施工管理分别由建设公司派出的宜昌、武汉、常州等地的建设工程部负责，加强施工图会审、现场检查和参建单位间协调的管理工作；在工程施工现场中充分发挥监理的作用，赋予监理单位部分建设单位的职能，明确监理单位的职责为"四控制、两管理、一协调"（即工程安全、质量、进度、造价控制，合同、信息管理和工程外部关系协调）。这种做法，既调动了监理单位的积极性，又减少了项目法人和建设单位在现场的管理人员。这种被形象地称为"小业主、大监理"的管理模式，取得了很好的效果。

（四）工程调试

在设备试验、分系统试验合格的基础上，通过系统试验对工程设计、设备制造、施工安装等进行全面综合考核。为了做好输变电工程调试工作，成立工程系统调试现场管理机构，制定现场系统的调试规章制度。系统调试前，对调试工程进行系统分析计算和仿真试验，制定调试方案和试验计划。工程调试过程中，调度、运行、试验、建设、监理等单位严格执行规章制度，密切配合。三峡输变电各项工程均顺利开展工程调试，全面完成试验、测量等工作任务。

（五）档案管理

三峡输变电工程信息档案管理经历了从分阶段、分级管理到集中管理的过程。通过逐步完善档案管理体系，加大档案管理的资源投入，加强专职、兼职档案管理人员的业务培训，以及提高档案管理人员业务素质等一系列基础工作保证了三峡工程档案的齐全和完整。主要内容包括以下几方面：加强监督指导和组织协调，加大对于档案管理工作的监督、检查、指导工作力度；超前管理、强化控制，将工程档案工作纳入建设项目管理全过程，针对三峡输变电工程参建单位多，明确相关责任单位，实行"谁牵头、谁负责"的制度，确保工程档案工作与工程建设同步进行；突出重点，严格把关，统一标准，集中整理，在提高工程档案管理质量的工作中，重点把好施工单位关、技术审核关、阶段审查关、工程竣工验收关。上述行之有效的档案管理措施，确保了工程竣工后，档案齐全、真实、完整、准确、系统，通过了国家档案管理部门的验收。

第 二 章

输变电工程实施情况评估

第一节 进 度 控 制

一、进度计划

根据三峡电站的装机计划与工程实际进度，按照整个三峡输变电工程总体系统规划设计，三峡输变电工程建设计划分成三个阶段：第一阶段为1997—2003年，配合三峡电站首批机组投运后的电力外送；第二阶段为2004—2006年，配合三峡左岸电厂14台机组全部投运及其电力外送；第三阶段为2007—2008年，配合三峡右岸电厂12台机组投运及电力外送。

二、实际进度

三峡输变电工程建设自1995年开始准备，以1997年三峡—万县输变电工程开工为标志，工程正式进入建设阶段。1997—2003年，三峡输变电工程累计投产27个交流线路单项工程，线路总长度3462km，11个交流变电单项工程，变电总容量为7750MVA；1个直流工程，由三峡龙泉换流站到江苏常州政平换流站，直流线路长890km，直流换流站2座，换流站容量6000MW；二次系统单项工程9项，包括调度自动化工程4项（3项能量管理系统工程、1项计量系统工程）、通信工程5项，以及与交、直流输变电工程配套建设的二次系统（包括电能量计费系统及光纤通信系统等）。

至2006年年底，三峡输变电工程累计投产交流线路39个单项工程，线路总长度4964km，交流变电25个单项工程，变电总容量为16750MVA；直流工程2个单项工程，即三峡荆州到广东惠州的三广直流工程和华中西北电网互联的灵宝直流工程，直流线路长975km，直流换流站3座，换流站容量为6720MW。此时三峡电力外送系统已形成由左一电厂—龙泉3回、左二电厂—

江陵 3 回、龙泉—斗笠 3 回、斗笠—江陵 2 回共计 11 回 500kV 交流线路构成的三峡近区网络，接入华中主网，并通过龙泉—万县双回 500kV 交流线路连接川渝电网；龙政直流、葛南直流、江城直流 3 个直流系统构成了连接华东和南方电网的外送通道。

2006 年 12 月，三峡宜都—上海华新±500kV 直流输电工程投产，全长约 1100km，输电容量为 300 万 kW。截至 2007 年年底，荆州—益阳 II 回、右换—荆州双回、右二—右换 3 回、荆门—孝感 II 回、咸宁—凤凰山 II 回、潜江—咸宁 II 回线路，以及万县扩建、长寿扩建、双林扩建、宜兴扩建、吴江扩建、荆州扩建等变电工程陆续投产，三峡输变电网络基本建成。同时，三峡输变电工程建设完成系统二次及通信工程相应的安全控制及调度自动化工程，包括国家电力调度通信的能量管理系统、重庆市调能量管理系统、电能量计费主站系统、京沪和京汉微波改造工程、北京地区光纤环网等。三峡输变电工程建设进度总体上比计划提前一年完成。

此外，为配合三峡地下电站建设，2006 年，开工建设三峡输电线路优化完善工程；2009 年，开工建设三峡地下电站送出交流工程、宜都至江陵改接兴隆 500kV 线路工程、葛沪直流综合改造工程；至 2011 年年底，上述工程全部建成。

三、进度管理评估

三峡输变电工程建设进度管理以计划管理为手段，通过编制总体进度计划、单项工程里程碑计划、施工组织进度计划逐层细化工期安排，实现建设进度的科学合理控制。

（一）总体建设计划安排

三峡输变电工程总体建设计划安排与三峡电站装机进度同步，使三峡电力能"送得出，落得下，用得上"。根据三峡水电装机建设投产进度以及用电地区电力需求增长情况，合理制定建设进度安排，从而实现了三峡输变电工程建设与电源建设、负荷增长相协调，保障了三峡电力送出和供电范围内的电力供应。

（二）单项工程建设工期管理

单项工程的建设工期管理，首先根据总体进度安排制定单项工程里程碑计划，然后通过招标要求与合同工期加以落实。各单项工程施工结合人力、物力、财力安排以及工程自然环境、技术条件等特点，合理科学地分解并执行各单项工程施工进度计划。项目法人通过定期召开工程调度会等手段，检查督促各施工单位月度施工计划和季度施工计划的完成情况。

三峡输变电工程建设进度控制情况良好，采取的工期优化有效措施如下。

1. 分解进度目标，合理规划工期

确定工程里程碑目标和年度工程计划后，各个监理部和施工单位对承包工程的特点进行详细分析，结合施工单位的施工经验和能力水平，对合同要求的工期进行分析和细化，编制二级分解进度计划，并在监理督促下认真编制季度、月度具体实施计划。实际施工过程中，各施工单位各个节点工期基本上与年度计划的关键节点计划吻合，以保证工程按年度计划完成。

2. 滚动修订计划，实施动态管理

电网建设分公司作为工程建设单位对工程建设环境及时进行动态分析，综合考虑新政策的出台、地方关系的协调进展、建设地环境情况、工程的地质条件、建设期气候情况等影响因素。在确保关键作业工期的基础上，采取提前考虑、预留裕度、制定应急措施等方法对施工进度计划进行优化完善和滚动调整，实现了工程进度目标动态控制管理。关键作业工期的控制是实现施工工期目标管理的重要手段。各单项工程施工现场每周或每月底将关键作业的实际进度执行情况与实际资源利用情况进行分析、比较，科学安排施工力量及施工任务，定期更新计划进度，通过动态管理工程进度，实现了施工进度计划管理的精细化、科学化。

3. 加大组织协调力度，积极取得地方支持

三峡输变电工程建设期间，国家基础建设逐步加快，各类法律法规陆续出台，群众的法律意识不断增强。由于各类项目建设赔偿标准不尽相同，社会各方对相关法律条文的理解存在偏差，对工程建设造成了一定程度的影响。国务院三峡办和项目法人充分重视上述问题，加大了组织协调力度，将维护政治大局、服务社会稳定作为协调三峡输变电工程建设者和相关各方利益关系的重要准则，采取了一系列行之有效的应对措施。

（1）积极依靠地方政府，在国务院各部门、国务院三峡建委的统一领导和大力协调下，加强了项目法人与工程所在地政府部门的联系。各级地方政府的大力支持和帮助是三峡输变电工程顺利开展的基础。例如，斗笠（荆州）500kV开关站建设，采用地方政府统一征地方式，先后与湖北省土地管理局签订《500kV荆州开关站用地通征包干合同》，与荆门市国土资源局签订《500kV荆州变电站委托补充耕地协议书》，大大减少了征地纠纷，保障了工程的顺利实施。

（2）积极依靠工程所在地电力公司，借助于当地电力公司熟悉当地政策、了解政策处理流程的优势，协调相关事宜。

（3）从自身入手，加强文明施工管理，尽量减少青苗损坏面积，减少植被破坏，最大限度地降低青赔费用。

（4）搞好与当地群众的关系，尊重当地民风民俗，尽量避免与当地群众发生冲突。

（5）依法治理，坚决利用法律手段维护工程合法权益，依靠政府的执法机构打击影响工程施工的违法犯罪活动。

（6）大力开展宣传活动。坚持客观公正、实事求是的舆论导向，加强正面宣传；采用发放电网环保宣传手册、讲解电网知识等方式多形式、多层次开展电网知识宣传培训，宣讲有关技术概念，统一公众认识。

4. 管理创新，科学合理组织施工

依靠管理创新，科学合理组织施工，提高整体施工水平，确保目标工期，采取了以下措施：

（1）在施工进度管理中强调一个"抢"字、一个"早"字，面对雨季、高温等施工条件，提前策划、认真安排、统筹协调，提高工作效率。

（2）根据工程特点，在施工中抓住关键路径，对劳动力、机具、材料的投入进行全方位、全过程的协调控制。

（3）对各分部分项工序进行最大限度的合理搭接，超前策划，使得前道工序为后道工序创造良好的条件，同时分派管理人员进行全过程监控，在技术和管理上不留空白点，保证施工作业按计划正常运转。

（4）精心组织施工，结合地形地质等工程特点，细化施工指导书，改变了以往作业指导书的统一模式，个别实施重点具体到基础细部，更具有针对性和可操作性。

5. 依靠科技，提高生产效率

在工程建设中大力推广新技术、新材料、新工艺，提高生产效率，加快工程进展。例如，三沪直流工程的换流变防火墙施工中采用了"电渣压力焊"，每一步段焊接钢筋约 2100 根，与常规搭接相比进度大大加快；大体积混凝土均采用泵送浇注，混凝土中加入减水剂、泵送剂、粉煤灰，在提高混凝土成品质量的同时加快了混凝土施工进度；线路架线施工采用跨越架跨越带电线路等技术，加快了施工进度。

第二节　投　资　控　制

一、投资控制情况评估

（一）投资总量控制

三峡输变电工程投资总额达到控制目标。初步设计批复的现价动态概算总投资合计为 502.61 亿元，工程竣工决算金额总计 431.39 亿元（其中，不含增值税部分 424.27 亿元，抵扣的增值税 7.12 亿元），相比概算节约投资 14%。

（二）工程造价

三峡输变电工程与限额设计比较，单位造价水平合理，其单位造价平均低于同期同类工程的 10% 左右，达到了同期先进水平。例如，$4 \times 400 \text{mm}^2$ 单回线路工程平均单位造价低于限额设计参考指标 5.55%，三沪直流一般线路工程造价低于限额设计参考指标 6.4%。

二、投资控制经验总结

三峡输变电工程开工建设以来，在投资控制方面采取了一系列行之有效的措施。

（1）三峡电网建设基金降低融资成本。三峡电网建设基金是三峡输变电工程最主要、最稳定的建设资金来源。到 2009 年年底，三峡电网建设基金累计占同期资金筹措总额的 72.87%，有效降低了三峡输变电工程的融资成本。

（2）采用安全可靠、先进适用技术。从国情出发，从设计入手，采用安全可靠、先进、成熟和适用技术，并积极推广适用新技术，推动设计技术革命，采用设计招标促进竞争，在保证安全、可靠的前提下，通过设计方案的不断优化，力求工程量最优，将工程建设控制在合理的造价水平上，努力降低建设成本。

（3）培育有序竞争机制。三峡输变电工程对设计、监理、施工及主要物资设备采购全面实行了招投标制度，引进了市场竞争机制，有效并合理降低了工程造价。

（4）设备选型坚持国产化产业政策。坚持贯彻国家关于三峡工程装备的政策，在材料设备的采购中，立足国产化，尽量采用质量可靠的国产设备及材料，有效控制了工程造价。

（5）积极争取政策扶植。在国务院三峡办的大力支持下，努力争取良好的外部投资环境及地方各级政府的优惠政策，为降低工程造价、保证工程建设的顺利实施创造条件。

（6）严格造价过程管理。在工程建设中，严格执行合同条款，严格控制设计变更，规范工程结算，使投资控制真正形成闭环管理，有效控制工程造价。

第三节　质　量　控　制

三峡输变电工程的成败在于质量。为实现工程建设"百年大计，质量第一"的目标，工程项目法人、监理、设计、施工等单位从点滴做起，从每一个环节抓起，严格过程控制，强化现场施工过程管理，切实把好质量关。在所有参建单位的共同努力下，所有三峡输变电工程项目自开始建设以来工程质量优良；通过首例试点工作，不断完善质量控制措施，质量情况始终处于受控状态。

一、质量控制成效

（一）工程质量优良

三峡输变电工程质量控制效果优良，实现了质量管理目标。在建设过程中贯彻执行了"达标投产""创一流工程""全过程创优""全员创优""以人为本""绿色环保施工"等先进的质量目标。91项单项工程中，29项获得"国家电网公司输变电优质工程"称号，12项获得中国电力建设企业协会"中国电力优质工程（全国电力行业优质工程）"称号，8项获得"国家优质工程银质奖"荣誉称号。各单项输变电工程建成投产后，运行情况良好，能够安全稳定运行，工程施工和建成运行中，未发生重大质量事故，工程质量、工艺水平总体优良。

（二）运行安全可靠

工程投运后，电力系统保持安全稳定运行，未发生系统稳定性破坏等安全稳定事故，输变电工程直流设施可靠性水平处于世界先进行列。

2008—2012年各直流输电系统单极强迫停运次数均在 $0\sim4$ 次/年，远低于国际同类工程（根据国际大电网会议统计资料显示，世界各国直流工程平均强迫停运次数 2006 年为 12.50 次，2007 年为 11.67 次，2008 年为 11.75 次）。除新投产的林枫直流系统外，能量可用率均在 90% 以上，详见表 3.2-1。

交流输变电工程可靠性水平高于全国平均水平。以交流输变电工程较为密集的湖北地区为例，2008 年 500kV 架空线路可用系数为 99.123%，高于全国平均水平（97.418%）1.705 个百分点；2009 年为 98.857%，高于全国平均水平（98.714%）0.143 个百分点。

表 3.2 - 1 直流输电系统可靠性指标表

换流站	龙政	江城	宜华	林枫
1. 能量可用率/%				
2010 年	97.205	97.488	95.877	0
2011 年	91.858	96.249	97.912	85.261
2. 强迫能量不可用率/%				
2010 年	0.076	0.037	0.008	0
2011 年	0.095	0.575	0.026	0.031
3. 计划能量不可用率/%				
2010 年	2.719	2.475	4.115	0.031
2011 年	8.047	3.176	2.062	14.708
4. 单极（单元）强迫停运次数/次				
2010 年	3	1	1	0
2011 年	3	4	2	1

二、质量管理经验

（一）明确质量目标

三峡输变电工程的质量管理目标是：达标投产、创一流质量工程，杜绝重大质量事故。要求线路工程、变电建筑和安装工程的质量合格率为 100%，质量优良率线路工程为 95%，变电安装工程为 90%，变电（换流）站的土建工程为 85%。工程建成后能安全稳定运行。

（二）健全质量体系建设

1. 建立健全质量管理及监督体系

三峡输变电工程的质量管理组织体系实行由国家电网公司统一领导、电网建设公司组织管理、监理单位现场监督、施工承包单位等有关合同单位各负其责的管理体制。在工程管理过程中，通过合同的方式落实质量责任，做到合同双方"责、权、利"的相互统一，贯彻实施"科学管理，精细施工，建设高品质的输变电工程"的质量方针，执行《质量管理体系 要求》（GB/T 19001—2000）及国家电网公司《输变电工程达标投产考核评定标准》（最新版）考核细则。

质量监督检查体系最基础的是靠施工单位的班组，以及项目部、公司对施工质量进行的三级自检。在施工单位内部进行质量控制；监理单位负责工程建设全过程、全方位的质量控制、监督和复检；项目法人和建设管理单位负责工程总体的质量管理；落实各层次质量负责制，建立和健全质量管理制度，对工程质量进行监督和验收检查，作为项目法人，对工程质量全面负责；电力建设质量监督站代表政府对工程质量行使监督的职能；国务院三峡建委三峡工程稽查办公室逐年派出稽查组对三峡输变电工程的质量管理工作进行稽查并检查国家电网公司的整改情况。

2. 建立和健全各种质量管理制度

三峡输变电工程的主要质量管理制度有质量责任制、施工图会审管理制度、首例试点制度、设计变更管理制度、施工技术交底制度、原材料及半成品检验制度、原材料及半成品检验进货制度、质量监控点制度、施工质量检查制度、施工质量奖惩制度、质量事故报告与处理制度、质量培训教育制度、隐蔽工程签证制度、质量工作例会制度等。

三峡输变电工程在建设过程中，严格按照国家标准、合同法规、设计要求进行工程阶段和竣工验收，并在此基础上按《三峡输变电工程"创一流"考核评定办法》和《输变电工程质量验评标准》进行质量评级；同时，严格执行相关考核办法、标准及管理制度，使工程质量管理做到条理清晰、责任明确，确保质量保证体系的有效执行。

（三）落实质量管理措施

三峡输变电工程的质量控制措施主要有：①认真贯彻国务院颁布的《建设工程质量管理条例》和行业要求；②严格进行原材料的检验和设备监造；③加强质量培训教育；④严格工程质量的监督检查；⑤规范执行施工质量检查验收制度；⑥落实质量责任，积极防治质量通病；⑦保证各种质量检查记录的真实和可信度；⑧严肃处理质量事故。

在建设过程中将质量管理工作贯穿到各环节。例如，在各单项工程的分部工程开工前严格审查开工条件，并坚持施工图会审制度；加强施工过程的监督检查，强化监理旁站制度，重点抓好隐蔽工程（如混凝土浇筑、导地线压接等）的质量控制；对进场后的材料质量进行严格检查；通过中间验评、工程竣工前的预验收等发现问题，督促、跟踪缺陷的处理，确保工程建设质量始终处于受控状态。

第四节　安　全　控　制

在三峡输变电工程建设过程中，始终坚持"全面、全员、全过程、全方位"的安全管理。

一、安全控制成效

三峡输变电工程未发生重大人身伤亡事故、重大设备质量事故或其他重大安全事故，安全情况始终处于受控状态。

二、安全管理经验

（一）明确安全目标

三峡输变电工程的安全管理目标是：不发生人身死亡事故；不发生重大机械设备损坏事故；不发生重大火灾事故；不发生负主要责任的重大交通事故；不发生重伤事故，轻伤负伤率小于等于 6‰；不发生环境污染事故和重大垮塌事故；不发生因施工原因造成的意外停电事故或电网解列事故；创建安全文明施工典范工程。

（二）健全安全体系建设

1. 建立健全安全管理体系

（1）建立安全生产风险管理体系。国家电网公司制定了《国家电网公司安全生产风险管理体系规范》，深入推进三峡输变电工程安全生产风险评估研究及试点工作，强化安全生产预防意识和基础管理；完善安全生产风险评估标准，提高针对性、可操作性和实用性；开展安全生产技能培训，立足员工、班组和施工现场，规范员工安全行为，增强员工安全风险和危害辨识能力，形成安全生产预防管理机制；加强安全性评价工作，组织排查安全薄弱环节和设备重大隐患，完成数据统计建档，实施重大隐患监控整改。

（2）建立安全生产应急管理体系。在三峡输变电工程建设过程中，各级应急机构健全，应急预案完善，专（兼）职人员齐全。通过开展专项监督检查，建立应急联动机制，不断加强应急预案演练与评估，提高应对重大事故、自然灾害等突发事件的处置能力，推进应急管理工作的制度化、规范化和系统化建设。

（3）强化事故调查和统计分析体系。工程建设过程中，逐步推进同国际先进理念接轨的事故调查体系，落实"四全"安全监督与管理要求。始终坚持以人为本，全面加强人身安全管理，严格执行《国家电网公司人身伤亡统计分析管理规定》，开展人身伤亡全面统计分析，掌握事故规律，采取预防措施。

2. 不断完善安全管理制度

三峡输变电工程建设期间，逐步建立健全了保障安全生产工作的各项规程、制度，并根据安全管理工作的经验和三峡稽查组的建议，及时复查、修订，完善国家电网公司的安全管理制度。国家电网公司先后制定了《安全生产工作规定》《安全生产监督规定》《安全生产工作奖惩规定》《电业生产事故调查规程》《国家电网公司重特大生产安全事故预防与应急处理暂行规定》《国家电网公司电力建设安全健康与环境管理工作规定》等规章制度。在原有的安全管理制度基础上，正式印发《交通安全管理规定》《办公室及宾馆消防、治安管理规定》《安全统计、事故报告工作规定》《重大安全生产事故预防与应急处理暂行规定》《安全生产责任制》《建设工程项目法人安全管理工作规定》等制度性文件。建设管理单位围绕工程项目的安全管理也制定了安全文明施工、安全监理、安全技术管理、安全奖惩、反违章等一系列规定和制度，进一步完善监理和施工承包方安全生产目标责任考核办法，为工程项目安全目标的实现发挥了重要的作用。

3. 充分发挥建设管理单位的主导作用

在工程项目建设中，围绕安全总体目标，建设管理单位作为工程现场管理的主导者，坚持以人为本的安全管理理念，强化项目安全生产委员会的工作责任和工作力度，规范管理行为，确定"管工程必须管安全"的安全监督管理模式；及时了解安全生产情况，定期主持召开安全分析会，落实各项安全生产规章制度、反事故措施和上级有关安全工作指示的贯彻执行。组织定期及不定期的安全检查，对检查中发现的问题和隐患，要求相关单位限期整改解决。在工程建设实施过程中，规范安全技术管理，组织重要的安全技术措施方案审查，监督检查各工程设备、设施的技术状况，涉及人身安全的防护状况，监督安全培训计划的落实。

4. 充分发挥监理的安全管理作用

为充分发挥监理在安全管理中的作用，建设单位制定了《工程建设项目安全监理管理办法》，明确了监理部的资源配备、监理人员资质要求、监理部安全组织体系、内部安全管理，以及安全监理签证、审批、旁站、巡检等相关要求。

各项目监理部坚持"安全第一、预防为主"的指导思想，成立了以总监理工程师为第一安全责任人的安全组织机构，设置专职安全监理师，明确每个监理人员的安全职责；根据工程的安全目标，各监理部编制了《施工安全管理制度》《安全监理实施细则》《安全监理工作计划》等，做到安全工作有人负责、有章可循；各项目监理部通过制订安全工作计划、召开安全专题会议、加大安全检查的力度、对重点和危险部位实施旁站，认真督促落实安全技术措施，监督施工单位落实安全防范措施，及时消除安全隐患，促使各施工单位领导牢固树立"安全第一"的思想，正确处理好安全与进度、效益之间的关系，认真履行安全施工职责，不断促进安全管理工作。

（三）落实安全管理措施

1. 紧抓试点，全面推行安全文明施工

为了构建安全文明施工规范、标准的新机制，全面提高电网工程的安全文明施工水平，创建新时期电网工程安全品牌形象，建设管理单位将宣城500kV变电站作为安全文明施工标准化管理的试点，组织有关安全咨询专家、监理单位和施工单位进行安全文明施工总体策划，并在此基础上进行了施工单位二次策划。通过共同努力，宣城变电站实现了现场安全设施标准化、现场管理模块化、定置化、区域化，设施标准、行为规范、环境整洁、施工有序。建设管理单位将此经验积极推广，运用于其后开工的三沪直流输电工程、乐万变电站、安阳变电站等30多个三峡输变电工程。通过组织交流学习、借鉴经验，后继建设项目结合自身特点纷纷开展安全文明施工示范工地的创建活动，全面提升了项目安全文明施工整体水平。同时，通过安全文明施工管理，创造了良好的安全氛围，增强了作业人员安全意识，提高了现场安全的可控、在控、能控水平。

2. 加强安全教育培训工作

以国家电网公司为代表的工程各参建单位始终将开展各级人员的安全培训作为一项重点工作内容。工程开工建设前，对项目经理开展岗前管理培训，明确国家安全法律、法规以及国家电网公司安全生产规章制度、公司项目安全管理规范、程序；对监理部、施工项目部主要安全管理人员进行安全管理交底培训，明确公司工程项目各项安全管理要求。各施工、监理单位分别进行了安全教育培训，通过培训，不断提高工程人员安全管理水平，促进公司安全生产管理各项规章制度和措施落实到位。

3. 加强安全监督检查和闭环整改

依据国家电网公司规定，每年定期组织三大安全活动，即春季、秋季安全大检查和6月的全国安全月活动。组成以项目法人代表为首、以安全专家为主的安全检查组，在工程建设重要阶段进行安全大检查。国家电网公司、原国网建设有限公司组织专业人员对施工现场进行安全施工巡查并形成了常态化机制，对存在的问题签发不符合与纠正预防措施报告，要求责任单位限期整改，整改后由监理部复查，形成闭环管理，对安全文明施工未达标的单位依据合同进行严肃处理。通过通报安全状况和检查结果，强化参建单位的安全意识，促使各参建单位举一反三、警钟长鸣，确保安全目标的实现。

4. 深入推进反事故斗争

按照国家电网公司的统一部署，对照《国家电网公司反事故斗争二十五条重点措施释义》，将重点措施分解细化落实到工程管理中去，杜绝表面化和形式化，提高针对性和实用性，并加大对各级岗位安全责任制落实、安措资金投入等的监督力度，促进安全生产稳定发展。深刻认识"违章就是事故之源，违章就是伤亡之源"，深化安全生产"反违章"活动，创建无违章班组、无违章企业。积极推进标准化作业，结合工作实际严格执行，逐步养成安全作业习惯，提高标准化作业意识和能力。

第五节　资　金　管　理

在三峡输变电工程建设过程中，国家电网公司加强工程财务管理，提高了资金使用效率，建立了科学的资金计划管理体系，合理编制财务预算，加强合同结算和工程竣工财务决算工作，对工程建设资金进行全面监管，不断完善资金管理制度，防范资金使用风险，使三峡建设资金做到了专款专用、安全有效。主要经验包括：①实行全面预算管理；②严格银行账户管理，加强资金源头控制；③岗位分离、相互制约，强化资金支付管理；④重视竣工决算，编报及时，数字准确，内容完整。

第六节　工　程　建　设　能　力

通过三峡输变电工程建设，全面提高了我国输变电工程规划、设计和施工技术与管理水平，基本确立了我国电网建设在世界输变电工程建设中的领先地位。

一、工程建设队伍

三峡输变电工程锻炼了设计、施工队伍。国内六大区域电力设计院和主要的省级电力设计院共计 10 余家设计单位参加了三峡交流输变电工程设计工作；国内除西藏自治区和台湾省外，各省份的电网输变电施工企业先后经过投标竞争参加了三峡输变电工程的输电线路和变电站工程的施工建设。三峡输变电工程建设既是一次输变电工程建设大会战，又是一次输变电建设技术大练兵、大比武。通过三峡输变电工程的实践和全面锻炼，培养了一批具有国际先进水平的科研、建设管理人才，这些人才成为我国电网建设的骨干与中坚力量，活跃在世界电网建设的舞台上。

二、工程设计能力

三峡输变电工程全面提高了我国工程设计技术水平。通过三峡输变电工程建设，提高了输电线路勘测设计的深度和水平，优化了线路、铁塔设计、基础设计、绝缘配置；设计了同塔双回紧凑型线路，优化设计，优化变电站布置，采用紧凑设计，减少占地面积和建筑物面积；全面推行变电站控制保护系统综合自动化，采用分层分布系统保护下放；等等。全面提升了输变电工程建设整体设计水平。

三、工程施工能力

通过三峡输变电工程的建设，我国施工企业全面提升了管理水平、技术水平、工程质量和工艺水平。500kV宣城变电站和荆潜输变电工程获国家优质工程银质奖。线路施工开发了250kN张力放线设备，实现大截面导线一牵四张力放线。世界上首次采用动力伞或遥控飞艇展放牵引绳，解决了大跨越不封航等世界性难题。

第 三 章

输变电工程管理评估

第一节　建 设 管 理 体 制

三峡输变电工程管理体制实现了"政府主导、企业管理、市场化运作"的建设管理体制创新。

一、管理体系

三峡输变电工程建设正处在我国从计划经济向市场经济转型的时期，也是不断深化投资体制改革和建设项目管理体制改革的时期。

三峡输变电工程建设前，我国政府投资项目大多采用设立工程建设指挥部、基建办公室或使用单位"自建、自管、自用"的管理模式，各级政府、各行政部门及各有关事业单位都可行使对建设的公共项目的管理权。采用工程建设指挥部、基建办公室等临时的、分散的、传统的工程建设管理模式，将产生投资规模难以控制、工程质量难以保证、工期难以有效控制、遗留问题难以解决等一系列问题。对影响范围大、涉及地域广的三峡工程，"自建、自管、自用"管理模式显然无法满足要求。因此，传统工程建设管理体制无法保障三峡输变电工程建设顺利实施，必须锐意创新建设管理模式。

在特定的历史背景下，三峡输变电工程积极探索有效的管理体制，逐步形成了"政府主导、企业管理、市场化运作"的基本架构。"政府主导"即政府负责项目决策与立项审批，负责项目建设中的稽查、审计和建成后的验收，制定相关政策，协调国家、地方、企业之间的重大利益等。"企业管理"即工程建设运营以企业为主体，经国家批准成立项目法人单位具体负责项目工程建设的一切管理工作。"市场化运作"指的是按照市场经济规律办事，全面引入招投标制、工程监理制等现代管理制度。在三峡工程建设中，政府成立国务院三峡建委及国务院三峡办，承担了决策、宏观管理、监督和协调角色；国家电网公司承担项目法人角色，履行建设和运营的组织管理责任。三峡工程管理体系架构具有以下特点：

（1）具有一个强有力的决策指挥系统。国务院三峡建委是实施三峡输变电工程建设的最高层次决策机构，领导和指挥三峡输变电工程建设，委员会主任由国务院领导担任。国务院三峡建委成立时的委员由 20 个相关部委、四川省、湖北省和长江水利委员会的领导担任。其后根据工程建设需要和人事变动情况，经国务院批准，国务院三峡建委组成人员进行了多次调整。这个指挥系统在党中央、国务院的直接领导下，统筹部门和地区利益，是高度集中且强有力的决策指挥机构。国务院三峡建委原则上每年召开一次全体会议，对工程质量和建设进度、资金筹措、重大技术方案等重大问题做出及时、正确的决策。

具体而言，国务院三峡建委的职责是负责审查批准三峡输变电工程的系统设计和每个单项工程的初步设计，审定批准工程建设规模、建设方案、建设内容、总工期、工程投资，审查审定有争议的重大问题，决定筹融资方案和相关政策，审定建设投资计划、价差、重大装备、政策方针，协调解决工程中与国家部委、有关省市的重大问题，制定工程建设的相关方针政策，组织工程稽查监督、组织工程验收。

（2）具有一个权责明确的综合协调与服务机构。国务院三峡建委成立后，下设国务院三峡办，作为国务院三峡建委的办事机构，负责国务院三峡建委的有关日常工作，是综合办事协调机构；帮助、支持项目法人（国家电网公司）开展工作，解决工程建设中的矛盾和问题；贯彻国务院三峡建委领导的意图，督促、检查国务院三峡建委有关决策事项的落实情况，向国务院三峡建委如实反映工程建设的进展情况和存在的问题，并研究提出相关政策措施。

国务院三峡办成立以来，严格恪守其职能定位和职责要求，认真贯彻国务院三峡建委的决策和部署，卓有成效地开展工作，及时协调解决三峡输变电工程建设中出现的问题，为国家电网公司和有关省市排除各种困难，为三峡输变电工程建设创造了良好的外部环境。

（3）具有实施项目法人责任制的市场主体。国家电网公司作为三峡输变电工程的项目法人，是工程建设的市场主体。在三峡输变电工程的建设实施中，全面落实了项目法人责任制的要求。

为了适应社会主义市场经济体制，三峡输变电工程建设采用国际上通行的工程项目法人负责制。国家电网公司作为三峡输变电工程的项目法人，全面负责工程的建设和运行管理，包括资金筹措、工程建设、电力生产、运行经营管理，承担所有债务的偿还，负责国有资产的保值和增值。采取这种工程建设管理模式，政府将整个输变电工程项目建设和运营中的责任交给项目法人。政府主管部门充分发挥宏观协调、监督、控制等管理职能。实行项目法人责任制，在确保政府有效行使职能的同时，还有利于确保工程工期，保证工程建设质量，降低工程造价，提高国家投资效益。

由此形成的权责明确、高效运行的组织架构和政府主导、市场运作的管理体制，既体现了国家决定重大决策、集中力量办大事的原则，又理顺了市场经济条件下政府规范管理、企业独立运营、市场配置资源之间的关系，为政府行使职能提供了有力的体制、机制保障。国务院三峡建委、国务院三峡办、国家电网公司之间步调一致，齐心协力，在国务院三峡建委的统筹规划和统一领导下，积极与相关部门、地方沟通，及时发现问题，处理问题，为三峡输变电工程顺利建设提供了强有力的组织保障。

二、融资及投资管理

（一）多渠道融资

三峡输变电工程的建设资金在国家三峡工程资金筹措方案中一并考虑，多渠道融资，保证为工程提供建设资金。

1. 制定融资政策，批复三峡输变电工程融资方案

三峡工程规划建设之初，国务院就对三峡工程项目及其投资问题作了充分的分析，对建设资金的来源以及可能的筹资方式作了全面的探索。国务院三峡建委下达了《关于三峡输变电工程资金需求测算和筹措方案》，明确三峡输变电工程的资金在三峡工程资金筹措方案中一并考虑，结合电网工程实际建设情况，资金筹措方案包括：征收三峡电网建设基金；由银行提供贷款；葛南直流工程的收益归国家电网公司用于三峡输变电工程建设；在引进国外设备时争取出口信贷。实践证明，这四条筹措资金的办法是行之有效的，为三峡输变电工程顺利建设提供了重要的资金保证。

2. 明确三峡输变电工程建设资金的来源

1996 年，国务院三峡建委印发《关于四川省新征三峡基金使用问题的通知》（国三建委发办字〔1996〕09 号），规定四川省和重庆市每千瓦时用电加征 3 厘作为三峡电网工程建设基金，用于三峡电站至四川、重庆的送变电工程建设和前期工作。1997 年原国家计委、原电力工业部印发的《关于八省、市三峡工程建设基金标准和葛洲坝上网电价的通知》（计价管〔1997〕463 号）中明确：对三峡第一批发电机组投产受益地区用电加收 $6 \sim 8$ 厘/（kW·h）的三峡工程建设基金。2002 年，财政部为解决葛洲坝电厂提价对有关省（直辖市）销售电价的影响问题，根据国务院领导的批示精神，以《财政部关于调整

三峡工程建设基金征收标准的通知》（财企〔2002〕651 号）调整有关省（直辖市）三峡工程建设基金征收标准：免征湖北省三峡工程建设基金；将湖南、江西、河南三省三峡工程建设基金分别调整为 0.98 分/（kW·h）、1.12 分/（kW·h）、1.24 分/（kW·h）；华东维持不变；自 2003 年 1 月 1 日起执行。2005 年 12 月 29 日，财政部根据国务院批准的《中国长江电力股份有限公司股权分置改革方案》，以及国家发展改革委印发的《关于提高葛洲坝电价有关问题的通知》（发改价格〔2005〕1443 号），发布《财政部关于减征葛洲坝电厂受电地区三峡工程建设基金有关问题的通知》（财综〔2005〕61 号），减征葛洲坝电厂受电地区（江苏、浙江、湖北、上海、安徽、湖南、河南、江西七省一市）三峡工程建设基金，同时明确指出由于减征葛洲坝电厂受电地区三峡工程建设基金而受影响的三峡电网基金，应由三峡工程建设基金调剂解决，减征后的七省一市三峡工程建设基金征收标准自 2005 年 8 月 5 日起执行。三峡电网建设基金，既严格按"谁收益，谁出钱"的经济原则征收，又充分考虑不同地区经济状况及国家对于贫困地区的扶持政策，还根据体制、政策的调整对征收制度及时进行调整，充分体现了实事求是的科学精神。截至 2009 年年底，财政拨付国家电网公司的三峡基金累计 347.08 亿元，按照投资计划，国家电网公司累计拨付项目建设单位三峡基金 218 亿元。三峡电网建设基金占同期资金筹措总额的 72.87%，是三峡输变电工程最主要、最稳定的建设资金来源。

（二）投资静态控制、动态管理

根据三峡输变电工程建设周期长、外部条件复杂多变的建设特点，国务院三峡建委制定了以"静态控制、动态管理"为原则的投资管理制度，成功解决了工程建设不确定因素与投资控制的矛盾，有效控制了工程总体投资规模。

2000 年，国务院三峡建委制定发布了《三峡输变电工程投资静态控制、动态管理办法》，要求三峡输变电工程投资实行"静态控制、动态管理"，并贯穿于三峡输变电工程系统设计、单项工程初步设计、工程建设实施以及监督、评价的全过程。"静态控制"是指国务院三峡建委审定的、以 1993 年 5 月末价格水平为基础编制的系统设计概算不得突破。在工程具体实施中，三峡输变电工程静态投资实行"总量控制、合理调整"。"动态管理"是指对建设期物价、汇率变动以及融资成本按规范的办法进行核定。动态投资指由于建设期物价、汇率等变动产生的价差以及发生的融资成本，并实行"逐年审定、有效监管"。

国务院三峡建委以审批投资计划为控制手段，要求计划编制以批复系统设计中的项目为依据，编制 1993 年价格水平执行概算，实现"静态控制"。1995—1998 年，国务院三峡建委逐年批复价格指数，作为工程现价测算依据，实现工程投资的"动态管理"。2002 年，国务院三峡建委批复系统设计调整概算，基于工程建设规模变化，调整投资规模。2003 年，国务院三峡建委在总结三峡输变电工程投资管理和建设经验的基础上，结合三峡输变电项目调整方案，再次颁发《三峡输变电工程投资管理办法》（国三峡委发办字〔2003〕14号），对"静态控制、动态管理"进行了更为细致的规定，通过批复单项工程现价概算，实现工程投资的"动态管理"。

三、监管体系

国务院三峡建委对于三峡输变电工程的管理和监督，从系统规划、设计开始，直到竣工验收、稽查监督与后评价，形成了全过程管理与监督体系。年度稽查与国家验收是国务院及相关部门监督和掌握工程建设运行情况，对工程质量进行最后把关的两个重要环节，是对国家出资重大建设项目行使出资人监督权力的必然要求，也是规范项目法人行为、保证工程建设质量、完善投资控制体系和提高资金使用效益的重要举措。

（一）工程稽察

2002 年开始，国务院三峡建委组织三峡输变电工程稽察组对三峡输变电工程进行了 6 次年度稽察，对三峡输变电工程的综合管理、工程质量、工程进度、安全生产、投资控制、财务管理和经营绩效七个方面进行稽察。

1. 稽察组织机构

为推动三峡工程的稽察工作顺利开展，国务院三峡建委设立了国务院三峡工程建设委员会三峡工程稽察办公室（以下简称"国务院三峡稽察办"），作为从事稽察工作的直接领导机构，与国务院三峡办合署办公。国务院三峡稽察办下设稽察司，由稽察司负责组织三峡枢纽工程、输变电工程和移民工程的稽察工作，提出稽察报告，督促检察稽察整改意见落实情况。稽察组对国务院三峡建委负责，代表政府作为国家出资人代表对工程进行监督和检查。

2. 稽察工作的主要程序和内容

三峡输变电工程稽察工作的程序可划分为三个阶段：第一阶段为准备阶段，包括组建稽察组、编制和审阅稽察工作基础材料、实地稽察的准备工作等内容；第二阶段为实地稽察阶段，是稽察工作的主要阶段；第三阶段为形成稽察报告阶段，包括编写稽察工作底稿、编写年度稽察报告、报送国务院等工作。三峡输变电工程稽察工作程序如图 3.3 - 1 所示。

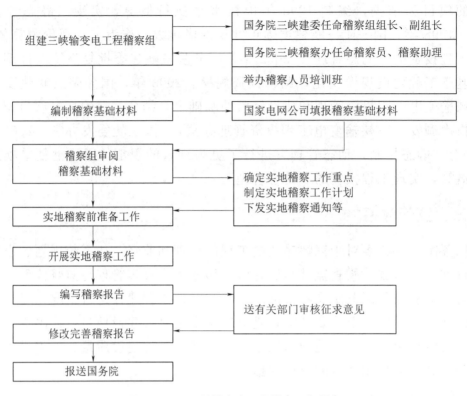

图 3.3-1 三峡输变电工程稽察工作程序

三峡输变电工程稽察内容的重点是工程建设的综合管理，包括项目法人责任制、招标投标制、合同管理制、建设监理制的实施情况，国家有关法律法规、政策规定和基本建设程序的执行情况，项目管理制度及保障体系的执行情况等。投资控制和财务管理的稽察重点包括投资及总概算的控制、管理情况，单项工程概算控制，投资完成与工程进度相匹配情况；财务制度执行情况；非生产性设施和各项费用支出情况。工程进度稽察的主要内容包括：工程形象进度，完成主要实物工程量的情况；实现工程年度及阶段预期进度目标的保证措施；设计供图、设备和材料供应进度与工程施工进度的衔接情况。工程质量稽察的主要内容包括：各单项工程质量检验和评定情况；质量保证体系的建立和实施情况；原材料检验情况；设备制造情况；工程监理实施情况，监理中发现问题的处理情况；质量事故和质量缺陷的处理情况和追究责任情况；已建成投产的线路、变电站、换流站的运行情况存在的问题。安全生产稽察主要内容包括安全管理情况、安全管理制度执行情况、安全事故及处理情况、安全生产存在的问题。经营绩效稽察主要内容包括输送电量、输电收入、输电成本、实现收益等。

稽察组主要通过查阅工程档案、座谈交流、抽查资料、核实数据以及现场视察等方式，对三峡输变电项目的综合管理、工程进度、质量、安全、投资控制、招投标、财务管理、生产运行以及经营绩效等情况进行评价，并提出改进建议。

3. 工程稽察成效

三峡输变电工程进行了 6 次年度稽察，向国务院上报了 6 次年度稽察报告，对三峡输变电工程进行了实事求是的评价；对成绩给予了充分的肯定，对存在问题提出整改建议。国家电网公司对稽察工作非常重视，积极配合，对存在问题认真研究及时整改。通过稽察既对工程全方位进行了监督，也有力促进了工程建设管理水平的提高，对工程按目标顺利完成作出了贡献。

工程稽察的成效主要体现在以下几个方面：

（1）促进在贯彻项目法人负责制和招标投标制、合同管理制、工程监理制的工作中不断规范、不断完善和提高。国家电网公司进一步完善了三峡输变电工程的管理体制，及时建立和健全了相应的管理机构并逐步建立和完善与工程建设管理相适应的管理制度。逐步完善招投标的方式、评价办法，使招投标工作逐步规范化、制度化，更加合理、更符合《招标投标法》的要求。进一步规范了合同管理制度，进一步明确合同双方的责任和合同结算、索赔等内容。全面实行了工程监理制，进一步规范监理的责任，充分调动了监理人员的积极性，在工程监督管理中发挥切实作用。

（2）检查监督，积极协调，促进工程建设按计划建成。稽察中认真检查工程建设进度计划完成情况，特别对配合三峡机组投产送出检查是否存在问题，对工程施工中遇到的困难，如个别地方民众阻挠、枢纽坝区设施占位等，稽察组积极会商有关方面进行协调解决。

（3）认真进行工程质量检查监督工作，对保证工程质量实施了有效的监督和促进了质量水平的提高。工程质量稽察是稽察工作的重点，国务院领导高度重视三峡工程的质量，要求做到万无一失，经得起历史的检验。质量稽察通过实地察看、查访、座谈，在工程现场大量抽阅工程各种质量检查记录、原材料检验记录、监理检查记录，在已运行的工程查阅运行记录、故障和事故记录，并在现场进行核对，检查记录的可信度，对工程质量和存在问题作出实事求是的评价和判断；对工程质量的亮点给予充分的肯定，促进巩固推广提高，对质量存在的问题严肃提出整改要求。例如：指出有的输电线路勘测设计深度不够，有的施工单位的三级质量检查实施不力；三常和三广直流工程的换流站存在计算机控制保护系统"死机"，威胁安全运行，换流站噪声超标，影响周围居民；三广直流存在偏磁电流对岭澳核电站的主变压器运行有影响；有的输电线路投产后，污闪、雷击、风偏等跳闸事故发生较多，抵抗恶劣气候能力偏低等问题。国家电网公司对存在的问题十分重视，抓紧组织、认真整改，有些还安排了专项治理项目。

（4）严格进行安全生产监督工作。以检查安全责任制为重点，检查公司各级机构的安全责任制是否落实，各项安全管理制度是否健全，执行是否认真到位。检查工程现场安全设施是否完备，民工的安全教育和安全管理是否落实，检查工程现场安全管理是否存在薄弱环节和有章不循的现象。对安全事故的处理等做出安全生产管理的总体评价，对存在问题提出整改要求。

（5）深入进行投资控制和财务管理的监督检查，对有效控制投资、保障资金安全起到了有效的监督作用。大量抽查核对各种合同，检查合同的管理和合同的结算情况，检查招投标的行为是否规范，检查工程投资控制工作的力度。在稽察中，建议增加编制单位工程现价概算，加强投资控制，有利于"静态控制，动态管理"。财务稽察中检查财务管理是否合规，经大量抽阅财务账本和报表，发现其存在不规范的关联交易。国家电网公司和各级管理领导对投资控制和财务管理存在的问题极为重视，将坚决整改。

（6）促进工程环保工作的提高。国家电网公司对工程的环保工作经历了逐渐提高认识的过程。国家规定环保要"三同时"（与主体工程同时设计、同时施工、同时投入使用），而初期的单项输变电工程的环保验收未能及时进行。后来逐步完善了环保工作体系，建立健全了环保管理规定，全面落实环保措施，加强环保工作的监督检查，存在问题及时治理整改。最终全部工程通过了环保部门的验收，获得了很高的评价。对换流站的噪声治理填补了换流站工程噪声设计的空白。线路工程由于采取提高设计深度，优化铁塔和基础的设计，保护了植被，减少了水土流失而被誉为"绿色工程"，受到赞扬。

（7）认真整改、吸纳建议，提高国家电网公司和参建企业的管理水平。稽察办提出好评和肯定，激励企业继续提高管理水平，对存在问题认真整改，不仅保证工程建设顺利进行，而且促进和改善企业管理。

（二）国家验收

国务院三峡建委组织工程国家验收工作。国务院三峡工程验收委员会已完成对三峡输变电工程的两期验收工作。

1. 二期工程验收

三峡枢纽一期工程：从工程准备到大江截流。

二期工程：从输变电工程开工至配合三峡枢纽左岸电厂首批机组投产。

2002年9月至2003年7月，国务院三峡工程验收委员会输变电工程验收组开展三峡输变电工程验收工作，对三常直流工程、31项交流输变电工程和9

项二次系统工程（其中调度自动化工程 4 项、通信工程 5 项）进行验收。交流输变电工程及二次系统工程由国家电网公司验收，国家验收进行抽查，做出总体评价；直流工程在国家电网公司初验的基础上进行国家终验。

（1）对三常直流工程的验收。验收认为：三常直流工程建设系统完整，规模和技术性能满足设计和合同规定，达到国际先进水平；工程建设管理规范，投资控制有效；工程质量优良，符合国家有关标准，符合消防、环保、地震部门的要求；工程具备输送电力 3000MW 的能力，可以满足三峡首批机组电力外送的要求；工程加强了全国的电力联网，提高了我国输变电工程的总体水平，对提高直流工程国产化水平有重要作用。同时指出，要做好事故预案，完善安全稳定系统，要解决直流控制保护系统计算机"死机"问题。

（2）对交流输变电工程和及二次系统工程的验收。验收认为：交流输变电工程建设规模和技术性能符合设计要求，工程建设符合基建程序和有关规定，工程质量符合国家和行业标准；工程管理规范，投资控制有效，工程质量总体优良；500kV 交流输变电工程及其配套建设的 220kV 输变电工程可以满足三峡首批发电机组电力送出的需要。二次系统工程中，国调能量管理系统（一期）、华中网调能量管理系统、重庆市调能量管理系统以及现有的华东网调能量管理系统能够方便地接入三峡输变电工程 11 个变电站和三峡左岸电厂实时信息，能够满足三峡机组发电送出和电网安全、优质、经济运行的要求；原国家电力公司电能量计费主站系统已接入三峡输变电工程有关厂站计量关口的电能量信息，具备三峡机组发电关口电能量计量功能；三峡输变电工程 11 个变电站及三峡电站与国调中心、华中网调、重庆市调、华东网调间，国调中心与国网省（直辖市）调间通信电路已经贯通并投入使用，满足调度运行的需要。同时指出，继续抓紧处理工程运行中暴露出的问题，如小刘变电站高抗振动和噪声超标，玻璃绝缘子自爆率较高；龙泉—荆门和荆门—双河线路舞动问题；电能计费系统应抓紧通过计量管理部门的验收等。

（3）对三广直流输电工程的验收。根据国务院三峡建委第 13 次全体会议的决定，2003 年 12 月由国家发展改革委牵头，组成三广直流工程验收委员会，于 2004 年 9—12 月对三广直流工程在国家电网公司完成初验的基础上进行了终验。验收认为：三广直流工程的建设系统完整，建设规模和技术性能符合批准文件要求，满足设计和合同规定，达到国际先进水平。工程建设管理规范，投资控制有效，比批准概算投资有结余，工程质量优良，投产后能及时发挥作用，工程经济效益良好。国家电网公司在工期短、任务重的情况下精心组织，吸取了三常直流工程的经验和教训，提高了国产化水平，实现了 2004 年 2 月单极投产、6 月双极投产向广东送电的目标。同时指出，要妥善解决荆州换流站噪声超标、换流站交流滤波器的光 CT 缺陷，以及在单极大地回线运行方式下直流偏磁电流对岭澳核电站主变压器造成影响等问题。

（4）对灵宝直流工程的验收。2005 年 6 月，国务院三峡建委成立灵宝直流工程验收委员会。2005 年 11 月，在国家电网公司完成初验的基础上进行了终验。验收认为：灵宝直流工程建设系统完整，建设规模和技术性能符合要求，工程建设管理规范，投资控制有效，工程质量总体优良，国产化试点决策正确，工程全过程立足国产化，表明我国已经基本具备自主制造直流输电设备、自主建设直流工程的能力。同时指出，应当重视辅助系统的设计和设备的质量，加强直流设备组部件的国内配套能力的建设。

对以上各项验收指出的遗留问题，国家电网公司均进行了认真整改。

2. 三期工程验收

三期工程：配合右岸电厂首台机组投产送出至输变电工程及二次系统工程全部建成。

2006 年 6 月至 2007 年 12 月，国务院三峡工程验收委员会输变电工程验收组开展三峡三期输变电工程验收工作，对三沪直流工程、75 项交流输变电工程（其中线路工程 36 项、变电工程 39 项）、32 项二次系统工程进行验收。对三沪直流输电工程，在国家电网公司初验的基础上进行国家终验；对交流输变电工程及二次系统工程由国家电网公司验收，国家验收组进行抽查，作出总体评价。验收认为：三沪直流工程管理规范，处于国内领先水平；工程建设规模和技术性能符合批准文件要求，工程质量达到优良级标准，工艺水平处于国内领先行列；科技进步和技术创新成果显著，积极落实国家装备国产化政策，直流国产化工作取得跨越式发展，国产化率稳步提高到 70％；投资控制有效，造价水平合理；工程及时建成、投产，及时发挥作用并安全可靠运行，工程效益良好。交流输变电和二次系统工程建设符合基建程序和国家有关规定，管理规范；工程建设规模符合批复要求，技术性能符合设计要求；工程质量总体优良，工艺水平处于国内领先行列；重视科技创新，科技创新成果显著，积极落实装备国产化政策，有效推进"首台、首套"设备的研发和应用；重视环境保护、水土保持和节约用地，实现"资源节约型、环境友好型"的建设目标；投资控制有效，造价水平合理；工程及时建成、投产，运行正常，满足三峡电力电量送出的需要。

同时指出，换流站的控制保护系统板卡故障和软件引起的"死机"虽有明显改善，但仍应继续研究处理；对三沪直流工程可能造成的偏磁影响应进行研究解决；继续跟踪运行环境的变化，输电线路运行中污闪、冰闪、雷击、风偏、放电引起输电线路跳闸事故的严重问题，应抓紧处理；建议积极推进同塔双回或多回输电线路的设计和建设。国家电网公司对上述问题均进行了认真整改。

第二节　工　程　管　理　制　度

一、建立项目法人

（一）探索实践项目法人制度

三峡输变电工程建设的十年，正值国家对电力体制进行深化改革，所以三峡输变电工程的建设管理主体在此期间发生了多次重大变化，其组织机构和职责范围也发生了数次变更，但是项目法人责任制没有发生变化。虽然在项目法人层面、管理主体及工作模式等方面，根据电力体制改革等客观条件变化进行过数次调整，但在总体上，仍然体现了科学、合理、清晰、高效和权责明确的原则，既满足了电力体制改革的需要，也保证了三峡输变电工程的顺利建设和三峡电力的如期送出。

三峡输变电工程从以往计划经济时代大型基本建设项目由政府直接投资、直接指挥的项目管理模式，改为市场经济下企业负责制，实行贯彻项目法人责任制。国家电网公司作为三峡输变电工程的项目法人对三峡输变电工程的规划设计、工程建设、投资控制、运行经营、还本付息实行了全过程管理，并负责国有资产的保值增值。

在国务院三峡建委的领导下，国家电网公司建立了分级管理的工程建设管理体系，开展制度建设，建立了与工程建设相适应的计划管理、设计管理、物资管理、工程建设管理、投资财务管理、档案管理等管理制度体系。国家电网公司对三峡输变电工程的三层管理体系如下。

第一层：决策层。由国家电网公司主管领导组成，负责重要事项的决策和协调。其中重大政策和决策，需要向国务院三峡建委领导及其办公室请示汇报。

第二层：管理层。由项目法人单位的各职能部门按照职责分工各负其责，具体负责制度制定、计划制订、组织选站选线、部署单项输变电工程的初步设计、各类招标、合同签订、工程验收启动、资产移交，并对工程现场重大事项进行指导、监督、协调、服务，形象描述就是"管两头"。

第三层：操作层。原国家电网公司电网建设分公司作为工程建设单位负责工程建设管理并在工程集中所在地成立工程建设部（包括宜昌、武汉、常州三个工程建设部），具体负责工程施工阶段现场管理和地方协调，负责各类合同的执行，并辐射各个承包单位，形象描述就是"管中间"。

其中，第二层和第三层均具有健全的计划管理、设计管理、招标管理、物资管理、工程建设管理、投资管理、财务管理、档案管理和综合管理职能。

虽然机构发生过演变，但是各层次的各项职责始终落实、规章制度得到延续、人员队伍保持稳定，从而保证了管理工作的连续性，保证工程建设的顺利有序进行。

（二）落实资本金制度

国务院三峡建委下达了《关于三峡输变电工程资金需求测算和筹措方案》，批准三峡输变电工程采用三峡基金和电网收益再投入作为资本金，并利用开发银行贷款和外资完成投资。三峡输变电工程使用三峡基金 297.62 亿元，贷款 121.45 亿元，自有资金垫资 5.20 亿元。由于有三峡基金作保障，资本金充裕，有效降低了融资成本，有利于降低工程造价。

由于工程造价得到有效控制，三峡输变电工程降低了输电成本，为电能消纳地区能够以低于当地平均购电价的水平消纳三峡电能提供了条件，有效抑制了电能消纳地区销售电价提价幅度。2008 年 7 月，国家调整电力价格后，根据国家发展改革委相关规定，三峡电力送华中平均落地电价为 0.0544 元/(kW·h)，较华中本地平均购电价低 0.047 元/(kW·h)；三峡送华东到网电价为 0.375 元/(kW·h)，较华东本地平均购电价低 0.0693 元/(kW·h)；三峡送广东到网电价为 0.409 元/(kW·h)，较广东本地平均上网电价低 0.0905 元/(kW·h)。

二、市场化运作

三峡输变电工程以项目法人负责制为根本，以合同管理为中心，综合运用招标、监理等手段，开展建设组织管理工作，抓住了市场经济条件下工程建设的根本，在输变电建设市场上建立了规范的市场化运作模式。

（一）落实招投标制度，培育有序竞争的输变电建设市场环境

三峡输变电工程建设一开始，就在全国输变电工程建设进程中率先严格执行国家有关部门颁布的招投标的相关规定、条例和细则，本着"公平、公正、公开、科学、择优"的原则，开展设计、监理、施工、材料和设备采购的招投标工作。《招投标法》颁布后，原国家电力公司电网建设分公司进一步依法加强招标管理，并通过工程实践逐步全面推行公开招标，择优选择参建单位、设备和材料供货厂商。在招标实践中，结合三峡输变电工程建设特点，围绕工程

建设目标，逐步完善招标方式、评标办法，使招投标工作更加规范化、制度化、合理化。在工程后期，还建立了以"统一归口，精细管理；集中招标，依法规范；廉洁高效，诚信负责"为指导思想的集中规模招标办法，进一步扩大了公开招标比例，加强了招投标的组织和监管工作，取得了控制投资的良好效果。

在设计招标方面，三峡输变电工程在全国率先开展全面的设计招标。1998年，《招投标法》尚未正式颁布，当时全国电网建设领域500kV变电站还没有设计招标的先例。项目法人在《输变电工程设计招标范本》基础上反复组织研究，确定了设计招标的基本原则、办法和模式，制定了相应的规章制度，针对三峡输变电工程各单项工程的特点，按照"公开、公平、公正"的原则，通过招标立项、发标、评标、决标等程序，选择国内有实力的、优秀的设计单位来进行工程设计。初期几个单项工程的成功尝试，为《招投标法》正式颁布之后的大范围设计招标打下了良好的基础。从长沙变、孝感变、岗长线、南郑线率先实现全面设计招标之后，三峡输变电工程首创的设计招标模式逐步推广到全国的各网省公司。设计招标一般是在可行性研究完成后、初步设计开始前，对初步设计重点方案进行招标，同时对设计费价格进行适当竞争。该设计招标是以"方案竞争性招标"为主、"设计费价格的竞争"占一定的权重（20％），从而在考核投标设计单位设计实力和管理水平的基础上控制设计单位投标的工作量，避免投标成本过大而造成资源浪费。目前，全国输变电工程的设计招标基本都是类似的模式，只是根据工程的性质和内容的不同，招标范围会有所变化。从实施情况与建设成果看，招投标制的执行在确保工期和工程质量的前提下对控制与降低造价起到了重要作用。

在施工招标方面，三峡输变电工程大力推行竞争性招投标。作为三峡输变电工程的第一个单项工程，1997年500kV长寿至万县Ⅰ回输变电工程在全国输变电行业中首次对施工和物资采购实行完整的、规范化的招标。由于当时《招投标法》没有颁布，项目法人为了推行招投标制，在施工和物资招标方面做了大量基础工作。项目法人参照原国家电力公司《输变电工程招投标范本》，对每种招标类型均编制了暂行实施办法，以便于具体操作。招标按照"公开、公平、公正"的原则进行，做到切实引入竞争机制，不仅科学合理地确定中标价格，而且从投标方案、服务承诺、以往的业绩和获奖情况等各方面综合评议，择优选择施工承包商。三峡输变电工程的施工招标，是在初步设计已完成、施工图设计尚未完成之前进行。由于输变电工程建设周期相对较短，一般不可能等到施工图设计全部完成后才开展施工招标。按初步设计深度，工程量估计不可能很精确，所以不适合一律进行总价包干的方式。在三峡输变电工程中，完善了"部分总价、部分单价"的招标方式，签订"部分总价、部分单价"的施工承包合同，即初步设计深度不够准确的工程量采用单价方式，工程后期根据合同相关条款进行结算。这种方式实践效果较好。三峡输变电工程施工招标工作，为后续工程规范招标打下良好基础，而且对全国输变电行业全面实行招标有着深远影响。

在工程建设监理招标方面，在初步设计阶段或初步设计完成后开始建设监理招标。由于监理费的定额取费标准较低，在三峡输变电工程中，基本监理费按照标准取费，不作为竞争条件。监理招标中的竞争内容主要包括监理大纲中的技术部分和额外服务的费用。

在物资采购招标方面，三峡输变电工程甲供物资招标采购的原则包括：大宗物资均采用公开招标方式；特殊潜在投标人有限的物资采用邀请招标的方式；特殊小额的物资（一般在 50 万元以下）不招标，供货人的选择和价格依据采用近期工程延续合同的方式；多数改扩建工程的物资，为了运行检修维护方便，减少备品备件的种类和数量，采用与前一期工程一致的方式，不再进行招标，只是延续一期工程的合同。由于物资招标是在初步设计已完成、施工图设计尚未完成之前进行，因此一些非设备类的材料招标采用单价招标的方式，签订暂定费用合同，工程后期以最终的施工图数量结算，例如线路铁塔、变电构支架、线路和变电的导线、绝缘子等。

在《招投标法》公布之后，政府相关部门及时颁布了相关的实施细则。随着这些实施细则的颁布，考虑到输变电行业客观存在的一些专业技术特殊性，进一步修改完善实施办法，使得招投标制和合同制更加具有可操作性。例如国家发展改革委在《工程建设项目勘察设计招标投标办法》中明确规定：项目的专业性、技术性较强，或者环境资源特殊，符合条件的潜在投标人数量有限的，经批准，招标人可以采用邀请招标方式；已建成项目需要改、扩建或者技术改造，由其他单位进行设计影响项目功能配套性的，经批准，项目勘察设计可以不进行招标。根据上述规定，三峡左岸电厂送出的新建变电站工程，由于首批采用国产化微机监控、保护下放的技术方案，属于技术性、专业性较强的情况，设计采用了邀请招标；三峡输变电工程的改、扩建项目，工程的选站和选线工程设计，采用邀请招标或者不招标。当不招标时，设计合同费用依据当期国家规定的设计收费定额取费。根据《工程建设项目招标范围和规模标准规定》的有关规定：监理服务费用在 50 万元以下的，可以不进行监理招标；监理单项合同估算价在 50 万元以上、项目总投资额在 3000 万元以上的工程建设项目，项目监理必须进行招标。根据上述规定，三峡输变电工程的新建工程监理一般采取公开招标方式；扩建变电工程一般在 3000 万元以下、监理费均在

50 万元以下，因此采取直接委托的方式，尽量委托一期工程的承建单位。当不招标时，监理合同费用依据当期国家规定的监理收费定额取费。根据国家发展改革委《工程建设项目招标投标管理办法》的有关规定：施工主要技术采用特定的专利或者专有技术的，经立项审批部门批准，可以不进行施工招标。根据上述规定，变电扩建工程需要从技术上与原有工程站内公用系统接口，生疏的施工单位难以完成这些技术接口，可能危及原站的安全运行，属于"专有技术"范畴。因此扩建工程的施工单位采取直接委托方式，委托一期工程承建单位。另外，线路的一些 π 接和改建工程也引用上述条款，采取不招标的委托方式。当不招标时，施工合同费用取概算建安费的 70％～80％ 作为暂定费用，工程后期依据施工图预算进行结算。

在三峡输变电工程建设的实践中，对招投标制度的实施办法也逐步进行了完善。特别是对主要参建单位的招投标过程更加规范，结合其要求与实际情况，多次召开研讨会，对有关办法进行了修正，如多次修改技术标评标的条款；大的项目由招标领导小组集体决定；合同范本采用国际菲迪克（FIDIC）条款，严格规范合同执行双方的权利、义务，明确双方所承担的风险，保证了合同的顺利执行与投资的控制等。

随着工程建设的推进，招标、投标、评标、合同签订、合同执行、索赔结算等规范化程序在实践中不断完善，形成了较以往更加公平、公正、透明、规范的管理运作模式。三峡输变电工程招投标规范化模式逐步推广到全国，带动了整个输变电行业招投标以及合同管理工作的法制化和规范化。同时，也推动了有序竞争的输变电工程建设市场环境的形成。

（二）以合同为中心，实现市场化环境下的工程组织管理

三峡输变电工程的合同文本内容规范，在全国较早地纳入了国际通行条款，明确各方的责任、义务。在工程建设过程中，坚持以合同为依据，利用先进管理软件，清晰地列出各合同履行阶段和履行情况，更加利于合同履约，同时按照合同规定的质量、安全、工期、价格等条件严格考核合同双方责任，促使各参建单位普遍提高了工程建设管理水平。工程建设中合同签订、变更程序严格，从而促进和加强了工程的计划管理、资金管理、物资管理，确定了工程投资的管理使用，确保工程的工期和质量。

按照"五制"（即项目法人责任制、工程监理制、招投标制、合同管理制和资本金制）的原则要求，项目法人在三峡输变电工程首个项目建设开始前编制了合同管理办法，在合同管理的规范化方面，为三峡输变电工程后续建设打下了基础。例如在招标文件中，详细公布合同条件明示给各投标人，如果招标

期间投标人没有异议，一旦中标人明确之后，招标文件连同合同条件均成为最终的合同内容，招标人和投标人双方均必须严格履行。在项目法人内部的合同管理方面，计划部门设置合同专职管理人员，依据公司颁发的《合同管理办法》严格管理合同，建立合同目录，归档立卷，实行分类管理，跟踪合同的执行情况。合同产生的过程中，明确各部门职责，严格执行合同主办、会签、审批程序制度。在合同执行过程中，针对勘测设计合同、施工承包合同、监理合同、物资供货合同以及供水、供电、通信、调试等合同进行严格管理。项目法人内部的各部门、承包单位和监理单位均有合同管理的明确分工。合同执行的重点是围绕工程的安全、质量、进度（工期或交货期）、投资控制、创一流工程、双文明、达标投产等方面严格执行合同条款，确保工程各项目标的实现。在工程建设过程中，合同各方通过将合同要求进行目标分解，层层落实责任，从而达到实现工程总体建设目标的要求。对于合同执行后期的索赔与反索赔，严格执行合同相关条款有关规定，体现实事求是和公正、公平的原则。项目法人内部按照工程结算管理办法，履行内部的主办、会签、审批制度的执行。

三峡输变电工程中建立的合同管理制度，在招标过程、合同产生、合同执行、索赔结算等合同管理的各个环节均作了详细规定，并考虑了各环节的有效衔接，具有实际的可操作性，保证了合同的工作目标和投资控制的实现，避免了人为干预的因素，起到了合同制应有的作用。同时，项目法人单位做了大量的基础工作，编制了设计、施工、监理、物资的合同范本，为全面实行合同制奠定了坚实的基础。三峡输变电工程建设中，项目法人及建设单位依据完善的合同条款严格管理参建各方，规范了参建各方的建设行为，极大地推动了输变电工程建设市场的规范化建设。

（三）充分发挥监理作用，实现市场化环境下的工程建设过程管控

从三峡输变电工程初期试点，到二期、三期工程全面开展，监理制度在三峡输变电工程建设中诞生、成长，并得以全面推行和完善。三峡输变电工程管理逐步完善形成了规范有序、效果明显的工程建设管理模式。作为三峡输变电工程的第一个单项工程，500kV长寿至万县Ⅰ回交流输变电工程率先引入了输变电工程建设监理，开创了输变电工程全面监理的模式。

在后续单项工程建设过程中，通过赋予监理更多的职能，扩大监理范围，即赋予监理大量的工程管理职能，实现监、管结合，提高了监理在工程建设管理中的地位，调动了监理的积极性，解决了三峡输变电工程工期紧、任务重、客观条件复杂、建设单位人员相对较少的问题，通过加大对监理单位的考核力

度，促使了监理单位落实责任到位。例如，在施工过程中，监理对工程建设进行全方位管控，统筹协调设计、施工、设备物资材料供应，公正地维护项目法人和施工承包商双方合同约定的合法权益，施工现场既得到了有效管控，又降低了项目法人方的管理成本。施工监理过程中，监理单位通过加强施工旁站监理等工作，严格履行了各项检查、监督责任，确保了施工质量、安全、进度、投资控制目标的实现。

实践证明，三峡输变电工程中，监理在法律法规框架内依法行使权利，履行责任义务，工作成效显著，实现了合同规定的"四控制、两管理、一协调"的管理目标。通过三峡输变电工程建设监理实践，输变电工程监理法规体系逐步完善，监理队伍素质普遍提高，培养了一批骨干监理企业，涌现了一大批业务素质高、工作积极主动的输变电工程优秀总监理工程师和监理工程师，促使监理整体水平迈上了新的台阶，为我国电力工业建设做出了积极贡献。

第三节 科技创新体系

三峡输变电工程建设中，坚持以国家产业政策为出发点，以科技创新为动力，以工程应用为依托，以企业为主体，加强用户与供货商合作；取得了一系列重大科技成果，培养了一批优秀专业人才，提升了我国电网建设水平、运行管理水平、装备设计水平和制造水平，确立了我国电网建设在国际上的先进地位。

一、科研攻关

为配合三峡输变电工程的规划设计，原国家科学技术委员会、原能源部针对三峡工程具有多目标综合开发、技术难度大的特点，在电力系统规划、设计以及输变电设备等方面进行了广泛的研究。

配合规划设计方面，国家在"七五""八五"期间重点科技攻关项目中安排了"三峡工程电力系统规划及关键技术研究"，安排了"三峡工程电力系统规划和运行关键技术研究"；原电力部"八五"计划中安排了"三峡电力系统规划设计中几个基本准则的研究"等11个课题。

配合设备研发与制造方面，国家重点科技攻关项目于"九五"期间开展"三峡工程输变电成套设备研制"，包括24个专题；"十五"期间继续开展交流输变电成套设备研究，包括"三峡输变电工程用大型变压器研制""550kV高压开关成套设备研制""500kV绝缘系列产品研制""500kV交流输变电用

110kV 和 220kV 并联电容器装置研制"　"500kV 交流系统保护装置研制"
"500kV 输电工程用光纤复合架空地线（OPGW）研制"共 6 个课题 17 个
专题。

结合三峡输变电工程，取得了一系列国际、国内领先的科技成果（表 3.3－1、
表 3.3－2），获得了国家级科技进步奖 3 项、省部级科技进步奖 19 项；在设
计、管理、施工、运行维护和技术改造等方面，实现重大自主技术创新 20 多
项，完成技术改进 150 多项，获得专利 35 项，受理专利 11 项，形成国家标准
6 项，行业标准 21 项。

表 3.3－1　　　　　　　　　　　直流输电领域技术创新

主要创新	新技术	主 要 技 术 特 点	国内同类项目水平	与国外同类项目比较
成套设计	成套设计软件	开发了主回路计算、系统阻抗扫描、绝缘配合等计算软件和动态性能研究模型	填补国内空白	位居世界前列
	背靠背直流技术	实现了两套基于不同技术的控制保护设备对不同技术换流阀的交叉控制	填补国内空白	位居世界前列
	直流外绝缘技术	提出了绝缘子表面污秽计算方法、试验方法及海拔修正方法	填补国内空白	位居世界前列
关键设备	换流变压器、平波电抗器	自主开发了分析计算软件平台，自主完成了结构设计	填补国内空白	位居世界前列
	换流阀	自主建成了国内第一条 XIHARI 合成回路，建立了换流阀仿真软件模型	填补国内空白	位居世界前列
	晶闸管	具备了晶闸管的自主研制生产和测试能力	填补国内空白	位居世界前列
	直流控制保护	自主开发了 PCS－9500 直流控制保护系统	填补国内空白	位居世界前列
工程调试	调试仿真模型	建立了直流输电工程的数字计算分析模型和数模混合仿真系统模型	填补国内空白	位居世界前列
	短路试验装置	实现了在恶劣气候条件下不中断短路试验	填补国内空白	位居世界前列
工程设计	直流换流站噪声治理技术	得出了噪声源设备的噪声频谱和强度，提出了换流变、平抗 BOX－IN 等综合降噪措施	填补国内空白	位居世界前列

表 3.3－2　　　　　　　　　　　交流输电领域技术创新

主要创新	新技术	主 要 技 术 特 点	国内同类项目水平	与国外同类项目比较
控制仿真	仿真技术	大电网动模试验和数模混合仿真试验	填补国内空白	位居世界前列
	控制技术	采用多套 SVC 协调控制及可控高抗提高系统稳定性	填补国内空白	位居世界前列

主要创新	新技术	主要技术特点	国内同类项目水平	与国外同类项目比较
交流设备	变压器	研制出了损耗低、局部放电量小、绝缘可靠性高的 500kV 变压器	填补国内空白	位居世界前列
	断路器	成功研制出开断能力达 63kA 的双断口瓷柱式六氟化硫断路器	填补国内空白	位居世界前列
	可控高抗技术	研制了磁控式可控高压电抗器及其控制保护装置	填补国内空白	位居世界前列
	静止无功补偿技术（SVC）	多套 SVC 协调控制技术及其工程应用	填补国内空白	位居世界前列
	绝缘子制造技术	盘型悬式绝缘子、大吨位绝缘子设计制造，复合绝缘子材料配方和工艺创新	填补国内空白	位居世界前列
工程设计	保护小室下放技术	提出了变电站保护和控制设备抗扰度要求，制定了保护小室下放方案，开发研制了计算机监控系统	填补国内空白	位居世界前列
	大容量输电线路技术	提出同塔双回紧凑型设计方法	填补国内空白	位居世界前列
	大截面导线、大跨越用导线及配套金具设计与制造技术	自主研发了 ACSR720/50 系列大截面导线、高强度大跨越用导线及配套金具	填补国内空白	位居世界前列
	铁塔设计制造技术	研究应用 F 型塔、大跨越钢管塔等技术	填补国内空白	位居世界前列
	微气象技术	针对工程沿线气象条件复杂的特点，开展了防震动、防舞动、防覆冰、防雷电、防污闪等技术的研究	填补国内空白	位居世界前列
	全过程数字化的电网设计技术	开发集成海拉瓦（HELAVA）技术进行选址和路径优化	填补国内空白	位居世界前列
调度通信与生产运行技术	光纤复合架空地线（OPGW）	基于雷击断股机理研究，提出了光纤复合架空地线接地方式及接地导弧间隙设计方法	填补国内空白	位居世界前列
	数据采集技术	建成了全国范围内的电力调度数据网络	填补国内空白	位居世界前列
	电网安全分析与控制技术	实现了大型电力系统安全稳定在线分析功能	填补国内空白	位居世界前列
	巡视、检修技术	基于 GPS 的手持智能终端（PDA）巡视技术、直升机水冲洗带电绝缘子技术、设备状态检修技术	填补国内空白	位居世界前列
	在线监测技术	变压器油色谱在线监测、红外监测、输电线路在线监测	填补国内空白	位居世界前列

二、科研能力建设

科研自主创新能力建设包括两个方面：一是科研人员组织和人才培养；二是科研平台与基地建设。

在三峡工程电力系统规划研究与实施过程中，高度重视发挥国内电网建设与装备制造等领域的专家、大专院校和科研院所的作用，并组织成立了输变电建设专家委员会，发挥了积极的作用。同时也重视和发挥国际上相关人才和研究机构的作用；加快了对引进技术的消化、吸收，并推动了再创新。依托三峡工程，大量科研项目陆续展开，一大批优秀的电力科技人才伴随三峡工程成长起来，并涌现了一些在国际输变电领域具有高知名度的专业人才，成为电力科技创新的中坚力量。

为满足三峡输变电工程建设以及电力快速发展对科研与技术开发的要求，国家电网公司从工程建设初始就意识到必须加强管理，重视科研基础设施建设。在三峡输变电工程全面开工建设之初，国家电网公司投资建立了拥有 41 台发电机/负荷模型、140 个线路链、2 个双极直流模型的电力系统仿真中心；可进行同塔多回、750kV、1100kV 线路杆塔力学试验的杆塔实验室；可进行分裂导线振动、间隔棒疲劳、导线疲劳、蠕变等试验的导线力学实验室；研究电磁干扰源和被干扰者之间关系及对环境影响的电磁兼容实验室等具有国际一流水平的科研基地，在电力系统规划、设计以及输变电设备等方面进行了广泛的研究，重大科技课题研究取得了一系列国际、国内领先的科技成果，为三峡输变电工程建设系统研究、单项工程的科学研究提供了科学技术的有力支持，为工程顺利建设和安全、稳定运行做出突出贡献。

通过三峡输变电工程建成的实验室试验能力位居世界前列，各项目试验能力与国外科研基地的对比见表 3.3-3～表 3.3-5。

表 3.3-3　　　　　　　　电力系统仿真中心试验能力对比表

比较项目	我国科研基地试验能力	国外科研基地试验能力
电压幅值偏差/%	1	1
电压相角偏差/(°)	1	1
仿真电网规模	同时模拟 8 回直流系统	同时模拟 3～4 回直流系统

表 3.3-4　　　　　　　　分裂导线力学性能实验室试验能力对比表

比较项目	我国科研基地试验能力	国外科研基地试验能力
试验档距/m	156.5	150
导线分裂数	6	4

比较项目	我国科研基地试验能力	国外科研基地试验能力
激振力/kN	12	10
加载能力	10 分裂	4 分裂

表 3.3 - 5　　　　　　　　　电磁兼容实验室试验能力对比表

比较项目	我国科研基地试验能力	国外科研基地试验能力
电波暗室测量方法	5m 法标准	3m 法标准
抗扰度试验能力	2000 年最新的全部 IEC 系列抗扰度标准	1998 年以前的 IEC 系列抗扰度标准
电磁兼容试验能力	记录深度为 16m	记录深度为 1m

第 四 章

输变电工程环境影响评估

第一节 环保体系建设

一、环保管控体系

（一）完善的制度体系

三峡输变电工程是三峡工程的重要组成部分，工程跨度大，建设周期长，对周边环境将产生一定的影响，必须从制度上保证现有环境受到的影响程度降至最低，实现三峡输变电工程的经济效益与社会效益的统一。

随着我国社会主义经济建设蓬勃发展，人们的环境保护意识不断提升。20世纪 90 年代以来，一批与工程项目建设密切相关的重大环保法律法规陆续得到制定或修订。1989 年颁布《中华人民共和国环境保护法》；1991 年颁布《中华人民共和国水土保持法》；1994 年颁布《中华人民共和国自然保护区条例》；1995 年颁布《中华人民共和国固体废物污染环境防治法》，并于 2004 年进行了修订；1998 年国务院颁布《中华人民共和国建设项目环境保护管理条例》；1990 年颁布国标《工业企业厂界噪声标准》（GB 12348—90）和《城市区域环境噪声标准》；1996 年颁布《中华人民共和国环境噪声污染防治法》；1984 年颁布《中华人民共和国水污染防治法》，并于 1996 年进行了修订；1999 年颁布《基本农田保护条例》；2000 年颁布《中华人民共和国大气污染防治法》；2002 年颁布《中华人民共和国文物保护法》；2002 年颁布《中华人民共和国环境影响评价法》；2006 年颁布《风景名胜区条例》。上述一系列的环保法律法规对工程建设的环境保护进行了全面的管理与规范。

三峡输变电工程之前的输变电工程建设环保工作较少，对电网的环保在认识上处于模糊阶段，主要为就事论事的零散被动的工作方式，更缺乏配套的规章制度。作为伟大的"世纪工程"——三峡工程中的重要组成部分,三峡输变电工程自 1995 年开始准备时起,以高度的社会责任感,严格遵守国家出台的各项相关法律法规,并实时根据法规变化进行调整,不断提高对工程建设的环保要求。随着工程建设的不断推进、建设水平的不断增强,对环保的认识也不断深化,逐步认识到规范行业内输变电工程建设的环保行为的必要性,陆续制定了一系列的管理规定。2004 年制定了《国家电网公司环境保护管理办法》,成为输变电工程建设环保工作的基本依据,也是我国输变电工程的首个环保管理规范;2005 年,通过总结三峡工程取得的环保经验,制定了《国家电网公司环境保护监督规定》,进一步加强国家电网公司环境保护工作的监督管理,建立环保监督的常态机制;2006 年,为了配合国家"建设项目环境影响评价制度"的全面落实,制定了《国家电网公司电网建设项目环境影响评价管理暂行办法》,首次在行业内将环评工作制度化。环保工作一系列的规章制度体系建设有力地推动了输变电工程环保监督管理的制度化和规范化。

直流换流站噪声治理充分体现了三峡输变电工程环保制度体系不断发展完善的过程。我国于 1996 年颁布了《中华人民共和国环境噪声污染防治法》,对工程设计、建设在噪声方面提出了要求,但是限于当时输变电工程建设规模、技术条件以及人们环保意识,对于输变电设施的噪声问题重视不够。我国早期直流工程设计中对这方面考虑较少,导致三常、三广直流工程投运后,设备运行产生的噪声使得换流站址周边的噪声水平较建设前有明显的增加,按国家标准,噪声水平超标对周边居民产生了一定的影响。随着三峡直流输电工程的建设,直流换流站噪声问题日益突出。国家电网公司对此予以高度重视,于 2003 年三常直流工程投运后即开始启动换流站噪声治理工作,通过大量的前期科研、专题评审等环节确定治理方案。为了保证今后建设过程中的环境管理工作顺利实施,国家电网公司及时总结经验教训,在 2004 年年初即制定了《国家电网公司环境保护管理办法(试行)》,全面规范管理输变电工程建设过程中的环境保护工作。该办法中第二十一条明确指出:电网设备的运行应满足国家有关环境保护标准与要求;电网企业对电网设备运行过程中产生的工频电场、磁场与电磁场、噪声、无线电干扰,废油、六氟化硫等污染源应进行监测分析,对不能达到国家环保标准要求的送电线路和变电站根据国家有关要求进行综合治理与改造。借此,直流换流站噪声问题成为设计、施工中必须重视的问题。法律法规的建立和完善也促进了输变电工程环保建设的开展。国家电网建设有限公司于 2005 年在三常直流工程政平换流站、2006 年在三广直流工程荆州换流站分别组织进行了噪声治理施工改造。在总结三常、三广直流工程经验的基础上,三沪直流工程设计伊始,即对换流站噪声治理开展专项研究,并将其成果纳入工程本体设计之中，按国家规定第一次真正做到了降噪设施与工程主体"三同时"的要求。大负荷试验的实地噪声测试结果表明，场界噪声水平满足相关规定要求。

通过三峡输变电工程环保实践，完善了各项环保规章制度，使得输变电工程环保设计体系不断完善，形成了以下标准：

（1）《110kV～500kV 架空送电线路设计技术规程》（DL/T 5092—1999）。

（2）《变电所给水排水设计规程》（DL/T 5143—2002）。

（3）《高压架空送电线、变电站无线电干扰测量方法》（GB/T 7349—2002）。

（4）《220kV～500kV 变电所设计技术规程》（DL/T 5218—2005）。

（5）《220kV～500kV 紧凑型架空送电线路设计技术规定》（DL/T 5217—2005）。

（6）《110～500kV 架空送电线路施工及验收规范》（GB 50233—2005）。

（7）《架空送电线路基础设计技术规定》（DL/T 5219—2005）。

（8）《高压直流换流站设计技术规定》（DL/T 5223—2005）。

（9）《高压直流输电大地返回运行系统设计技术规定》（DL/T 5224—2005）。

（10）《高压直流架空送电线路技术导则》（DL/T 436—2005）。

（11）《高压交流架空送电线路、变电站工频电场和磁场测量方法》（DL/T 988—2005）。

以《220kV～500kV 变电所设计技术规程》（DL/T 5218—2005）为例，其替代了《220kV～500kV 变电所设计技术规程》（SDJ 2—1988），新的技术规程更加重视变电站的环境保护，增加了环境保护的专章内容，并在站址选择方面提出了环境保护方面的要求。

在三峡输变电工程环保工作基础上，还组织有关人员，积极主动参与电力环保、水保标准的制定和修订工作，推动《环境影响评价技术导则—输变电工程》（HJ 24—2014）《建设项目竣工环境保护验收技术规范》等标准的制定。该导则将代替《500kV 超高压送变电工程电磁辐射环境影响评价技术规范》（HJ/T 24—1998）和《电磁辐射环境保护管理办法》（GB 8702—88），成为输变电行业环境影响评价新的技术规范和规定，进一步完善输变电工程环境影响评价工作，减缓输变电工程的生态环境影响。

（二）职责明确的组织体系

国家电网公司履行三峡输变电工程项目法人职责，统一管理环境保护工作，明确国家电网公司建设运行部是三峡输变电工程环境保护的责任部门，科技部是监督管理部门。国网建设有限公司作为工程建设管理单位负责三峡输变电工程环保管理的组织实施，公司总经理全面领导工程项目环保工作。

为确保三峡输变电工程生态与环境保护工作落到实处，国家电网公司总经理全面负责三峡工程环保工作，并层层落实到工程建设管理的各个层面和环节。监理单位由总监理工程师负责其监理标段的环境保护工作，各施工单位由项目经理直接负责领导、管理其施工标段的环境保护工作。三峡输变电工程环境保护现场工作组织机构如图3.4-1所示。

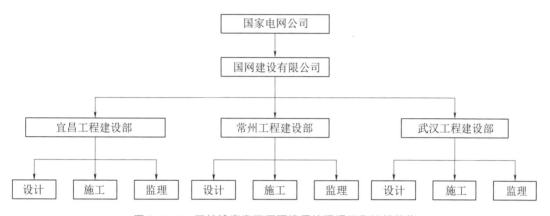

图 3.4-1　三峡输变电工程环境保护现场工作组织机构

工程按照"五制"的要求，通过合同的方式委托设计单位负责工程设计和环保设施的设计工作。委托监理单位负责其监理项目（标段）的环境保护的监督和控制工作；委托各施工单位直接负责建设过程中的环境保护工作。工程项目法人和建设单位正确把握环保投入与效益的关系，认真执行国家法律法规和环保标准，全过程加强三峡输变电工程环保管理工作。

通过建立高效的管理机制与合理组织结构，三峡输变电工程环保涉及的管理、设计、施工、监理等单位明确了环保工作责任：

（1）国家电网公司是三峡输变电环境保护工作的领导机构，负责制定工程整体环境保护战略和有关重大决策；协调解决工程环境保护工作中的重大问题。

（2）国网建设有限公司负责监督工程参建单位贯彻落实国家、地方和项目法人环境保护法律法规和方针、政策、标准、要求，并依据项目法人环境保护战略、规章，制定工程环境保护考核办法；组织重大环境影响方案审查；组织工程建设过程中的环保检查；负责组织解决工程建设过程中环境保护工作中出现的重大问题；配合国家政府部门组织的工程项目竣工环保验收。

（3）设计单位负责设计过程中落实环评报告书及其批复意见。

（4）监理单位负责识别工程项目环境因素，并制定相应的监理措施，建立工程项目环保管理体系和制度，监督工程项目环评报告书及其批复意见在设计、施工中的落实，控制施工过程对环境的影响。

（5）施工单位负责识别工程项目环境因素，并制定相应施工措施，减少施工过程对环境的影响，按照环评报告书及其批复意见和工程设计组织施工。

二、环保过程管理

（一）依法履行环保手续

三峡输变电工程积极开展建设项目环评、水保和竣工环保验收工作。严格按照 1989 年颁布的《中华人民共和国环境保护法》和 1998 年国务院颁布的《中华人民共和国建设项目环境保护条例》以及 1991 年颁布的《中华人民共和国水土保持法》等相关法律法规，对项目开展环境影响评价和竣工验收。

环境影响评价制度是源头控制环境污染和生态破坏的法律手段。环境影响评价制度是我国的基本环境保护法律制度。任何一个大型工程都必须坚决执行环境影响评价制度。国务院颁布实施《建设项目环境保护管理条例》，明确提出环境影响评价制度，要求建设项目环境保护设施必须同时设计、同时施工、同时投产使用的"三同时"制度。2003 年开始实施的《中华人民共和国环境影响评价法》，将环境影响评价制度从建设项目扩展到各类开发建设规划。2006 年发布的《国家电网公司电网建设项目环境影响评价管理暂行办法》是我国首个输变电工程环境影响评价管理规定，对行业内输变电工程建设项目的环评工作作了具体规定。规定每项输变电工程要按规定做好环评报告、水保方案的送审工作，并与国家环境保护总局、水利部等主管单位建立了协调的工作关系。三峡输变电工程 91 个建设项目全部进行了环境影响评价，国家环境保护总局对环评报告均进行了批复。评价结论认为，项目的建设符合国家环保、产业政策要求，其环境保护工作总体做得较好，在有关环保措施的落实后，其噪声、电磁场、生态、水土保持、移民安置等主要的环境影响均是可以接受的，并能满足国家的环保要求。公众调查结果表明项目建设得到了绝大多数社会公众的支持。

三峡输变电工程环保验收工作由国家电网公司统一组织指导，国网建设有限公司作为建设单位负责具体实施工作。为弥补初期的单项输变电工程未及时进行环保验收，争取做到"不欠新账，逐步还账"，国家电网公司统一组织制定环保验收计划，统筹安排工作进度，及时协调解决工作中的问题，并主动与国家环保行政主管部门根据输变电工程特点制定环保验收流程和要求，做到合理组合、分批验收。同时，国家电网公司按时段、分区域采取打捆方式补办有关环保手续，逐步解决历史遗留问题。

三沪直流工程的环保工作严格按国家的规定进行。2004 年 2 月，华新（白鹤）换流站环境影响报告表得到上海市环境保护局批复。2004 年 6 月，蔡家冲换流站环境影响报告表得到湖北省环境保护局批复。2005 年 4 月，三沪线路工程环境影响报告书得到国家环境保护总局批复。2006 年 12 月工程建设管理单位国网建设有限公司与国家环境保护总局环境工程评估中心签订《三峡—上海 ±500kV 直流输电工程竣工环境保护验收调查报告编制合同书》，委托开展项目竣工环保验收调查工作。环评中心接受委托后，开展了大量工作并在此基础上编制了《三峡—上海 ±500kV 直流输电线路竣工环境保护验收调查实施方案》，方案于 2007 年 4 月通过了国家环境保护总局的审查。2007 年 8 月 14—15 日，国家环境保护总局环境影响评价管理司会同湖北省环境保护局、安徽省环境保护局、江苏省环境保护厅、浙江省环境保护局和上海市环境保护局等单位，对三峡—上海 ±500kV 直流输电工程环境保护执行情况进行了现场检查及验收。验收结论认为，三峡—上海 ±500kV 直流输电工程环境保护手续齐全，落实了环境影响报告书及其批复的要求，在设计和施工阶段采取了有效措施控制对环境的影响，该工程符合环境保护验收条件，同意通过环境保护验收。

（二）全面落实环保措施

每个三峡输变电单项工程在设计阶段均按要求编制《环境影响报告书》《水土保持方案报告书》，并通过有关环保主管单位的审查，批准在工程实施做到了环保、水保设施与主体工程同时设计。同时施工，认真落实环保、水保政策，认真按照批准的《环境影响报告书》《水土保持方案报告书》提出的方案和措施组织实施，一边组织工程施工，一边实施生态恢复，做到了环保设施与主体工程同时施工；已经竣工的输变电单项工程，其应同时竣工、同时环保设施投入使用，做到了环保设施与主体工程也同时投入使用。做到与主体工程同时设计、同时施工、同时竣工投产的要求，对我国电力企业的环保工作起到了一个非常好的示范带头作用。

2002 年，国务院三峡建委派出稽察组，对三峡 500kV 输变电工程进行了稽察。稽察结论认为：工程采用海拉瓦全数字化摄影测量系统等高新技术进行路径优化，积极采用同塔双回设计方案，大量采用原状土和斜插式铁塔基础，采用钢管铁塔等，缩短了线路长度，减少线路走廊树木砍伐，有利于保护自然植被，减少水土流失。2004 年的稽察结论指出，建成投产的 500kV 成昌线工程，设计单位精心勘察设计，施工单位环保意识强，做到尽量减少基面开挖，基本不破坏原有地面和植被，被誉为"绿色工程"。上述稽察结论表明，三峡输变电工程环保措施落实到位，效果显著。

（三）加强环保监督检查，及时治理整改

按照国家对环境保护工作的总体要求，根据国家及项目所在地区环保法律法规的相关要求，以及《国家电网公司环境保护管理办法》的有关管理规定，结合工程环保工作的实际情况与发展目标，制定了相应的工程环境监督管理办法等规定，并依据规定进行定期检查。通过严格执行并有效地开展环保技术监督工作，密切跟踪和掌握电网环境保护工作的开展情况，及时反馈工作中存在的问题，从而有效保证电网各项环境影响因素（电磁影响、噪声、废水、水土保持）达到国家和地方环境保护标准的要求。尤其是在污染达标治理项目中，切实开展了全过程质量监督工作，对环保治理工程全部进行全过程质量监督，确保了项目的质量。

为了加强对环境保护工作的有效控制，与国际先进的管理经验接轨，要求参与三峡输变电工程的所有施工单位均要通过 GB/T 19001 质量管理体系、GB/T 24001 环境管理体系、GB/T 28001 职业健康安全管理体系（简称"三标"体系）认证，而且在三峡输变电工程项目的建设过程中，严格按照 GB/T 24001 环境管理体系有关规定开展工作。在施工准备阶段，施工项目部依据《环境管理手册》和相关程序文件及本工程建设的环保要求，按 GB/T 24001 环境管理体系标准制定施工现场《环境保护实施细则》，报监理部审核备案，在施工中监督施工人员严格执行，与各参建单位携手并进，共同搞好本工程环境保护工作。

国家电网公司由环保管理部门牵头，组织专家认真分析，妥善处理工程环保纠纷。针对三常直流输变电工程噪声问题，投入专项资金进行治理并取得了明显成效。以三常、三广直流工程换流站噪声治理为例，国家电网公司累计投入降噪措施费用超过了 1 亿元，使各换流站噪声水平达到国家环保标准要求。2007 年 8 月 15 日，通过国家环保总局组织的工程竣工环保验收，并将治理经验纳入到后续工程建设中，实现了换流站降噪设施与工程主体同时设计、同时施工和同时投运，填补了工程噪声设计空白。

通过三峡输变电工程建设实施，环境保护工作被纳入输变电工程项目的日常管理程序，环境保护成为贯穿工程实施全过程的重要内容，初步建立形成了电网工程环境保护管理及工作体系，推动我国输变电工程环境保护工作上了一个新台阶。

三、环保措施

(一)生态环境保护措施

1. 变电站、换流站的站址选择

通过变电站、换流站站址优选，尽量利用荒山、荒地、劣地，尽量避开林区以减小对林木的砍伐，尽量避开农田，特别是基本农田。500kV咸宁变电站在选址阶段，即从保护环境的角度优选站址。放弃了占用退耕还林地的张家湾站址，选择了远离居民点（距最近的居民点约100m）、不占用基本农田的吕家铺站址。在站址定位时避开了耕地和植被较好的山岗，尽量减少对林木、植被和农作物的破坏。经过比选，确定的站址处及周围2km范围内无自然保护区、风景名胜区、文物古迹等环境敏感地段。

2. 线路路径优化

通过线路路径优化，减少森林砍伐和农田占用。如某转角段，利用海拉瓦技术进行立体观测时，发现初选路径转角塔放在林地中间，占用了整片林地，其周围树木都需砍伐，综合考虑前后路径后，将该塔进行了调整，线路从林地北角经过，利用直线高塔即可跨过，避免了砍伐，保护了环境。基于对环境保护和经济成本的考虑，尽量减少房屋拆迁以及农田和林地的占用。

海拉瓦路径优化技术直接应用在三峡工程47条输电线路和整个三峡右岸7回出线的优化设计工作中，不但缩短线路长度，减少了房屋拆迁量，还减少了林木砍伐和土石方开挖，保护了环境。

(二)水土保持控制措施

1. 变电站、换流站

通过优化站区总平面布置，最大限度地减小工程占地面积，在施工建设时，将施工临时占地设在变电站站址范围内，避免或尽量减小站外的临时占地。在施工过程中合理安排施工时序，尽量保护站区表层耕植土，回填时使耕植土位于上层，便于植被恢复。

同时，根据站址的地形、气象条件等的不同，设计了挡土墙、护坡、截水沟、排水沟等设施和绿化等水土保持措施。在施工安排中，尽量先完成具有环保和水土保持功能的设施，如站址四周及进站道路的挡土墙、护坡，设置站区简易排水设施和站外截水沟和排水沟；在站区四周及道路边坡以及护坡的土方格内植草以减小水土流失。

2. 线路

切实加强线路勘测设计工作，优化路径，减少树木砍伐，减少基面的开

挖，多用全方位高低腿铁塔，保护植被，减少水土流失，认真设计和施工，做好垃圾收集和排水设施，保护生态环境，做好水土保持工作。此外，尽量采用同塔双回紧凑型线路，少占线路走廊，有利于保护环境。

（三）声环境控制措施

1. 变电站、换流站

变电站噪声首先从声源上进行控制，在设备招投标过程中将设备噪声作为重要参数；在配电装置母线和引线优化设计，做好电晕校验，采取措施，降低配电装置的电晕和噪声水平。

在换流变和平波电抗器的防火墙上贴吸声装置，前方加带吸声结构的声屏障；在电抗器外装设有吸声装置的消声、隔声罩，以降低电抗器发出的噪声；阀冷却塔前装设隔声屏障；空调机组前装设隔声屏障；将电容器组的单塔框架结构改为双塔或是三塔框架结构，降低噪声辐射高度，必要时在噪声较大设备集中的一段围墙上加一定高度的轻型声屏障，以控制噪声向外辐射。

采用合理的总平面布置，尽量将主要的噪声源布置在站区中间或布置在远离居民区侧，并将换流站或变电站各功能区分开布置以降低噪声的影响；利用站内的不发声或低声建筑物对主要噪声源进行一定的遮挡；在站区的可绿化区域种植低矮灌木及草皮进行绿化，以增大噪声传播途径中的衰减系数。

当换流站建成运行后噪声超标时，首先对主要噪声源采取有效的噪声治理措施。若经过综合治理后站外民房处噪声仍无法达标，则需将超标的民房拆迁，并做好相应的拆迁安置、拆迁补偿等工作。

2. 线路

线路噪声主要来源于电晕放电，主要通过合理选择输电线路导线截面和导线结构、降低表面场强、提高始晕电压、提高导线光洁度及金具加工工艺等措施减少线路产生的电晕噪声。

（四）电磁环境控制措施

1. 变电站、换流站

主要由站内的高压输变电设备引起，500kV交流设备附近存在较强的电场和磁场、站内高压电气设备、导线、金具以及绝缘子串等的局部电晕放电将产生无线电干扰。主要通过选择合理的导线、母线、均压环、管母线终端球和其他金具等的外形和尺寸，避免出现高电位梯度点。为防止电磁干扰，对可能产生辐射干扰的设备采取必要的屏蔽措施，对有要求的建筑物，可以采取门、窗加屏蔽的措施。

变电站换流站的输电线路进出线方向，要选择避开居民密集区，主变压器及高压配电装置尽量布置在站址中央或远离居民侧；在变电站和换流站高压危险区域要按规定设置警示标志。

采取电磁污染防治综合措施后，若站外还有民房的电磁环境指标超标，则需将超标的民房拆迁，并做好相应的拆迁安置、拆迁补偿等工作。

2. 线路

交流 500kV 线路通过居民区及其附近时，500kV 线路的导线离地高度不应小于 14m，线下离地 1m 处的电场强度应小于 4kV/m；±500kV 直流线路的导线离地高度在通过非居民区时线高不低于 12.5m，通过居民区时线高不低于 16m。线路在通过居民区及其附近时要确保线下合成电场强度小于 25kV/m。

通过合理选择输电线路导线截面和导线结构、提高导线光洁度等措施防止线路产生电晕，进而减少线路产生的无线电干扰。在设备订货时要求导线以及其他金具等提高加工工艺，防止尖端放电和发生电晕，降低无线电干扰。为减少拆迁房屋，对于房屋较集中的地段，导线采用 V 型串，以减少走廊宽度，减少沿线的房屋拆迁量，达到环保的目的。

（五）水污染控制措施

水环境主要影响因素是变电站和换流站运行期间产生的生活污水和变压器发生故障可能产生的废油。

站内生产设施没有经常性的生产排水，废水主要来源于值班人员的生活污水，主要污染物为 COD、SS。污水经过地埋式一体化污水处理系统，接触氧化、沉淀、加氯消毒处理达到相应的污水排放标准后，排放到站址外，对周围环境不会产生明显影响。施工现场的废水经沉淀池后再排入下水管道。

根据主变压器、高压电抗器的电气设备储油量的不同分别设置不同储存量的事故集油器。主变压器、高压电抗器事故时将事故油全部装入事故集油器内。事故集油器的作用就是将事故油全部储存，并利用水比油重的特点将油水分离，水排入变电站的排水系统，存入事故集油器内的事故油由专业部门回收，主变压器、高压电抗器的事故排油不会排出站外，因此不会对变电站周围生态环境造成污染。

（六）景观和谐控制措施

1. 避让风景区、自然保护区

输电线路的建设，可能导致输电线路经过的区域景观的变化，因此地方政府会对规划的风景区及其周边的一些区域禁止建设高压输电线路。三峡输变电工程应用海拉瓦路径优化技术进行了路径优化选择，将输电线路路径避开对自然景观和人文景观有影响的区域，从而有效减少输电线路对景观的破坏作用。

2. 取消输电线路跨越永久船闸防护网

三峡电站左岸的 500kV 8 回出线架空跨越永久船闸，船闸区间的工频电场及其对过往船舶的安全影响是迫切需要研究的问题。武汉高压研究所、长江航运管理局等单位联合开展了"三峡电站 500kV 输电线路跨越永久船闸时对过闸船舶的通信干扰和工频电场安全问题的研究"。依据此项目的研究结论及其建议，取消了对船闸闸室的防护网设计方案，保护了三峡工程的景观环境，节约了上千万元建设资金。

3. 加强站区绿化

积极开展已建变电站施工区域植被恢复、绿化的工作，取得了良好的效果。各项工程全部达到国家环保标准要求，工程项目周围的居民可享有舒心的生活环境。以 500kV 新余场变电站为例，根据变电布置及配电装置场地面积大、构支架和电气设备多的特点，为减少太阳辐射热对电气设备和人员的影响，减小因水流冲刷带走场地内的泥土，配电装置场地内采取种植草皮的绿化方案，选用绿草期较长的草种类型；建筑物四周空地除种植草皮外，选种了一些低矮或球形的有一定观赏价值的灌木，主控通信综合楼前的小型广场铺设彩色广场地砖，地砖色彩的选择与主控通信综合楼外墙色彩和周围环境相协调，以满足人们的视觉需要和美化环境的目的。

第二节　环 保 工 作 评 估

三峡输变电工程环境影响达到了国家有关标准的要求，取得了一系列成果，说明环保管控体系是合理的，环保措施是有效的，得到国际同行的高度评价。

一、环保创新成果

三峡输变电工程建设中，采取大量行之有效的环保措施。在线路工程中，开发了海拉瓦全流程数字化电网技术，优化线路路径；铁塔基础采用高低腿设计，保护了植被，减少了水土流失；采用紧凑型输电线路技术节约了走廊占地；世界上首次设计使用 F 型塔，广泛应用 V 型绝缘子串布置，缩小线路走廊，减少了林木砍伐和房屋拆迁。采用防晕金具，降低无线电干扰，减少噪声和电晕损耗，使线路工程的电磁场水平都在国家和国际电工委员会相关标准限值以内，符合环保要求。在变电工程中，优化变电站站址选择和站区布置；对换流站噪声治理开展专项研究，首次将降噪设计纳入换流站工程常规设计，填补了工程噪声设计空白；为换流站噪声源设备加装降噪装置，研发低噪声设备，成功实现了直流换流站场界、敏感点的噪声水平"双达标"。

三峡输变电工程应用 500kV 大容量输电线路技术研究成果，取得专利两项（防振锤锤头与钢绞线的连接结构和防磨损悬锤线夹），并荣获 2005 年度国家科学技术进步奖二等奖；应用同塔双回紧凑型技术研究成果，取得专利一项（便携式带电作业用保护间隙），并荣获 2006 年度中国电力科学技术奖二等奖；超高压输电线路应用海拉瓦优化路径研究成果，荣获 2002 年度中国电力科学技术进步奖三等奖；三峡电站 500kV 输电线路跨越永久船闸时对过闸船舶的通信干扰和工频电场安全问题的研究成果，荣获 2002 年度中国电力科学技术进步奖三等奖；政平换流站环境噪声综合治理工程荣获 2006 年度国家电网公司科学技术进步二等奖；应用垂直排列 F 型塔设计成果，获得专利；利用航空动力伞技术实施全程不停电跨越运行线路，获上海市工会劳动保护"绿十字"第二名暨二等奖。

二、环保效果

三峡输变电工程从决策组织到设计、施工、运行管理等多个环节创新性、突破性的环境保护工作得到了国内社会各界和国际同行的充分肯定。在电网设计、施工和生产运行中广泛应用了先进技术，以科技创新实现节能环保，取得显著成效，多项节能环保科研成果获得国家专利和科技成果奖项。

2007 年度三沪直流输电工程，在印度、菲律宾、韩国、美国等国家共计 40 多个参评工程项目中脱颖而出，一举获得年度亚洲输变电工程奖。亚洲电力工程奖（Asia Power Award）由《亚洲电力》（Asia Power）杂志组织评选，评选的侧重点是清洁、高效、环保三个方面。三沪直流输电工程在建设过程中，始终坚持以"清洁、高效、环保"为宗旨，以"优化设计、强化管理、从严控制、同比先进"为基本原则，创下了大容量、远距离直流输电工程建设工期短、安全零事故、质量高水平、技术先进、国产化率高的新纪录。这次获奖，展示了中国电力工程建设水平，提供了一个宣传中国电力行业的视野窗口，使世界同行更好地了解中国电力的蓬勃发展形势。

2008 年，在第二届国家环境友好工程颁奖大会上，三沪直流输电工程再次以其在环境保护工作方面的卓越贡献荣获"国家环境友好工程"奖。"国家环境友好工程"评选活动由原环境保护部主办，是我国建设项目环境保护的最高奖项，奖励对象为在环境影响评价、施工期环境管理、环保"三同时"竣工验收中取得显著成绩的建设项目。该奖项是我国输变电工程建设项目第一次获得如此高的环保大奖，充分说明了三沪直流输电工程大力推进建设项目环境保护的全过程管理，实现开发与环保双赢，环境保护工作取得了突出的成绩。

第 五 章

结 论 与 建 议

第一节 结 论

三峡输变电工程全面、按时、安全、高质量完成建设任务，满足了三峡电力及时、全部送出，实现了三峡电力"送得出，落得下，用得上"的建设目标。三峡输电工程建设过程中，组织建设有序，投资、质量、安全得到有效管控；顺应经济体制改革创新建设管理机制，引入项目法人管理制度、资本金制度、招投标制度、合同管理制度和项目监理制度等现代工程管理制度，奠定了我国输变电工程现代建设管理制度的基本框架。通过三峡输变电工程建设，全面提升了我国输变电装备国产化水平和制造能力，我国输变电工程建设能力跻身国际先进水平行列。

一、三峡输变电工程建设管控有力

三峡输变电工程实现了安全文明生产，建设过程文明有序，未发生重大人身伤亡事故、重大设备质量事故、责任交通事故和电网事故；工程建设质量优良，设施运行安全可靠，工程建设高度重视质量工艺控制，质量控制组织体系和制度体系运转有效；工程资金与财务管理规范，未发生违纪违规情况，未发生合同纠纷；投资控制在国家批复范围内，初步设计批复的现价动态概算总投资合计为 502.61 亿元，工程竣工决算金额总计 431.39 亿元；三峡输变电工程单位造价水平先进。

二、三峡输变电工程建设实现了管理体系创新

通过三峡输变电工程建设实践，探索了市场经济条件下的电网建设管理体制，建立了决策、执行、监督、验收等模式与运行机制，制定了一系列规程、规范、标准等技术管理制度，引入现代工程管理制度，培育了输变电工程建设

市场，全面实现了电网工程建设管理体制的创新。

三、三峡输变电工程环境影响达到国家标准要求

三峡输变电工程环境影响达到国家有关标准的要求，取得了一系列成果。伴随工程建设，逐步建立健全了输变电工程环保管控体系，摸索了有效的环保措施，获得国内外高度赞誉。

四、三峡输变电工程建设实现了电网技术创新，提升了我国输变电工程建设水平

通过三峡输变电工程建设，锻炼了我国输变电工程设计、施工队伍，培养了电网建设技术与管理人才，实现了电网技术创新，全面提升了我国输变电装备国产化水平和制造能力；创新了工程设计和施工手段，提升了工程设计能力和施工技术、工艺水平，基本确定了我国在世界输变电工程建设领域的领先地位。

第二节　建　议

一、继续加强国产化技术升级，实现持续创新

三峡输变电工程建设取得了大量优秀技术成果，形成了自主创新技术实力。建议在既有技术成果已得到广泛应用的基础上，进一步开展技术创新工作，不断优化提升我国输变电工程技术水平，实现从"中国制造"到"中国创造"、从"技术引进"到"技术引领"的转变。未来我国远距离、大规模输电以及全国范围资源优化配置的格局，需要输变电装备不断升级。建议加强对已国产化技术的改进升级和持续支持，进一步推进更高电压等级、更大容量交直流输电和柔性直流输电等技术的工程应用，加大对新型输变电技术研发、装备和核心部件国产化的支持，推进我国输变电技术的持续发展和创新。

二、伴随市场化进程，不断完善优化工程管理体系

当前，我国经济体制市场化建设目标更加明确，市场化进程不断加快。积极总结三峡输变电工程建设体制创新经验，伴随总体经济发展形势，不断深化输变电工程建设的市场化程度，并配套完善优化工程管理体系、制度。

参 考 文 献

［1］ 国家电网有限公司. 中国三峡输变电工程 综合卷［M］. 北京：中国电力出版社，2008.

［2］ 国家电网有限公司. 中国三峡输变电工程 创新卷［M］. 北京：中国电力出版社，2008.

［3］ 国家电网有限公司. 中国三峡输变电工程 直流工程与设备国产化卷［M］. 北京：中国电力出版社，2008.

［4］ 国家电网有限公司. 中国三峡输变电工程 交流工程与设备国产化卷［M］. 北京：中国电力出版社，2008.

［5］ 中国工程院. 三峡工程试验性蓄水阶段性评估枢纽运行课题评估报告［R］，2013.

［6］ "三峡工程论证阶段性评估"项目电力系统课题组. 三峡工程电力系统论证结论阶段性评估报告［R］，2009.

［7］ 国务院发展研究中心. 三峡直流输电工程自主化的模式及影响［R］，2012.

［8］ 三峡输变电工程总结性研究课题组. 三峡输变电总结性研究［R］，2011.

［9］ 三峡输变电工程总结性研究课题组. 直流工程与国产化总结性研究［R］，2010.

［10］ 国务院发展研究中心. 三峡直流输电工程自主化的模式及启示研究［R］，2013.

第四篇 输变电科技创新和设备国产化评估专题报告

第 一 章

科 技 创 新

三峡输变电设备研发较好地坚持了以企业为主导，工程为依托，自主研发和消化吸收国外技术相结合、产学研用相结合的原则，充分发挥了国内电网建设与装备制造等领域的专家、高等学校和科研院所的作用，推动了国内的科研基地建设、设备核心技术研发、设备可靠性提升和人才培养。

第一节 科 研 基 地 建 设

国内相关企业建设了 41 台发电机/负荷模型、140 个线路链、2 个双极直流模型，且具备数模混合实时仿真功能的电力系统仿真实验中心；可进行同塔多回、不同电压等级线路杆塔力学试验的杆塔实验室；可进行分裂导线振动、间隔棒疲劳、导线疲劳、蠕变等试验的导线力学试验室；可进行控制保护装置试验的 RTDS 实验室；可进行换流阀和多种高压设备试验的多个设备实验室；研究电磁干扰者和被干扰者之间关系及对环境影响的电磁兼容实验室等一批具有国际一流水平的科研基地。

一、中国电力科学研究院电力系统仿真中心实验基地建设

仿真中心建设采取了分期投资、逐步扩大完善的正确方针，使得实时仿真装置一期工程能够在较短的时间内完成，并开展了为工程建设研究服务的工作。

（一）建设能力

新建成的数模混合式电力系统实时仿真装置的特点如下：

（1）系统仿真模拟精确度高，各种潮流方式模拟与离线潮流程序计算的结果相比，电压幅值偏差最大为 0.861%，电压角度偏差最大为 0.944°。

（2）可以详细并准确地模拟直流系统的换流阀、控制系统等，能够更真实、准确地反映直流系统的运行工况。

（3）发电机为数字模型，可以根据需要方便地修改各参数，避免了动模旋转发电机模型在模拟研究中所受的限制。

（4）具有功能完善的数据采集和处理功能。

（5）通过计算机控制，灵活方便地改变模拟系统接线，以满足不同的系统运行方式。电力系统实时仿真装置不仅可以反映电力系统中从电磁暂态直至机电暂态全部过程的各种现象，而且可以为继电保护装置的检测以及各种电力电子控制设备的开发、试验、调试提供所需要的系统环境。

（二）应用及效果

1997 年以来，仿真中心利用数模混合式电力系统实时仿真装置，对三峡电力系统、"西电东送"和全国大区电网互联的关键技术进行了深入的试验研究，并且为葛洲坝—上海、三峡—常州、三峡—广东直流输电系统的生产运行提供了大量的技术服务和支持工作，对我国电网的发展和安全稳定运行起到了重要作用。

通过与俄罗斯动模试验的对比研究、东北—华北—山东电网与华中—川渝电网互联系统实时仿真试验研究、三峡—常州直流工程系统仿真试验研究、三峡—广东±500kV 高压直流输电工程直流系统保护仿真试验、三峡—常州与三峡—广东直流输电系统生产运行服务、三峡—上海±500kV 高压直流输电工程直流系统保护仿真试验研究等可以看出，该仿真试验装置可以进行电力系统稳定、安全稳定措施、自动控制装置特性、网络结构优化等多项研究工作，可以用于大电网研究和新技术开发，具有研究复杂电力系统和特高压电力系统实时仿真所必需的多项功能。

二、中国电力科学研究院高压直流实验室建设

高压直流实验室填补了我国±500kV 及以上的直流污秽试验电源能力的空白，具备开展复合绝缘老化研究的试验手段。

（一）建设能力

（1）将户外±1000kV 直流电压发生器通过增容、更换低阻抗调压器、使用电压电流双反馈晶闸管调压装置改造为坚挺度高的±600kV 直流污秽试验电源；新建±250kV 直流污秽试验电源采用国际先进的三相可控硅调节技术。两套电源完全满足《直流系统用高压绝缘子人工污秽试验标准》（IEC 1245—1993）规定的 100mA 阻性电流时的纹波系数小于 3％，500mA 阻性电流持续

0.5s 时动态电压降小于 5%，闪络前电压过冲小于 8% 的要求。两套电源的测量系统的采样率为 5kS/s，泄漏电流测量范围为 0.5mA~10A。

（2）新建的 3600kV 冲击电压发生器采用国外先进的四柱对称式充电结构，与之配套的陡冲击试验装置的陡化球隙实现自动调节，在完成瓷和玻璃绝缘子 4000kV/s 和 1m 合成绝缘子 1000kV/s 的陡波冲击试验时其电压幅值误差分别不大于 9% 和 4%。

（3）新建两套 5000h 复合绝缘老化试验装置，均由大容量交直流试验电源和多功能环境试验箱组成。两环境箱都有温度调节系统、湿度调节系统、雨量调节系统、盐雾发生器和日光源系统，其中之一还包括机械系统和模拟工业污染系统。两试验装置实现计算机全自动控制以及远距离监控、自动报警和故障排除后的自启动，泄漏电流数据采集测试系统的采样率为 5kS/s，泄漏电流测量范围为 0.5mA~2A，泄漏电流参量统计、分析功能强大。

（4）新建的离子迁移试验装置采用强迫风循环冷却和巡回检测技术，环境箱内温度更均匀、更稳定，可同时进行 IEC 1325 标准规定的 50 只试品的试验和一次完成离子迁移试验或热破坏试验的全部试验。其计算机控制及数据采集测试系统泄漏电流测量范围为 10^{-11}~10^{-2}A，实现了远距离监控、自动报警和故障排除后的自启动。

（二）应用及效果

试验室所有改造和新建设备均已正常运行。已开展的试验研究工作有为三峡至广东直流输电工程进行的绝缘子抽样试验和其他直流输电工程要求的外绝缘试验，国家发展和改革委员会下达的"直流输电外绝缘特性研究"工作，包括与抚顺、西安电瓷厂合作开发国产直流电站绝缘子的研究。

经济与社会效益通过满足在建直流工程所用绝缘子的型式试验和抽样试验、满足国产直流电站绝缘子的研制与开发、满足直流换流站设备和输电线路污秽外绝缘设计的需要来实现。直流工程进口电瓷设备的验收和国产直流电站绝缘子的研制为国家节约了大量外汇，合理有效的外绝缘设计产生了很大的经济效益。

三、武汉高压研究所电力系统电磁兼容实验室建设

电力系统电磁兼容实验室主要是为系统地开展电力系统电磁兼容技术的研究，解决电力系统电磁兼容问题，以及电力系统使用的电力、电子产品的质量检测而建设的。

（一）建设能力

运用电磁兼容测试技术，设计建设的电力系统电磁兼容实验室能力如下：

（1）电磁兼容测试专用车（以下简称"测试专用车"）的方舱尺寸为 4.3m×1.8m×2.0m。方舱配有 10 路信号输入（预留有光纤通道），配备了数字暂态记录仪、示波器、电磁骚扰接收机和计算机等。

（2）电波暗室的有效可用空间为 10.8m×6.8m×7m。吸波材料的工作频率为 26MHz～18GHz。

（3）电磁兼容实验室包括：抗扰度实验室，低频电磁场实验室，研发用实验室等。抗扰度实验室能进行 IEC 61000－4 系列标准的全部试验；同时还可以进行各种低频和高频传导骚扰的测量，如谐波测量、无线电骚扰电压和吸收功率测量等，配备两套进口电磁骚扰接收机和相应配件；直径为 3m 的平板电极可产生标准的低频电场。

（二）应用及效果

利用实验室逐渐完善的测试条件，完成了一系列的科研、试验和标准化工作。完成了 500kV 南昌变电站保护下放工作，提出了保护小室方案，并已应用于南昌变电站保护小室的设计和建设；在国内率先对用于 500kV 变电站的国产保护设备进行了抗扰度实验，完成了《500kV 变电站保护和控制设备的抗扰度要求》（DL/Z 713—2000）的编制；完成了三峡工程 500kV 线路的有源干扰、无源干扰以及对船舶的工频电场安全问题的模拟试验；制定了几十项国家标准和电力行业标准。

四、电力建设研究所分裂导线力学性能实验室建设

该实验室为三峡工程送出等超高压输电线路及未来特高压输电线路导线、金具机械力学性能的研究提供了技术支撑，对我国超高压线路和特高压线路的发展、对线路的安全运行具有重要意义。

（一）建设能力

通过专用设备设施的设计和研制，以及试验技术和试验方法的研究，实验室具备了世界一流的技术水平和试验能力，主要体现在以下几个方面：

（1）微风振动实验室的试验档距为 156.5m（自由档距为 140m）；可进行多分裂导线微风振动试验研究工作。

（2）分裂导线间隔棒实验室建有两个试验档距可进行垂直、水平、扭转不同类别的振动试验，同时还研制了顺线振动装置可进行顺线振动试验。

（3）疲劳振动实验室不仅可开展单导线疲劳试验，还可进行四分裂导线间隔棒疲劳试验。

（4）导线蠕变实验室采用立式布置，具有良好的恒拉、恒温及较高的蠕变

测量精度，可同时进行 6 根导线（地线）试件蠕变试验。

（5）大电流实验室具备 500kN 液压加荷系统和 20kN 荷重块加荷系统两套加载系统；大电流发生系统可产生 8300A 的电流，满足大容量电气试验；温度控制系统的控制精度为 ±2℃；具备进行绞线交流电阻、绞线载流量温升、金具节能试验、绞线线膨胀和绞线高温综合拉断力、液压耐张线夹及接续管高温握力的试验要求。

（6）扭力矩试验装置的建设能够为国内导线/地线、OPGW 光缆（Optical Fiber Composite Overhead Ground Wire）及钢丝绳等绞线的扭力矩试验提供服务。

（7）过滑轮试验装置的建设满足工程和科研对导线过滑轮试验的各种要求，可以开展国内导线过滑轮试验。

（二）应用及效果

实验室使用效果较好。开展了国家"九五"科技攻关项目子项目"大截面四分裂导线防振试验研究""大截面导线配套金具研制"，原国家电力公司项目"输电线路大截面多分裂导线防振技术研究""三峡工程大截面导线以及其他线路导线的疲劳性能和蠕变性能试验研究"，以及"500kV 江阴长江大跨越和 ±500kV 芜湖长江大跨越"等十几个大跨越工程的防振设计研究。

实验室试验能力填补了国内空白，达到了国际先进水平，为三峡工程送出等超高压输电线路以及特高压输电线路导线、金具机械力学性能的研究提供了技术支撑。

五、电力建设研究所杆塔试验站技术改造

试验站能够实现 500kV 双回路 30°～60° 转角塔和 1000kV 单回路直线塔的试验需要。杆塔试验站大幅度提高了我国杆塔试验能力、试验精度和技术水平，使我国杆塔试验达到了国际先进水平。

（一）建设能力

改造后的万能试验基础单腿上拔可达 4000kN，最大根开为 20m；横向加荷塔高 54m，加荷横担 6 层，挂点最大出力为 200kN；纵向加荷塔高 60m，挂点最大出力为 300kN；横向液压加荷系统有 16 个加荷点，单点最大出力为 400kN；纵向液压加荷系统有 20 个加荷点，单点最大出力为 400kN，横纵向闭锁系统工作方式统一；计算机闭环液压加载测控通道 36 个，测控系统误差小于 1%（FS），满足 IEC 标准。

（二）应用及效果

杆塔试验站技术改造项目的完成有力支撑了三峡送出工程和超/特高压联网工程，可促使杆塔结构的设计、科研工作上一个新的台阶。改造完成后，为进一步提高杆塔站自动化水平和数据分析水平，又完成了杆塔站64通道数据采集/控制系统的更新升级、图像监测和基于图像记录识别技术的位移测量系统的开发、杆塔试验模拟软件的开发，进一步提高了杆塔站的技术水平。改造后的杆塔站每年可完成20余基真型杆塔的试验，经济效益和社会效益显著。

六、网联公司 RTDS 实验室建设

网联公司 RTDS 实验室的主要功能是直流工程的仿真研究以及成套设计服务。

（一）建设能力

网联公司 RTDS 实验室最主要的是为顺应直流工程全面国产化的要求，为系统研究和成套设计服务，并对系统研究和成套设计的结果进行校验。其实验能力主要包括：①直流系统成套设计计算校核；②换流站二次系统联合功能及性能测试；③直流工程直流保护定值试验；④结合试验确定特高压直流工程的控制策略，开发出具有自主知识产权的、适用于特高压直流的离线和实时仿真直流控制保护模型；⑤特高压直流工程控制策略及故障实时仿真研究；⑥轻型直流仿真研究；⑦运行服务及运行人员培训。

（二）应用及效果

网联公司 RTDS 实验室规模和设备性能均达到国内先进水平，在国产化的直流工程中发挥了极其重要的作用。实验室对国内各厂家相关设备的主要功能/性能，以及其间的软硬件接口进行联合调试，在设备运到现场前对控制保护系统的联合功能及性能进行测试，大大减少了设备在现场的调试工作量。

七、西安高压电器研究所实验室建设

西安高压电器研究所通过"大容量试验技术开发及实验室建设（包括西安高压电器研究所三期工程分步建设方案和 800kV 断路器大容量试验系统技术改造）""±500kV 直流换流阀运行试验合成回路"和"特高压交直流输变电设备试验系统改造项目"等重大技术改造和试验方法的研究，高压电器产品试验装备水平和试验检测能力有了很大的提高，已达到世界先进水平。

（一）建设能力

西安高压电器研究所建成的超/特高压大容量试验系统可达到 550kV/63kA 整极和 800kV 1/2 极 63kA 的试验能力，是我国同类实验室中试验能力最高的，达到国际领先水平。

±500kV 直流换流阀运行试验合成回路（XIHAR I 回路）具备 50kV/3600A 换流阀组件运行试验的能力，满足 ±500kV/3000A 高压直流输电工程换流阀试验的需要。XIHAR I 回路采用输电网络作供电电源，电流源采用 12 脉波零功率运行，电压源采用 L/C 振荡产生恢复电压，采用电流引入的合成试验方式。采用短路发电机系统做阀故障电流试验，短路电流和恢复电压波形都与实际工况等价。

（二）应用及效果

大容量试验技术开发及实验室为我国西北 750kV 电网建设、对特高压的发展以及提高高压电器制造行业自主开发能力提供了有力的技术支持和试验平台，加快了我国特高压设备的自主研制及国产化进程。

±500kV 直流换流阀运行试验合成回路开发项目的完成，打破了国外的技术封锁，实现了零的突破，使我国首次具备了高压直流输电关键设备——晶闸管换流阀运行试验能力，西安高压电器研究所成为国际上第三家具有开展运行试验能力的公司。

八、西安电力电子技术研究所电力电子技术重点实验室建设

电力电子技术重点实验室是西安电力电子技术研究所为完成三峡水电站 ±500kV 超高压直流输电工程而专门建设的工程应用实验室，包括三峡工程器件工艺验证实验室、测试技术和测试试验中心。

（一）建设能力

建成大功率晶闸管生产线，达到年产芯片直径 125mm、通态电流 3000A/阻断电压 7200V 大功率晶闸管 10000 只的生产能力。大功率晶闸管作为换流阀（整流和逆变）变换电流并外送电力的关键核心器件，为三峡直流输电工程配套应用。项目产品是当时世界最高技术水平的电力电子器件，仅有 ABB 公司、西门子 EUPEC 公司拥有。

（二）应用及效果

西安电力电子技术研究所为三峡电站电力外送的三常直流输电工程提供了全部冗余器件，经统计，截至 2006 年，器件运行已 5 年多，元件失效率为

38fit。三峡左岸的三广工程，截至 2006 年，三广线仅发现损坏一只器件，失效率小于等于 10fit，远优于设计指标。在灵宝直流工程和三峡左岸的三沪工程中，晶闸管的国产化率达到了 100％，换流阀运行状况良好，至今晶闸管没有一只失效。

九、南瑞继保电气有限公司直流输电实验室建设

在南瑞继保电气有限公司直流输电实验室，电力系统物理实时仿真和数字实时仿真得到了同时应用，两种仿真试验方式互为补充，相互指导，有力保证了系统研究的可靠性和控制保护系统功能试验的全面性。

（一）建设能力

南瑞继保电气有限公司直流输电实验室自主设计建造的额定电压为 1kV、额定电流为 15A 的双极直流动模，是世界上额定电压最高、容量最大的直流动模。满足了大型直流控制保护系统整体功能和性能试验的需要。实验室还开发出 PCS-9500 高压直流输电控制和保护系统，并首创特高压交流、直流混合动模系统，可为 ±800kV 直流输电工程的系统研究和设备开发提供强力支撑，这是国外公司所不具备的。

（二）应用及效果

南瑞继保电气有限公司研制的 PCS-9500 控制保护系统，经过直流输电实验室直流仿真系统的试验验证，完成了工程化应用，已经陆续应用于葛沪直流改造工程、灵宝直流工程、三沪直流等多项国内重点工程。

十、许继集团电力系统装备（技术）实验室建设

许继集团电力系统装备（技术）实验室包括：智能电器试验中心、电力系统仿真中心、电磁兼容与安全试验中心、规约测试研究中心、软件评测中心。

（一）建设能力

"电力系统故障诊断专家"软件是国内首个可以完整分析波形特征和保护动作轨迹且易于操作的电力系统故障分析软件。除拥有其他国内外的波形分析软件的所有功能外，该软件更具有能模拟继电保护动作轨迹和进行电力系统仿真的功能。ProfiSim 换流站仿真装置利用计算机模拟的方式，建立了国内首个高压直流换流站整站系统仿真环境，与国外同类设备相比，其完全验证了控制器的总线通信、执行顺序、连锁逻辑等功能，同时模拟系统和控制器之间连线简单，节省了调试时间。

（二）应用及效果

"电力系统故障诊断专家"软件和 ProfiSim 换流站仿真装置为三峡机组单机额定容量为 700MW 的大型及超大型机组保护装置的研发和测试、晋东南至荆门 1000kV 特高压交流试验示范工程、西北 750kV 官亭—兰州东交流示范工程、高岭高压直流背靠背输电工程等提供了完整的现场仿真和试验分析环境，使我国电力系统装备研究和高压直流系统仿真技术提高到一个新的水平。

第二节　设备核心技术研发

三峡直流输电工程首次完整地引进了换流站主设备制造技术。通过三峡直流工程一步一个脚印地对引进技术的消化吸收以及工程逐步深入的实践和创新，我国直流工程设备国产化稳步前进，实现了 ±500kV 及以下直流工程设备国产化的目标。三峡直流输电工程的建设是我国直流输电技术实现国产化的重大里程碑，对我国电网建设的发展起到了重要作用。

直流设备的制造技术引进以制造部门为主，历经三常直流工程和三广直流工程，我国对世界两大直流输电工程承包商（ABB 公司和西门子公司）进行了换流站主设备制造的全面技术引进，包括换流变压器、平波电抗器、换流阀、晶闸管、直流控制保护系统等设备的设计、制造和工艺、试验，以及质保体系。

在国家的正确领导和大力扶持下，经过西北—华中背靠背直流联网工程（灵宝直流工程）作为国产化试点工程，以及三峡至上海直流工程（三沪直流工程）国产化等政策的实施，巩固和发展了技术转让消化吸收成果，形成了部分具有自主知识产权的技术。

一、重要成果

在三峡直流输电技术引进的基础上，国内企业依托工程实践消化吸收，深入开展关键技术的攻关，取得了重要的成果。

（1）完成了原国家计委下达的超高压直流输电设备国产化项目。为了进一步巩固和消化引进技术，取得具有自主知识产权的新成果，原国家计委下达了超高压直流输电设备国产化项目，项目批准文号为计高技〔2001〕1844 号。项目为针对换流站 8 种关键技术和设备进行攻关的项目，由西安电力机械制造公司主持，于 2005 年年底完成了该项目 8 个课题的全部研究和研制任务，通过了验收。取得的成果促进了引进技术的消化吸收，促进了工程的国产化。主要包括以下内容：

1）成套设备系统设计与模拟技术研究。以三广直流工程为依托，西安高压电器研究所建立了完整的数字仿真系统，具备了开展超高压直流工程成套设备系统研究与设计的条件和能力，成果支持了三沪直流工程的成套设计国产化工作。

2）晶闸管换流阀。完成了换流阀整体设计、材料的选型及特种工艺的研究；完成了光直接触发晶闸管组件关键件的开发与国产化研究，完成了换流阀电抗器组件的设计和底部柜 VBE 的研究；研制了光直接触发晶闸管换流阀。成果应用于灵宝直流工程。

3）换流变压器和平波电抗器。完成了交、直流复合电场下的绝缘特性、谐波磁场、涡流场的分析计算和程序的开发；局部放电预防措施的制定；工艺和质量控制保障措施的制定；热点分布、消除局部过热、提高产品机械强度和大型产品的运输技术等关键技术的研究。成果直接应用于三峡直流工程换流变和平波电抗器的供货生产。

4）交直流滤波器成套装置与交流连续可调滤波器。以三广直流工程为依托，对高压直流输电工程交直流滤波器成套装置的关键技术进行研究，独立完成了三沪直流工程华新换流站滤波器的成套设计任务，使制造企业具备独立进行高压直流输电工程交直流滤波器成套设计的能力；研制了有源滤波器试验模型样机及磁阀式连续可调滤波器试验样机。

5）直流氧化锌避雷器。制定了超高压直流工程用金属氧化物避雷器的技术规范；对电阻片的配方、工艺及侧面釉和渗铋技术的研究，完善老化试验装置和直流动作负载试验装置等，制定了直流工程用避雷器的试验技术规范；共研制七种避雷器，其中阀、直流母线、中性母线、滤波器等保护用的多种规格避雷器已在葛上直流工程、灵宝直流工程及三沪直流工程等工程应用。

6）直流输电控制保护设备。开发出了 Unix 和 Windows 混合平台的运行人员控制系统，界面操作更加符合国内习惯，与国外技术相比，在性能和可靠性方面得到提升；开发出功能优于国外产品的运行人员培训系统，具备与实际运行系统相同的人机界面，为运行人员的操作培训提供了有效的工具；依托灵宝直流工程，为国内第一个背靠背直流工程自行设计制造了直流控制保护设备。

7）大功率晶闸管主要原材料。研制出金属化膏新配方，攻克了超大型陶瓷管壳金属化工艺难点；采用超大尺寸无氧铜研磨新工艺，使其平面度、平行度达到设计要求；运用新型瓦特电镀液新配方，解决了超大型管壳表面镀层的均匀性、致密性问题；采用陶瓷-金属二次焊接新工艺，使管壳的气密性满足了配套晶闸管的关键性能指标；采取特殊的工艺手段，解决了残余应力引起的钼圆片变形难题；采用超大直径钼圆表面研磨新工艺，使其平面度、平行度及粗糙度达到技术要求。

8）直流套管和棒形支柱绝缘子。成功研制了±500kV/12kN、±500kV/8kN、±500kV/4kN 直流棒形瓷绝缘子；完成换流站耦合电容器用瓷套与±571kV 直流母线避雷器用瓷套的试制；提出了超高压直流复合套管和直流棒形支柱复合绝缘子技术条件；改善了高温硫化硅橡胶的老化性能、电气和机械性能，尤其是提高了材料直流电压下耐漏电起痕和耐电蚀损性；研制了直流工程用直流空心复合绝缘子和直流棒形支柱复合绝缘子；解决了超高强度瓷的配方问题、实心大直径毛坯的干法压制和空心大直径毛坯的湿法挤制技术、大伞裙的干法和湿法修坯技术、高大型绝缘子的烘房干燥和烧成等关键技术难题；完成了瓷套粘接方法的选取和相应工装的制作。

（2）国家电网公司组织了电力系统相关的科研单位、建设运行单位和设计单位，共开展了 138 项三峡输变电工程相关的科研研究课题，其中约 1/4 是与三峡直流工程国产化相关的课题，包括系统研究、成套设计、控制保护系统、设备性能/功能及接口、系统外绝缘、系统损耗、噪声/谐波/偏磁治理、系统试验、调度和运行技术等方面的研究。所有研究成果均在实施技术转让及消化吸收的同时，应用于三峡直流工程的功能规范书、成套设计、工程设计、设备技术规范、控制保护装置制造及直流系统控制策略和保护定值的确定、直流工程的调试验收等工程建设的全过程。

（3）直流控制保护系统创新。南瑞继保电气有限公司于 2001 年、2002年、2004 年先后承担了国家电网公司"直流控制保护技术引进与设备开发""超高压直流输电控制和保护系统开发研究""完全自主知识产权的新一代直流控制保护系统的开发"等项目，在引进 ABB 公司直流控制保护 MACH2 系统的制造技术基础上，坚持开发自己的直流动模实验室，通过不断的技术改进和基于自主技术的研发，全面掌握了直流控制保护技术；结合西北—华中背靠背直流联网工程（灵宝直流工程）以及葛南直流控制保护系统改造工程，基于引进技术并结合技术改进和创新，建立了国产 PCS－9500 直流控制和保护系统，为三峡右岸工程以及后续直流输电系统的直流控制保护系统国产化奠定基础。PCS－9500 直流控制和保护系统在关键技术原理、系统总体结构、系统试验测试技术等方面申请 16 项发明专利。

二、设备国产化

±500kV 及以下直流工程换流站主设备实现了国产化目标。

依托三常直流工程及相关技术引进，工程所用的 28 台换流变压器和 6 台平波电抗器中，国内采用来料加工的方式分别生产了 4 台换流变压器［西安西电变压器有限公司（简称"西变公司"）2 台、特变电工沈阳变压器集团有限公司（简称"沈变公司"）2 台］和 1 台平波电抗器（西变公司）；工程用晶闸管换流阀所用的 696 个晶闸管组件中，国内组装了 116 个；大功率晶闸管元件 72 只。总体国产化率达 30％。国内合作生产的这些产品已成功地在三常直流输电工程中投入运行。

在三广直流输电工程和贵广 1 回直流工程中，在进行补充技术引进的基础上，工程所用的 28 台换流变压器和 6 台平波电抗器中，西变公司采用与 ABB 公司联合设计、材料独立采购、合作产品整机报价的方式分别生产了 8 台换流变压器和 2 台平波电抗器。在三广直流工程和贵广 1 回直流工程中，西安西电电力整流器有限公司（简称"西整公司"）组装了两个工程的 100％的晶闸管组件。在三广直流工程所用的 4200 只大功率电触发晶闸管元件中，西安电力电子技术研究所提供了 2100 只。总体国产化率达 50％，均成功投入运行。

三沪直流工程中，换流变压器与平波电抗器、换流阀、直流控制与保护等设备的国内制造企业分别与 ABB 公司、西门子公司组成了联合体进行投标。通过联合体投标，大大加强了国内制造企业在应标、投标、设计、制造、试验乃至以后的安装、调试以及售后服务等方面参与工程的深度和广度，增强了直流输电设备国产化的能力。通过这一重要措施，实现了全面、完整、深入的直流设备国产化，国内独立生产共 14 台换流变压器、3 台平波电抗器、1 个极的换流阀及超过 70％的晶闸管元件。总体国产化率达 70％，均成功投入运行。

三峡直流工程填补了我国直流输电工程换流站主设备国产化的空白。

三、灵宝直流工程

灵宝直流工程换流站工程是"十五"末期实现全国联网战略目标的一个重要工程。

（1）它的建设跟我国电力工业的发展现状和具体国情有着密切的联系。灵宝直流工程建设之前，我国已经实现了东北电网、华北电网、华中电网、华东电网、南方电网之间的互联，只有西北电网仍孤立在外。灵宝直流工程的建设实现了我国主要电网之间的互联，它的建成投产有利于我国电力工业在更大范围内实现优化资源配置，有利于电网调峰、错峰以及水电、火电的相互调剂，有利于缓解局部地区电力外送困难和供应紧张的局面，对调整能源结构、促进电力可持续发展具有非常重要的意义。

（2）从我国直流输电技术的产业升级来说，灵宝直流工程的建设也具有极其重要的战略意义，具有其必然性。尽管我国在 20 世纪 90 年代初就建成第一个超高压直流输电工程，但在灵宝直流工程建成前，我国建成的超高压直流输电工程，包括已建成或在建的葛南工程、天广工程、三常工程、三广工程、贵广工程等，均采取国外设备制造商总承包、总负责，在技术上类似于"交钥匙"的建设模式，国内厂家主要通过技术引进和国产化协议分包了部分设备制造，不能完全体现出我国直流输电的生产技术和科研水平。这客观上要求我们必须在借鉴国外成熟经验的同时，通过刻苦钻研和积极探索，进行自主攻关，加强对直流输电的生产和制造技术的研发力度，实现在关键技术领域的突破，取得一批具有自主知识产权的重大成果，走出一条直流工程国产化的道路，实现跨越式发展。

根据国家对直流国产化的要求，国家电网公司把灵宝直流工程作为我国第一个直流设计及设备国产化的示范试验工程。灵宝直流工程完全采取立足于国内生产和制造的方式建设，系统研究、成套设计和工程设计完全由国内单位承担，主要设备实现了 100% 国产化，项目管理由业主全面负责。工程的建设完工突破了我国电力科研和建设单位在以往直流工程中的工作范围，彻底摆脱了对国际技术寡头的依赖，创造了国内直流工程的多个"第一次"：第一次自主进行咨询研究和功能规范书编制；第一次自主进行工程的系统研究和成套设计；第一次自主进行阀厅和交流滤波器布置设计；第一次采用两种不同的换流阀技术；第一次采用两种不同的控制保护技术并交叉控制不同技术的换流阀；第一次自主进行设备制造；第一次自主进行工程调试。

灵宝直流工程的建设完工是对直流国产化的全面考核和检验，是实现直流国产化从量的积累达到质的飞越的关键环节，是我国直流输电工程国产化的重要里程碑。对于我国今后独立自主建设大型直流输电工程，对于直流设备的完全国产化，对于我国电网建设事业的发展，都具有极其重要的示范性和指导性意义。它的建成标志着我国直流输电国产化达到了一个前所未有的水平，标志着我国已经具备了自主设计、自主成套、自主制造和自主调试超高压直流工程的能力，标志着我国已经具备了设计和建设成套大容量、超高压直流工程的能力，达到了国际同类工程的水平，对振兴民族工业具有重要的现实意义和深远的历史意义。

灵宝直流工程是我国建设的第一个背靠背直流工程，是我国第一个在引进技术基础上实现直流输电工程全面国产化的试点工程。为了使不同引进技术流派得到全面的实践，灵宝直流工程第一个在整流、逆变两侧分别使用了电触发和光触发两种不同的晶闸管元件；同时在换流站同时使用了两种换流变和交流滤波器保护装置，并配置了两套直流控制和直流保护系统轮换使用。

灵宝直流工程是我国第一个独立自主建设的直流工程。通过灵宝直流工程全过程自主建设的锻炼，进一步加深和巩固了对引进技术的消化吸收，并不断创新，总结了大量的研究、设计、建设管理、设备制造以及现场试验的经验，取得了第一手资料。它的成功建设为我国今后自主建设直流工程打下了坚实的基础。

通过三峡直流工程国产化的历程和灵宝直流工程国产化的验证，表明我国已突破了直流输电系统研究和设备制造的核心技术，完全具备独立自主进行±500kV及以下直流工程建设的能力。

获国家电网公司科技进步一等奖和中国电力科学技术进步奖二等奖的灵宝直流工程，以及获国家电网公司科技进步特等奖的葛沪直流工程二次系统的成功改造，充分证明了我国有能力独立完成±500kV及以下直流输电工程的现场调试任务。

第三节　设备可靠性

一、可靠性指标

三峡直流输电工程技术成熟，设备先进，其运行可靠性指标高，2012年和2013年能量可用率均超过了90%，系统有较高的可靠性。

三常直流输电工程是三峡电力外送华东的主通道，2013年输电量达到了112.58亿kW·h，有效地缓解了华东地区用电紧张的局面。三广直流输电工程担负着三峡电力向南方电网输送3000MW的重任，是三峡电力外送的主要通道之一。三沪直流输电工程和三沪Ⅱ回直流输电工程是三峡向上海地区输电的重要通道，2013年输电总量达到了158亿kW·h。多年来，三峡直流输电工程设备运行稳定，系统安全可靠，确保了三峡工程电力的大规模外送。

2013年三峡直流输电系统可靠性指标完成情况见表4.1-1。

三峡直流输电工程的双极强迫停运次数为2次，单极强迫停运次数为9次。其中，直流一次设备、交流及其辅助设备对能量不可用率的影响越来越小，主要是因为随着设备结构的优化，元部件的故障率降低了，系统的可靠性相对提高了。控制和保护方面的多重化也使得系统的可靠性得到改善和提高。直流停运的主要原因是恶劣天气、山火引起的线路故障。

表4.1-1　　　　三峡直流输电工程可靠性指标完成情况

直流系统	年份	能量可用率/%	强迫能量不可用率/%	计划能量不可用率/%	双极（单元）强迫停运次数	单极（单元）强迫停运次数	年度累计输送电量/（亿 kW·h）
三常直流	2013	96.10	0.10	3.79	1	1	112.58
	2012	97.482	0.069	2.450	0	2	98.69
	同比	−1.382	0.031	1.34	1	−1	13.89
三广直流	2013	97.21	0.61	2.18	0	4	126.69
	2012	96.54	0.005	3.453	0	1	156.09
	同比	0.67	0.605	−1.273	0	3	−29.4
三沪直流	2013	97.47	0.02	2.51	0	1	102.50
	2012	96.025	0.000	3.975	0	0	123.24
	同比	1.445	0.02	−1.465	0	1	−20.74
三沪Ⅱ回直流	2013	95.10	0.84	4.07	1	3	55.50
	2012	94.224	0.372	5.405	0	1	70.17
	同比	0.876	0.468	−1.335	1	2	−14.67

二、可靠性比较

为了考察三峡直流输电工程的可靠性指标，评估时选取了2008年国内外直流输电工程可靠性指标，见表4.1-2。

表4.1-2　　　　国内外直流输电工程可靠性指标

排名	国家	直流输电系统	投运年份	额定功率/MW	强迫停运次数（单、双极）
1	中国	三沪	2006	3000	1
	中国	灵宝	2005	360	1
2	日本	Kii hannel	2000	1400	2
3	中国	三常	2003	3000	4
4	美国	CU	1979	1138	5
5	中国	葛南	1989/1990	1200	6
	中国	三广	2004	3000	6
	中国	天广	2000/2001	1800	6
8	巴西	Itaipu BP1	1985/1986	3150	7
9	巴西	Itaipu BP2	1985/1986	3150	8

排名	国家	直流输电系统	投运年份	额定功率 /MW	强迫停运次数 （单、双极）
10	中国	贵广Ⅰ	2004	3000	9
11	印度	Chandrapur	1998	1000	10
12	印度	Rihand-Dadri	1991	1650	15
13	中国	贵广Ⅱ	2007	3000	16
14	印度	Talcher-Kolar	2003	2000	17
15	加拿大	Nelson River BP1	1973/2003	1855	36
16	加拿大	Nelson River BP2	1978/1983	2000	40
单工程年平均闭锁次数（单极＋双极）					11.75

从表 4.1-2 中国内外直流输电工程的可靠性指标可以看出，三峡直流输电工程的设备故障率低，直流输电技术先进，可靠性指标整体优于国外工程，处于国际领先水平。其中，三常工程是当时世界上输电规模最大的直流工程，设备可靠性居于世界前列；三沪工程当年的强迫停运次数仅为 1 次，是发生故障最少的工程，设备可靠性居于世界首位。

三峡直流输电工程技术成熟，设备先进，工程可靠运行效果较好，保障了三峡工程电力的大规模外送。以 2013 年为例，三峡直流工程的双极强迫停运次数共 2 次，单极强迫停运次数共 9 次，主要原因是恶劣天气、山火引起的线路故障。随着设备结构的优化，元部件的故障率降低，系统的可靠性相对提高。同时控制和保护的多重化也使得系统的可靠性得到改善和提高。

第四节　人　才　培　养

三峡输变电工程充分发挥了现有科研机构作用，在产、学、研、用有机结合的框架下，整合了电力系统内外及全国范围内各方面的科技力量，充分发挥了各自特长。在技术引进、消化、吸收、再创新的过程中，用合同的形式规定了中外合作、中方多做工作、外方负责的方式，在发挥国外专家技术优势的同时，锻炼了国内的专业队伍，培养了一批输变电设备设计制造的专业人才，掌握了各类电力变压器和高压电抗器的设计、制造、试验等方面的核心技术，以及超高压直流设备关键技术，为后续更高电压等级、更大容量交直流工程设备研发奠定了良好基础。

第 二 章

设 备 国 产 化 水 平

第一节 直 流 设 备

与世界已建直流工程设备容量相比，三峡直流工程属当时最大型的直流工程，其电流额定值为世界最高，是国际设备制造业的一个难题，也是设备国产化面临的巨大挑战。实现了±500kV及以下直流工程换流站主设备的国产化。从三峡直流工程换流站设备制造的国产化历程来看，不仅国内生产的设备份额逐步增加，而且从三常直流工程的分包生产，发展到三广直流工程的合作生产，直至三沪直流工程的中外联合体投标生产，我国直流设备的国产化进程稳扎稳打，国产化能力得到了质的飞跃发展。依托三峡工程，国内直流输电技术与设备制造水平有了很大的提高。三峡直流工程主要设备包括换流变压器、平波电抗器、换流阀及晶闸管、直流控制保护系统和直流场设备。

在控制保护制造能力上，南京南瑞集团公司在三峡输变电工程建设中发展壮大成为具有世界领先水平的保护控制产品制造商，其制造能力排名世界第二位。

可控硅元件、可控硅阀、换流变压器、平波电抗器、交流滤波器设备、交流场变电设备、电容器、电抗器、电阻器及站用电系统设备、阀内冷设备、阀外冷设备、阀厅空调和通风设备、电缆的国产化，扩展了我国输变电设备的供货来源，有力地推动了电网技术的升级。

三峡输变电工程胜利完工，标志着我国已经具备成套大容量、超高压直流工程的设计和建设能力，标志着我国直流输电国产化能力的全面提升，也标志着我国彻底摆脱了对国际技术寡头的依赖，对于我国今后独立自主建设大型直流输电工程，具有重大指导性意义和典型示范作用，这是直流输电技术国产化的重要里程碑。

三峡直流工程填补了我国直流输电工程换流站主设备国产化的空白。

一、换流变压器和平波电抗器

换流变压器是直流输电工程中的重要主设备之一，其场强分布、绝缘特性等与常规交流变压器有很大区别，换流变压器还必须满足承受直流系统产生谐波，以及偏磁性能必须满足技术规范等特殊的要求。

平波电抗器主要用于抑制谐波、限制直流短路电流、避免低功率状态下直流电流的断续、减少连续换相失败概率。平波电抗器和直流滤波器一起构成直流 T 型谐波滤波网，减小交流脉动分量并滤除部分谐波，减少直流线路沿线对通信的干扰。

三常、三广和三沪直流工程两端换流站采用单相双绕组的换流变压器，每极 6 台，每站各 14 台（其中 2 台为备用），绕组接线 Yy、Yd，变压器漏抗 16%。送端站单台变压器的额定容量为 297.5MVA，额定电压为（525/$\sqrt{3}$）/210.4kV、（525/$\sqrt{3}$）/（210.4/$\sqrt{3}$）kV，抽头调节范围为 $-5\%\sim+25\%$，每级为 1.25%，冷却方式为 OFAF。受端站单台变压器的额定容量为 283.7MVA，额定电压为（500/$\sqrt{3}$）/200.4kV、（500/$\sqrt{3}$）/（200.4/$\sqrt{3}$）kV，抽头调节范围为 $-2\%\sim+26\%$，每级为 1.25%，冷却方式为 OFAF。换流站的操作过电压水平为 1300kV，雷电过电压水平为 1550kV。两站采用油浸式平波电抗器，每极 1 台，每站 3 台（其中 1 台备用），单台平波电抗器额定电感为 270mH，持续运行额定电流为 3047A。

三沪 II 回直流工程两端换流站采用单相双绕组的换流变压器，每极 6 台，每站各 14 台（其中 2 台为备用）。绕组接线 Yy、Yd，变压器漏抗 16%。送端站单台变压器的额定容量为 297.6MVA，额定电压为（525/$\sqrt{3}$）/210.4kV、（525/$\sqrt{3}$）/（210.4/$\sqrt{3}$）kV，抽头调节范围为 $-5\%\sim+25\%$，每级为 1.25%，冷却方式为 OFAF。受端站单台变压器的额定容量为 280.8MVA，额定电压为（500/$\sqrt{3}$）/198.6kV、（500/$\sqrt{3}$）/（198.6/$\sqrt{3}$）kV，抽头调节范围为 $-2\%\sim+26\%$，每级为 1.25%，冷却方式为 OFAF。换流站的操作过电压水平为 1300kV，雷电过电压水平为 1550kV。两站采用油浸式平波电抗器，每极 1 台，每站 3 台（其中 1 台备用），单台平波电抗器额定电感为 270mH，持续运行额定电流为 3047A。

国内企业在三常、三广直流工程技术引进的基础上，开展了换流变压器和平波电抗器的国产化研制，各工程国产化情况见表 4.2-1。

表 4.2-1　　　　　　　三峡输变电直流工程设备国产化情况

工程名称		三常直流工程	三广直流工程	三沪直流工程	三沪Ⅱ回直流工程
国产化情况	换流变压器	ABB 公司设计、国内生产 4 台	ABB 公司设计、国内生产 8 台	ABB 公司设计、国内生产 14 台	国内设计和生产
	平波电抗器	ABB 公司设计、国内生产 1 台	ABB 公司设计、国内生产 2 台	ABB 公司设计、国内生产 3 台	国内设计和生产

1999 年 4 月，三峡水利枢纽启动修建。当时国内还没有厂家能独立完成 ±500kV 超高压直流输电用换流变压器和平波电抗器设计与制造，国内唯一一家具有运行业绩的西变公司，产品的最高电压等级为 110kV，容量只有 63MVA，无法满足需求。为了满足我国电力事业建设的发展和国民经济快速增长的需要，通过科研攻关、技术创新、实现产品的国产化是亟待解决的重大核心技术问题。

1954 年世界上第一条商用直流输电工程投运，至今已经历了近 60 年的发展历程，特别是近 20 年来，随着电力技术、计算机技术的飞速发展，促进了直流输电技术水平的提高，并迅速在世界范围内得到推广应用，已有成熟的 ±600kV 换流变压器的设计制造技术，1981 年完工的巴西伊泰普直流输电工程，输送容量为 2×3150MW，电压等级为 ±600kV，电流容量为 2625A，输送距离约 800km。它是当时世界上输送容量最大电压等级最高的直流输电工程。随着整体技术水平的提高，直流输电技术朝着特高压和大容量方向发展，从产品的技术水平和工艺水平来看，ABB 公司、西门子公司属于国际一流水平。

为了能使国内设备制造厂家能很快地赶上国际水平，加快重大设备国产化进程，国家启动了"十五"重大装备国产化研制的战略部署。西变公司承担了"超高压直流输电工程用换流变压器、平波电抗器国产化研制"项目的科研攻关任务，依托三峡以及后续 ±500kV 超高压直流输电工程开展换流变压器和平波电抗器的国产化研制。

"超高压直流输电工程用换流变压器、平波电抗器国产化研制"项目的顺利完成，使我国在 ±500kV 直流输电工程用换流变压器和平波电抗器设计、制造等技术方面真正上了一个台阶，主要表现在以下几个方面：

（1）系统地进行了换流变压器和平波电抗器技术理论及相关标准的研究，掌握了国际最新的换流变压器和平波电抗器技术，掌握了国际直流输电技术最新的研究方向。

（2）对换流变压器和平波电抗器设计的关键技术和重要问题进行了深入研究，如直流偏磁、谐波电流对换流变压器的影响和损耗计算，极性反转电压在多介质中的计算和分析，换流变压器和平波电抗器负载噪声的计算等。

（3）对换流变压器和平波电抗器设计了 60 多个计算机程序和 CAD 软件，源代码计算程序和数据库，尤其对高级参数化设计系统进行了优化和创新，推广应用在工程中。

（4）验证计算了国际上其他成功的、与三峡直流工程相似的直流工程用换流变压器和平波电抗器的技术规范和计算单，确认了自主技术的完整性和有效性，加快了西变公司全面系统、完整地掌握超高压直流输电工程用换流变压器和平波电抗器设计与制造技术。

（5）通过灵宝换流站用设备的自主研发，依托三峡直流输电工程的实施，完整地掌握了超高压直流输电工程用换流变压器和平波电抗器的工艺技术、制造技术和试验技术，获得了丰富的生产管理、质量管理经验。

（6）成功地解决了大型换流变压器的运输问题，为企业今后设计、制造巨型变压器的运输积累了经验，创造了极有利的条件。

（7）独立完成了西北—华中联网工程灵宝换流站用换流变压器和平波电抗器的设计、制造、试验和材料采购等，实现了应用自有技术研制国产超高压直流工程用换流变压器和平波电抗器的目标。

（一）主要研究内容

通过三峡送出工程的建设，使我国在 $\pm 500 \mathrm{kV}$ 直流输电工程用换流变压器和平波电抗器设计、制造等技术方面真正上了一个台阶。在换流变和平波电抗器方面主要开展的研究工作主要包括以下几个方面：

（1）交直流复合电场绝缘特性。根据产品的绝缘特点完成了科研攻关：①换流变压器阀侧线圈的电压分布研究及计算；②换流变压器阀侧线圈的稳态电压分布研究及计算；③换流变压器阀侧线圈的瞬态电压分布研究及计算；④直流电场、交直流混合电场的算法及特性研究；⑤直流电场的有限元算法及其分布特性研究；⑥交直流混合电场、极性反转电场的算法及分布特性研究算法分析、交直流混合电场分布特性、极性反转电场分布计算；⑦换流变压器直流电场、交直流混合电场的计算程序开发等。经过计算机进行量化计算以及模型实验和验证，并转化成企业的自有技术，用在产品的设计与制造中。

（2）交直流复合电场作用下局部放电机理及预防措施的研究。针对换流变压器和平波电抗器的绝缘特点开展了以下研究：①进行了不同外加电压作用下绝缘的局放特性分析（直流电压作用、交直流混合电压作用、极性反转作用），分别计算分析直流电压、交流＋直流和极性反转电压作用下不同材料中最大场强的变化特性；②绝缘设计原则研究；③影响绝缘耐压强度的若干因素研究（直流电压作用下交、直流混合电压作用）；④换流变压器端部绝缘实例分析计算。

（3）三维谐波磁场、涡流场的分布与计算热点分布及消除局部过热措施。解决了以下技术难题：①换流变压器涡流场的计算；②换流变绕组的涡流场和热点温升计算；③铁芯夹件、油箱壁等的涡流损耗计算等。

（4）换流变压器和平波电抗器油色谱的监测和内部绝缘热老化状态分析。解决了以下技术难题：①绝缘油和纸质绝缘的分解产物确定；②绝缘热老化是影响产品寿命的主要原因；③换流变压器和平波电抗器内绝缘的老化特性；④绝缘油的油色谱分析与绝缘热老化状态。

（5）提高产品电气强度、机械强度、一次试验合格率和运行可靠性的研究。换流变压器和平波电抗器的内部绝缘承受强大的直流电场作用，直流电场吸附杂质的特性是导致固体绝缘电损坏的主要原因，而且这种电损伤是不可逆的。在产品形成的过程中对环境的要求很高，对材质、工艺过程、设备的要求很高，这些高要求集中体现在过程中的净化和过程中的质量控制。因为只有通过质量控制，才能保证提高产品电气强度、机械强度、产品一次试验合格率和运行可靠性。

在科研攻关过程中，针对上述影响产品一次试验合格率和运行可靠性的诸多因素，对换流变压器和平波电抗器的设计理论、相关标准进行了深入系统的学习、讨论和研究，验证了涵盖换流变压器和平波电抗器的设计规范50多份，如直流偏磁、谐波电流对换流变压器的影响和损耗计算，极性反转电压在多介质中的计算和分析，以及负载噪声的计算等，进一步完善了质量控制体系。

（6）平波电抗器外绝缘特性及防污闪的研究。平波电抗器的外绝缘是指暴露在大气中的直流套管的外绝缘。由于在系统中平波电抗器的套管长期承受的是直流电场的作用，因此就直流电压下的外绝缘特性开展了以下研究：①环境对平波电抗器外绝缘的影响；②污秽对平波电抗器外绝缘的影响；③平波电抗器外绝缘防污闪的措施。

对平波电抗器直流套管外绝缘影响较大的主要因素有环境和直流套管表面积污，可以采取相应的措施消除不利因素：①现场维护措施包括定期清扫、加装带电水冲洗设备、加装硅橡胶辅助伞裙、更换绝缘性能好的直流套管；②设计措施包括增加直流套管的伞裙直径并合理设计伞裙角度、增加直流套管的有效爬电距离（其是提高污闪和湿闪电压最有效的手段）、采用防污性能好的瓷釉加装硅橡胶辅助伞裙、采用干式复合直流套管。

（7）冷却结构及油流带电的研究。通过使用变压器温升计算程序、线圈内部温升计算程序及线圈热点温升计算程序对超高压换流变压器和平波电抗器的温升进行计算以及对各专题进行深入研究验证，在采用 OFAF 冷却方式情况下，换流变压器和平波电抗器油平均温升、油面温升、线圈温升及线圈热点温升均完全满足技术协议要求，可以说在换流变压器和平波电抗器上采用强迫油循环风冷 OFAF 冷却方式是完全可行的，其主要优势为：①在换流变压器及平波电抗器设计中，采用 OFAF 冷却方式可以消除油流带电对产品性能的影响，产品绝缘性能的稳定性及可靠性更高；②在选择了合适的冷却结构及冷却装置后，完全可以满足换流变压器及平波电抗器冷却要求；③采用 OFAF 冷却方式的变压器产品在油箱及器身加工制造方面较 ODAF 方式更简单可靠，具有更好的经济性。

（8）高强度紧凑型油箱结构的研究。三峡直流工程使用的换流变压器和平波电抗器都属于容量大、体积大的超大型产品。由西变公司生产的换流变压器和平波电抗器将通过公路、铁路和水路运抵三峡工地。解决运输问题是西变公司参加三峡直流工程建设的重要专题，因此，西变公司对下述关键问题进行了科研攻关：①三峡换流变压器的运输条件；②高强度紧凑型油箱设计；③油箱内绝缘距离的优化设计；④油箱内控制漏磁场的优化设计；⑤油箱机械强度的优化设计（油箱箱底设计、油箱箱壁及加强筋设计、油箱箱盖设计）。

通过计算机程序量化计算、大量的模型测试、对各种路况的实地考察、科研攻关和技术创新，得出结论如下：①对于三峡工程中所用的换流变压器，采用侧承梁承载方式进行运输，无论是铁路或公路运输，均可将产品运到现场，完全解决了大型产品的运输问题；②在油箱设计时，通过对电场、磁场及机械性能的全面分析，可以大大缩小油箱外形尺寸，减轻油箱重量，简化油箱加强结构，提高产品的整体经济性能；③通过进行高强度紧凑型油箱结构的研究，在现有运输条件下，西变公司有能力设计制造更大容量、更高电压的交、直流产品。

（9）换流变压器和平波电抗器 CAD/CAM 系统的开发。通过对换流变压器和平波电抗器 CAD/CAM 系统的开发，达到满足向西北—华中联网工程灵宝换流站、三峡二期直流输电工程和国内其他直流工程生产设备的需要，确保西变公司在短期内形成设计、制造与国外一流公司具有同等水平的换流变压器和平波电抗器产品的能力，提高工厂设计、制造交直流输变电设备的总体水平。

研究工作主要包括：换流变压器优化计算程序，平波电抗器优化计算程序，损耗、阻抗、路力计算程序，线圈波分布计算程序，饼式线圈换位图自动生成程序，螺旋式线圈换位图自动生成程序，铁芯机械设计程序，器身机械设计程序，线圈机械设计程序等，覆盖了变压器和电抗器电气设计和结构设计整个过程。目前 CAM 系统已经在产品绝缘加工、油箱加工等工序中得到广泛应用，大大提高了产品的制造水平和质量水平。

研究工作完成了主要程序和使用说明书的编制整理，形成了自有技术，在西北—华中联网工程灵宝换流站产品上得到了验证，为这些程序的推广使用打下了基础。满足了多用户登录使用程序的需要，达到了预期效果：①采用先进的电场分析软件对换流变交直流及极性反转下的电场进行全面的量化分析计算，合理布置线圈、器身、引线的绝缘结构，严格控制绝缘介质中的场强，大大提高了产品的安全可靠性；②应用最新的研究成果，通过合理选择铁芯磁密和紧固、减振结构，有效地减小了直流偏磁所引起的铁芯损耗和偏磁噪声；③采用先进的电磁场分析软件，对变压器的漏磁场进行量化计算，通过多方案对比，合理选择导线规格和紧固结构，有效地降低了谐波在变压器绕组中产生的涡流损耗，降低了绕组的热点温升，提高了产品的性能和安全可靠性。

（10）工艺措施、工艺装备及质量控制的研究。根据超高压直流输电设备国产化开发项目"超高压直流输电工程用换流变压器、平波电抗器国产化研制"专题的要求，提高国产超高压直流输电设备设计和制造水平，在工艺措施、工艺装备及质量控制方面开展国产化科研攻关：①工艺措施、新材料、新工艺的开发；②制造过程的质量控制；③制造过程中的净化处理；④针对我国电力发展中长期目标进行技术改造。完善了自有质量控制体系，新的质量体系已经在三峡—广东线和西北—华中联网工程灵宝换流站产品的制造中应用，实践证明是成功的，在新的质量控制体系下进行设计、制造、试验等工序，每个岗位都有质量保证的具体措施，把提高产品质量控制在设计、制造的过程中，确保产品总终质量和送试合格率。

（11）国内采购特殊材料的研究。西北—华中联网工程灵宝换流站产品的设计制造，需要采用一些特殊的材料和组件，这些特殊材料和组件大多需要从国外采购，价格昂贵。因此进行特殊材料的国产化研究具有重要意义。

研究的内容主要有材料和组件两大类。材料类主要包括高性能硅钢片、高强度铜线、直流产品用变压器油、绝缘纸板、绝缘成型件、高强度钢板、圆钢以及一些特殊材料。组件类主要包括高压直流套管、高压交流套管、有载分接开关、低流量冷却器以及各种有特殊要求的继电保护装置。

（12）采购了一批关键专业设备，如高频焊机、电动线圈吊具、400t 线圈压床、900t 液压设备、油冲洗设备、高精度大型滤油机、1000kV 工频试验变压器、5000A 带滤波装置的电流源、1600kV 直流电压发生器及极性反转试验设备等，有效保证了产品质量，提高了直流产品的批量生产能力。

（二）创新点

通过三峡工程，我国掌握了超高压直流输电工程用换流变压器和平波电抗器设计制造技术，具备了设备国产化研制能力，并通过集成创新，形成了具有自主知识产权的自有技术体系，为后续特高压直流换流变压器和平波电抗器的国产化打下了良好的技术基础。取得的技术创新点如下：

（1）形成了具有自主知识产权的换流变压器及平波电抗器的分析计算软件平台。独立自主开发出计算软件以及最新的商用电磁场及热场分析软件。所有这些软件的计算结果与实际产品进行对比验证，形成了一套完整、成熟的可指导实际产品设计的计算程序及技术数据控制标准体系。

（2）形成了产品制造工艺流程及质量控制体系。通过"超高压直流输电工程用换流变压器、平波电抗器国产化研制"项目科研攻关形成的质量控制方法，结合技术人员、设备及生产体系，进行了大量工艺流程的升级及技术调整，完成了整套适用于超高压直流换流变压器和平波电抗器生产制造的工艺流程，完成了整套适用于换流变压器和平波电抗器生产制造过程的质量控制和保证体系，制定了可行的检查位置及检查方法。通过在实际产品生产制造中的运用，验证了新的工艺流程及质量控制体系的可靠性。

（3）完成了大量新材料的国产化研究，研究成果已经在实际产品中得到应用。研究成果主要包括：高强度自粘型复合导线、铁芯用无收缩油道垫块、铁芯柱高强度半导体绑扎带、新型铁芯拉板及轴头、铁芯轴头绝缘护套、铁芯定位绝缘套、新型铁芯垫脚绝缘、电抗器用新型气隙垫块、电抗器用高强度压梁、夹件绝缘护套等。这些新型材料的应用提高了产品的国产化率和整体性能，保证了国产换流变压器和平波电抗器的质量。

（4）完成了大量新结构的研究，并在国产化产品设计中得到推广运用。其中有代表性的包括：单相三圈换流变压器阀侧出线结构、阀侧引线与套管连接的绝缘屏蔽结构、高填充率低损耗的线圈和器身结构、紧凑型高压出线结构、平波电抗器双心柱铁芯结构、平波电抗器铁芯新型接缝结构、多根插花纠结式线圈结构。

（三）实际应用和经济性

"超高压直流输电工程用换流变压器、平波电抗器国产化研制"科研攻关项目取得了圆满成功，突破了在该领域内制约我国±500kV级及以上电压等级直流输电工程用换流变压器和平波电抗器产品国产化研制的技术瓶颈，扭转了±800kV特高压直流输电设备制造技术完全依赖国外的局面。

该项目的科研成果主要应用于产品的研发、设计和制造之中，主要应用项目如下：

（1）用于灵宝直流工程的 ZZDFPSZ – 143600/330 换流变压器、PKDFP – 120 – 3000 – 120 平波电抗器均已在现场满负荷安全运行，得到了工程的检验，产品均通过了国家行业新产品鉴定。

（2）用于东北—华北联网工程高岭 500kV 背靠背换流站换流变压器，首批产品自 2007 年 8 月 20 日相继通过全部型式试验、特殊试验和例行试验，各项指标完全满足工程的技术要求。

（3）用于云南—广广 ±800kV 直流输电工程用换流变压器的设计与制造。

（4）用于向家坝—上海 ±800kV 直流输电工程用换流变压器和平波电抗器的方案设计。

（5）用于"十一五"国家科技支撑计划"±800kV 换流变压器的研究开发"项目的研究和样机研制中。

（6）用于"十一五"国家科技支撑计划"±800kV 干式平波电抗器的研究开发"项目的研究和样机研制中。

由于高压直流输电没有容性充电电流的影响，线路损耗低，输电效率高，通信系统干扰、电磁辐射小，输电走廊占地面积小，在长距离输电中比交流输电更为经济，更有利于环境保护；在电力系统中，还可以联络不同的电网，限制系统短路容量增大，提高运行可靠性和灵活性。因此，在电力系统中的应用将越来越广泛。

随着高压直流输电的发展，按照每条直流输电线用 28 台换流变压器、6 台平波电抗器估算，国内超高压、特高压直流输电工程用换流变压器和平波电抗器需求量将达到几百台，国产设备的价格要比同类进口设备的价格低 25% 左右，市场前景广阔，经济效益显著。

二、换流阀及晶闸管

换流阀是直流输电工程的特有设备，是将送端交流变为直流，然后再变回交流送入受端交流系统的主设备。

超高压换流阀原理特点：换流阀由 6 个四重阀组成，其中 3 个在整流站，3 个在逆变站。换流阀是换流站中的主要设备，其作用是把交流电力变换成直流电力，或者实现逆变换。直流换流阀的基本单元采用三相桥式接线，±500kV 超高压换流阀是由两个三相桥串联构成一个 12 脉动换流阀，其主要优点是在增加容量的同时还能减少谐波分量。

阀结构设计特点：阀结构设计基本原则为高可靠性，便于维护，便于现场快速简便安装，标准化。

三常、三广、三沪直流工程采用 ABB 公司的 5in 电触发（ETT）的晶闸管元件。两端换流阀均采用空气绝缘，水冷却，户内悬挂式，双重阀结构。整流站每个换流阀由 15 个组件、90 个晶闸管组成；逆变站每个换流阀由 14 个组件、84 个晶闸管组成。每个换流阀中有 2 个冗余晶闸管，每个组件有 6 个晶闸管。晶闸管的额定电压为 7.2kV，额定电流为 3000A，浪涌电流为 36kA。

三沪Ⅱ回直流工程采用中国电力科学研究院研发的基于 AREVA 技术的 5 英寸电触发（ETT）的晶闸管元件；两端换流阀采用空气绝缘，水冷却，户内悬挂式，双重阀结构。整流站每个换流阀由 8 个模块、87 个晶闸管组成；逆变站每个换流阀由 8 个模块、83 个晶闸管组成。每个换流阀中有 2 个冗余晶闸管，每个模块有 10～12 个晶闸管。晶闸管的额定电压为 7.2kV，额定电流为 3000A，浪涌电流为 36kA。

通过三峡工程，逐步实现了从晶闸管组件到换流阀整体的国产化，三峡输变电直流工程换流阀国产化情况见表 4.2-2。

表 4.2-2　　　　　　　　三峡输变电直流工程换流阀国产化情况

工程名称	三常直流工程	三广直流工程	三沪直流工程	三沪Ⅱ回直流工程
国产化情况	ABB 公司设计、国内组装 116 个组件	ABB 公司设计、所有组件国内组装	联合设计、国内组装 1 个极，并生产 1 个极	国内设计和生产

国内企业经过三常直流工程技术引进及合作生产，晶闸管换流阀所用的 696 个晶闸管组件中，国内组装了 116 个，制造大功率晶闸管元件 72 只，学习了高压直流输电换流阀的设计、制造技术，首次完全独立设计、制造和试验 ±500kV 超高压换流阀。在三广直流工程中，国内组装了两个工程所有的晶闸管组件。国内供货了 2100 只大功率电触发晶闸管元件（共 4200 只）。在三沪直流工程中，国内供货一个极换流阀及超过 70％数量的晶闸管元件。三沪Ⅱ回直流工程全部采用了国产晶闸管元件和换流阀。

（一）工程整体创新特色

1. 三常直流工程

经过三常直流工程技术引进及合作生产，学习了高压直流输电换流阀的设计、制造技术。但是，完全独立地设计、制造和试验 ±500kV 超高压换流阀仍是首次。在三常直流工程中，技术人员通过采用 MATHCAD 编制的计算电气参数软件，设计完成如晶闸管参数、电压电流应力、各种绝缘距离的选择、换向过冲的确定、损耗、电抗器参数、保护值和保护回路、冷却水温、大气条件的校正计算等。此外，采用计算的主回路电气参数建立数学模型，通过

EMTAD 仿真软件，对主回路电气参数在各种工况和冲击情况下进行了仿真，经过反复修正，完成了最佳参数的确定。结构设计采用 MicroStation 软件，阀塔结构设计更加直观。

通过在阀结构中使用简单和标准化的部件和设计一个重量轻、简洁且易于组装的晶闸管阀来实现上述原则。阀设计采用最少量的电连接和水路连接，以达到牢固和可靠的效果。

2. 三沪直流工程

三沪直流工程晶闸管换流阀设计、制造及绝缘试验的顺利完成，填补了我国在该领域的空白，说明了国内换流阀已经达到国际先进水平，意味着我国直流设备的研究与制造向着系统、全面、完整的方向迈出了一大步。主要创新点如下：

（1）自主设计。

（2）首次完成 ±500kV 超高压换流阀绝缘运行型式试验。

（3）自主完成 ±500kV 超高压换流阀电气设计计算和参数的确定，并完成了仿真设计验证。

（4）根据换流阀各种运行工况，自主完成了计算方法的研究，建立了仿真软件模型，完成了在各种冲击波下换流阀的仿真试验。

（5）自主完成 ±500kV 四重阀阀塔三维结构设计。

（6）编制水路系统、绝缘材料等各种材料选型技术规范及工艺和检查试验规范。

（7）自制工装，完成换流阀阀塔的组装。

（8）±500kV 超高压换流阀光电转换技术和可靠性的研究。

（9）完成了晶闸管阀组件和关键件的设计、检测、试验。

（10）完成了换流阀型式试验规范及试验参数的确定。

（11）独立设计换流阀绝缘型式试验电路。

（12）进行了换流阀绝缘型式试验的研究。

（13）完成了大型工程项目管理的研究并上升为企业管理制度。

（14）完成了吊装换流阀特制龙门架的设计。

（15）编制了试验用冷却水的技术规范。

（二）四重阀绝缘型式试验

三沪直流工程换流阀绝缘型式试验是一个重大的新课题，±500kV 换流阀试验能否通过，将意味着我国是否有能力独立承担超高压直流工程换流阀的设计、制造和试验。这是国内第一次进行超高压换流阀的试验，它表明换流阀的国产化在不断深入的同时，已开始向更广泛的领域发展。

技术人员遇到的首要问题是试品阀是采用双重阀还是四重阀，这对技术人员来说是一个非常艰难的选择。用双重阀做试验，在国外企业已有成功的经验可以借鉴，试验风险小；用四重阀做试验，要搭建两个双重阀，工作量增大一倍，试验成本增加，试验回路调试也更加困难，一旦试验出现问题，有可能承担巨大的损失，最大的难题是没有现成的经验可以借鉴。但四重阀试验方式的确更具合理性和真实性，完全符合现场工况，既可对试品阀进行最全面的考验，又可为国产化换流阀提供完整的试验数据。经多方论证，从提高自主创新能力和国产化的长远考虑，选择完整四重阀方案来进行试验。

试验在国内外同类设备试验中尚属首次，困难和风险是不言而喻的。为此，技术人员承担了很大的精神压力，技术人员制订了详细的试验计划，对试品阀的安装、试验设备与试品的连接、试品每一步的检测、试验中可能出现的问题及解决预案等都进行了细致的安排，编制了《3GS 阀绝缘型式试验规范》《3GS 阀绝缘型式试验参数的确定方法》《3GS 阀绝缘试验型式试验电路》等文件，并与试验人员、业主等进行了多次论证，确保试验阀在工程要求的时间内完成换流阀的绝缘型式试验，程序合规。

（三）质量控制

对三沪直流工程换流阀按照 ISO 9001 质量体系认证管理模式进行设计、生产及售后服务。

在制造和试验全过程中，注重加强过程控制，充分发挥质量保证体系的作用，在生产线确定了质量控制点，制订了详细的检验计划，包括国产零件检验、进口材料检验、组件装配检验、组件试验检验、阀架装配检验等多项内容，其中进口材料的检验是在三沪直流工程中第一次提出；制作了 5 种操作记录卡，对所有国产零件实行百分之百的检验，并在检验卡上逐一登记每个尺寸的检验结果。无论是自制件还是外加工件，都有专职检查人员跟踪检查零部件制造的全过程，发现问题及时更正，确保每个零部件都能高质量地满足图纸的技术要求。

由于质量保证体系的有效运行，三沪直流工程的生产始终处于受控状态，全部生产的 700 组件均一次试验合格，获得三沪直流工程国外监理公司 CESI 的称赞。

（四）实际应用、经济性、环境效果

三沪直流工程换流阀已于 2006 年年底投入运行，至今一直运行良好；±500kV 超高压直流输电换流阀标准化设计，为以后超高压直流输电工程打好基础；±500kV 超高压直流输电换流阀为 ±800kV 特高压换流阀的研制积累了许多有用的数据。

根据我国电力工业的中、长期规划，我国还将建设多条特高压直流输电工程。三沪±500kV 超高压换流阀的研制成功，进一步提高了我国换流阀的设计、制造、试验水平，促进了直流输电工程设备的国产化进程，将为国家节约大量的外汇，产生良好的经济效益和社会效益。

三沪工程±500kV 超高压换流阀设计、制造的完成和绝缘运行型式试验的通过，标志着我国已具备了 ±500kV 换流阀设计、制造和试验能力，标志着我国已迈进了制造超高压直流输电晶闸管换流阀的先进行列，从而结束了国外公司对超高压直流输电工程的垄断，在我国直流输电发展的历史上具有里程碑的意义。

三峡工程换流阀设计、制造及绝缘试验的顺利完成，填补了我国在该领域的空白，表明国内换流阀已经达到国际先进水平，也为后续特高压直流工程 6in 晶闸管及更高电压等级换流阀研制奠定了良好的基础。

三、直流控制保护设备

控制保护系统是整个直流输电系统的中枢，它控制着交直流功率转换、直流功率输送等全部稳态、动态和暂态过程，保护换流站所有电气设备以及直流输电线路免受电气故障的损害。

随着"西电东送"和"全国联网"战略规划的实施，我国迎来了直流工程大发展的局面。至 2020 年，我国规划建设的直流输电工程接近 20 个，成为世界上拥有直流输电线路最多的国家。坚持国产化是提高直流系统的运行维护水平、保证电网安全稳定运行的重要手段。直流输电工程的国产化是国家的战略目标。

直流控制保护系统是直流输电的核心技术，直流控制保护系统的国产化工作是实现整个直流输电工程国产化目标的关键。虽然目前国内已经完成直流控制保护系统技术的引进，实现了直流控制保护系统的国产化，但是引进技术在硬件平台可靠性、性能、容量、集成度等方面急需改进，软件功能也需加强和优化，才能保证系统更加安全可靠运行。因此，吸收引进技术的优点，采用最新计算机和电子技术的成果，开发具有高可靠性、高性能的硬件平台以及界面清晰、调试维护方便的软件平台的新一代直流控制保护系统的需求十分迫切。

在具备直流控制保护系统独立设计、制造和试验能力的基础上，通过不断的技术进步，完全独立自主地设计、开发新一代具备国际先进水平的直流控制保护系统，是提高直流输电技术国际竞争力、确保直流输电技术国产化的迫切需要，也为国内后续的直流输电工程提供更加安全、可靠、运行维护方便的直流控制保护系统。

通过三峡工程，直流控制保护系统逐步实现了国产化，各工程供货情况见表 4.2 - 3。三常、三广和三沪直流工程的直流控制保护系统基于 ABB 公司开发的 MACH2 系统，采用分层、分散、分布的开放式系统，以及完全双重化的配置。三常和三广直流工程的控制保护系统完全由 ABB 公司供货，三沪直流工程的控制保护系统由 ABB 公司与国内联合供货。三沪 Ⅱ 回直流工程控制保护系统基于西门子 SIMADYN - D 技术，采用 HCM200 硬件平台，由国内供货。在后续的灵宝直流工程国产化试验项目中，应用了两套国内自主开发的直流保护和控制系统装置。

表 4.2 - 3　　　　三峡工程直流控制保护系统供货情况

工程名称	三常直流工程	三广直流工程	三沪直流工程	三沪 Ⅱ 回直流工程
供货情况	ABB 公司供货	ABB 公司供货	ABB 公司与国内联合供货	西门子提供技术、国内供货

（一）直流控制保护系统总体结构和功能

MACH2 系统总体结构和功能：MACH2 系统包括各 MACH2 主机，各主机连接分布式输入、输出板卡，并通过 CAN 网络、LAN 网络相互通信。控制柜分布在控制楼与继电器室中，在控制盘柜内的数据通信通过 CAN 网络实现，盘柜间区域终端系统与主计算机系统之间的通信利用光纤实现。

如图 4.2 - 1 所示，换流站控制系统设备主要包括：ACP（交流控制保护）、AFP（交流滤波器、并联电容器控制保护）、LFL（线路故障定位）、PCP（极控制和保护）、CCP（阀水冷系统控制保护）、ETCS（换流变电子控制系统）、ERCS（平波电抗器电子控制系统）等。

PCP：为换流站极设备而设的控制与保护，包括换流变保护、换流器保护、极保护、双极保护。

AFP：交流滤波器与并联电容器组的控制和保护。

ACP：交流场的控制。

LFL：线路故障定位以及在线的谐波监测系统。

ASI API：站用电控制系统。

HCM200 系统总体结构和功能：三沪 Ⅱ 回直流工程控制系统主要由运行人员控制系统、直流控制系统（站控和极控）、就地测控装置以及 LAN 网或现场总线等通信设备组成。保护设备主要由直流换流器、极、双极保护、换流变保护、交流滤波器保护、直流滤波器保护及保护接口屏组成。

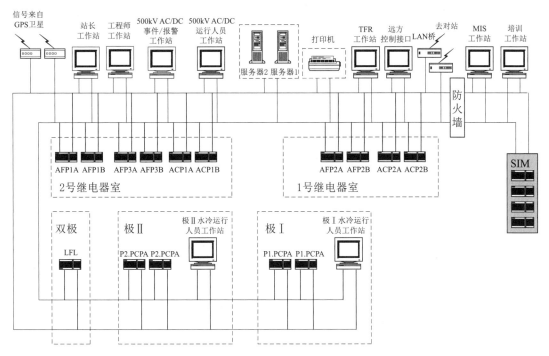

图 4.2-1　换流站控制系统设备分布图

三峡工程控制功能主要包括：极功率控制（PPC）、电压角度参考值计算（VARC）、换流器点火控制（CFC）、换流变压器分接头控制（TCC）、无功功率控制（RPC）和其他附加控制等，通过运行人员控制系统实现直流系统运行方式的选择、控制模式的选择以及直流系统的正常启停等。

三峡直流工程直流保护按区分层配置，主要包括：阀短路保护、换相失败保护、桥差保护、阀直流差动保护、换流变阀侧中性点偏移保护、直流过压保护、过流保护、极母线差动保护、中性母线差动保护、双极中性母线差动保护等，保护无死区，可实现对整个直流区域的全部保护。

（二）国产化的主要进展

国内通过技术引进、消化吸收和不断的技术进步，具备了独立设计、开发直流控制保护系统的能力，开发出了具有自主知识产权的直流控制保护系统，国产化的主要进展如下。

1. 高可靠性、高性能的硬件平台

每个控制功能采用单板嵌入式系统来实现，控制功能相互之间采用高速串行现场总线交换数据，不采用工控机作为硬件平台，提高系统的可靠性。

大幅度提高直流控制保护系统的可靠性是开发的重点。采用嵌入式系统而不采用工控机可以大幅度提高系统可靠性；同时，通过采用高性能的 CPU、

DSP，大容量的 FPGA，提供处理能力和容量数十倍于现有硬件系统的信号处理单元和通信单元。

2. 系统结构、网络、现场总线、通信接口

整个站控层采用冗余、分布式网络体系结构。直流极控制装置、直流极保护装置、站控系统测控装置等通过双以太网实现与监控系统的 SCADA 服务器、人机界面工作站的连接，通信规约采用 IEC 61850。

设备层之间采用标准 CAN/TDM 现场总线。直流极控制装置、直流极保护装置、站控系统测控装置通过冗余的光纤现场总线交换实时数据。

3. 可视化编程技术和调试的软件平台

可视化编程和调试可极大提高直流控制保护系统的开发、调试和试验的效率，是不可或缺的工具。利用 Windows 功能强大的人机界面，参照引进技术中可视化编程和调试工具的功能，自行开发一套更加方便、更易于开发和扩展的可视化工具，用于直流控制保护系统的开发和调试。

4. 直流极控制装置

直流极控制的基本控制原理和功能以已完成的直流工程控制技术为基础，重点在新的软硬件平台上进行极功率/电流控制、阀组控制、点火控制、阀的解锁/闭锁控制、无功控制、换流变分头控制、直流顺序控制、附加控制、空载加压试验控制、系统监视、自动切换等控制功能的移植。针对 ABB 公司、西门子公司、阿尔斯通公司以及国内生产的可控硅阀、换流变压器等主设备可能采取的不同设计原则及对直流控制保护系统的要求，研究具有适应性的直流系统控制策略。

5. 直流极保护装置

直流极保护的基本原理以已完成的直流工程保护技术为基础，重点在研究更加合理可靠的保护配置方案、研究保护实现方法，并向新的软硬件平台上进行移植，新系统将从直流极控制中独立出来的极保护功能用独立装置实现。

直流极保护装置主要的研究内容有：①保护区域的划分；②保护的配置；③保护的实现，主要包括阀的保护、线路保护及故障测距、母线保护等；④主后备保护的配合；⑤保护与控制系统的协调；⑥清除故障的方法；⑦直流系统故障仿真。

6. 测控装置

交流线路及断路器测控单元、交流滤波器测控单元、直流测控单元、换流变测控单元在成熟的测控单元基础上，按照面向对象的观念进行配置和功能划分，并结合直流工程的配置特点进行改进。

7. 运行人员监控系统与远动通信

后台监控软件已广泛应用于变电站综合自动化和调度自动化，在此基础上结合直流控制保护系统的特点加以改进后应用于新开发的直流控制保护，最终开发出一套适合于直流控制保护系统的运行人员监控系统。

运行人员监控系统通过双以太网与直流极控制装置、直流极保护装置、交流控制保护和现场测控装置等进行监视和控制信息的交换，在运行人员监控系统上实现换流站设备状态和运行参数的监视、设备和系统的控制、事件报警监视与存储、历史数据的存储与显示、报表显示与打印、外围系统接口、与远方调度/监视中心的通信等功能。

8. 阀基电子设备/可控硅监视设备的研究开发

该成果开发参照 ABB 公司阀基电子设备/可控硅监视设备的功能，吸收西门子公司阀基电子设备/可控硅监视设备的技术特点，在硬件平台上进行开发，与直流控制保护系统配套，能适应 ABB 公司、西门子公司、阿尔斯通公司以及国内西电集团生产的多种可控硅阀。

（三）新一代直流控制保护系统

新一代直流控制保护系统基于目前业界精心设计的功能全、数据处理能力强和最可靠的嵌入式 CPU 和 DSP 处理器进行设计，同时采用符合工业标准的高速以太网和 IEC 标准的模拟数据采集的光纤通道作为数据传输链路，内部采用高可靠性、高实时性和高效率的数据交换接口。所有插件采用标准化、模块化思想设计，能够灵活组成系统需要的各种装置。

新一代直流控制保护系统的设计将系统的可用率置于最高的位置。提高系统的可用率采取的措施包括：提高系统硬件的可靠性，完全冗余的装置配置、通信链路配置，可以获得交叉模拟采集数据，增强系统各个级别的设备的监视功能，完善和提高控制保护软件设计的可靠性。

控制保护系统由于采用了目前最先进的处理器技术，装置在功耗、运行温度大大降低的情况下，可靠性大大提高，同时能提供更强大的处理能力。

新系统将提供更为强大和可靠的板卡监视、装置监视和系统各个层次的网络链路监视的功能。控制系统关键部分均实行两套冗余配置、一套运行的工作模式，并借鉴目前直流控制保护系统中多年行之有效的切换原则和切换逻辑。

相比引进系统，新一代直流控制保护系统 PCS-9550 的主要特点如下：

（1）借鉴国外直流控制保护系统的技术优点，重新自主研发，用更先进的软、硬件技术实现了以下功能：

1）通用、组态灵活的硬件平台。

2）嵌入式的软件平台。

3）标准化的网络和现场总线通信接口。

4）系统冗余与自检技术。

5）可视化的编程和调试工具。

（2）硬件平台，着重提高系统可靠性和合理的装置结构，采用嵌入式系统而不采用工控机。

在硬件平台应用方面，与 PCS－9550 系统基于同一硬件平台的控制保护设备已经成功运用于国内多个交流控制保护项目，运行可靠稳定。经过实际工程检验的 PCS－9550 的硬件平台，已证明其基本成熟可靠。在接下来的时间里，该硬件平台将历经实践检验，不断提高，直至最优。

在软件平台应用方面，对新一代直流控制保护核心功能软件的研究与开发早于 PCS－9550 系统立项之前就已经成为攻关的重点，经过几年的努力，取得了丰硕的成果，包括多项国家技术发明专利在内的新成果以及改进的控制保护核心软件已被应用在已经投运的直流工程项目中，取得了很好的实际运行效果。这些研发成果便是 PCS－9550 的基石，从这一角度来讲，PCS－9550 所拥有的软件核心事实上是历经实际工程检验、成熟的模块。

新一代 PCS－9550 直流控制保护系统达到以下技术经济指标：①技术先进性，采用当前先进的硬件平台技术和软件技术，新开发的直流控制保护系统技术水平达到国际先进水平；②系统性能指标，达到直流工程对控制保护系统的各项性能指标和可靠性的要求；③满足多种阀接口的要求，阀接口设备和控制系统能够同时满足 ABB 公司、西门子公司、国内西电集团有限公司生产的几种阀的要求。

四、直流场设备

直流场设备包括直流套管、直流成套开关、电压电流测量装置等设备，三常、三广、三沪、三沪Ⅱ回直流工程的直流场设备额定电压均为±500kV，额定通流能力均为 3000A。由于直流场设备用量少，技术难度大，三峡工程的直流场设备均为引进设备，仅有氧化锌避雷器等设备实现了国产供货。其中，直流穿墙套管技术含量高、研发难度大，尚未实现国产化，成为制约直流设备组部件全面国产化的关键。

总体上，直流设备国产化率逐步提高，三常直流工程（2003 年投运）国产化率约为 30%，三广直流工程（2004 年投运）约为 50%，三沪直流工程（2007 年投运）约为 70%，三沪Ⅱ回直流工程（2011 年投运）达到了

100％。国内已经具备了独立设计制造±500kV及以下高压直流输电工程用换流变压器、平波电抗器、晶闸管元件、晶闸管换流阀、直流控制保护系统、交直流滤波器、氧化锌避雷器等直流主设备的能力以及换流站成套设备的型式试验和出厂试验的能力，并促进了±500kV及以上电压等级直流设备的研发与生产能力。工程设备大量采用了国产硅钢片、绝缘件等国产组部件，仅有部分组部件需要从国外专业公司采购，不影响自主成套，形成了从原材料到关键组部件和成套产品较为完整的国产化产业链。总体上，三峡直流成套直流输电设备实现了全面国产化目标。

第二节　交　流　设　备

三峡工程交流设备主要包括变压器、高压并联电抗器、断路器、静止无功补偿装置和可控高抗。三峡输变电工程交流设备均为国内采购，对国内交流设备技术升级有很大的推动作用。

一、500kV主变压器

（一）主要参数

500kV主变压器的型式与目前国内电网常用的基本相同，主要参数：额定容量为750MVA，只有杭东变电站扩建工程额定容量为1000MVA；三级电压为500/220/35kV；多数为无励磁调压，个别为220kV中压侧线端有载调压；多数变电站为3台分相的单相变压器，少量运输条件优越的变电站采用了三相共体变压器；冷却方式一般采用强迫油循环风冷，为了控制噪声，少数城市边缘地域采用空气自然冷却。

（二）产品特点

通过制造三峡外送项目产品，极大地提高了国产设备装备制造能力和技术水平，改善了工厂生产环境，使得整体工艺装备能力进一步提高。同时，这些产品的研发和制造，为生产同等电压等级的产品积累了宝贵的设计制造经验。现将三峡输变电工程中设备主要制造技术上取得的进步情况归纳如下：

（1）产品结构合理。在生产研发三峡外送产品时，应用科研成果及高性能的计算机软件，对变压器器身的电场、磁场、温度场、短路强度、绕组波分布等关键技术问题进行详细的分析计算，在此基础上确定并优化主纵绝缘结构、器身组装结构、绕组形式、磁屏蔽结构、引线布置等关键结构，改变了以往常规的设计模式，为今后设计研发超大容量产品提供了可靠的保证。

（2）产品损耗低。空载及负载损耗均低于国家标准，特别是在降低杂散损耗领域，国内企业的制造技术已达到国际先进水平。有效地降低杂散损耗、消除局部过热，有效提高了产品的运行效率和可靠性。

（3）产品的局部放电量低。通过改善生产环境和提高加工工艺质量，使500kV产品局部放电量的平均水平控制在100pC以下，极大优于国家标准规定的限值，达到国际先进水平。截至2015年12月，国内电网企业签订技术协议时都控制在100pC以下。

（4）产品的绝缘可靠性高。针对我国的运行环境和电网运行的实际情况，设计合理的绝缘结构及足够的安全裕度，完全能够保证产品运行的可靠性。

（5）产品承受突发短路的能力强。采用先进的绕组磁场计算软件，对变压器各种运行工况下的绕组磁场进行优化调整，使变压器在突发短路状态下产生的电动力取得极小值；并使用国际上著名的变压器短路强度计算软件——安德森（Andersen）软件进行短路强度计算，保证有足够的安全裕度。在结构设计和产品制造中均采取有效措施，保证产品具有足够的抗短路能力。

（6）产品无油流带电现象。应用先进的油流场和温度场计算分析技术，实现了对变压器内部油流分布和温度分布的详细分析和计算，从而保证温升的有效控制和消除油流带电现象的发生。

通过三峡输变电工程产品供货、运行和研制升级，国内变压器制造企业的设计制造能力进一步提高，交货周期大为缩短，可靠性相对提高，并取得了一批科研成果。目前，国内变压器制造企业在220～1000kV输变电各类电力变压器的设计、加工、试验各方面不存在问题。近几年我国制造企业先后一次试制成功750kV交流变压器产品和±500kV直流换流变压器产品，并承担了第一个1000kV特高压交流试验示范工程中1000MVA/1000kV电力变压器的制造任务。

二、500kV 高压并联电抗器

（一）主要参数

500kV高压并联电抗器的型式与目前国内电网常用的基本相同，主要参数：额定容量为90～180MVA；额定电压为525～550kV。

（二）产品特点

三峡输变电工程初期，国内只有西变公司独家生产500kV并联电抗器，其他国内厂家1998年才逐步开始生产。随着三峡输变电工程的建设和相应国产化政策的推行，到目前为止已经有较多厂家可以生产500kV并联电抗器，并取得了较多的运行经验。国内制造企业为了提高并联电抗器长期运行的可靠性，满足用户要求，对自主开发研制的产品进行了几次主要的技术改进，目前的技术水平已达到了国际先进水平，产品远销世界各地。就国内用量最大的500kV 并联电抗器而言，其主要技术指标已达到损耗 100kW，噪声 73dB，振动最大 80μm、平均 50μm、箱底 30μm，局放 100pC，无局部过热的先进水平。

500kV 并联电抗器制造技术大量经验的积累，为后来国内企业承接750kV 并联电抗器，以及后来国内订货的特高压交流试验示范工程 1000kV 并联电抗器产品打下坚实的基础。国内外同类产品性能对比见表 4.2 - 4。

表 4.2 - 4　　　　　　　　　国内外同类产品性能对比

国家	时　期	电压/kV	容量/kvar	损耗/kW	振动/mm	噪声/dB	局放/pC	局部过热
法国	20 世纪 90 年代	500	50000	160	100	80	≤500	有
瑞典	20 世纪 90 年代	500	50000	162	100	85	≤500	有
日本	20 世纪 90 年代	500	50000	180	80	80	≤500	有
中国	前期	500	50000	100	100	78	≤100	无
	后期	500	50000	85	60	74	≤50	无

三、500kV 断路器

(一) 主要参数

500kV 断路器的型式与目前国内电网常用的基本相同，主要参数：额定电流为 3150A；额定短路开断电流为 50kA，在三峡出口的个别站，由于系统容量较大，采用了 4000A、63kA 的产品。

三峡输变电工程投资的交流变电站基本上均在长江流域或其附近，地震烈度不高于Ⅷ度，且污秽条件不是特别严峻，加之 500kV 柱式断路器与独立电流互感器的价格之和低于罐式断路器，因此，此类变电站多数选用柱式断路器。

在三峡输变电工程后期，由于电网建设面临的环境发生变化，一些重要的枢纽变电站采用了 HGIS 设备。

(二) HGIS 工程应用

550kV HGIS 是国内企业通过多次引进吸收国外 550kV GIS 的先进技术，并在此基础上进行技术融合和优化设计，自主研发的超高压、大容量 SF$_6$ 气体绝缘组合电器，与 GIS 相比产品性能有所改进和提高。

以规模最大且国产化比例最高（92%）的湖北咸宁 500kV 变电站为例，500kV 配电装置采用一倍半断路器接线，500kV 的建设规模如下：

一期工程：建设 2 组 750MVA 的主变压器中的 1 组；建设 500kV 远期 8 回出线中的 3 回出线，分别是潜江 I 回、昌西 I 回和凤凰山 I 回。

二期扩建工程：扩建 2 回出线，分别是潜江 II 回和凤凰山 II 回。

一期工程和二期扩建工程共 5 回出线，共 10 个断路器单元。

在初步设计审定后，采用国内公开招标的方式，500kV 选定了国产化比例较高的国产 HGIS 设备。一期工程和二期扩建工程于 2006 年 6 月、9 月和 10 月分三次启动送电成功，至今运行情况良好。

四、静止无功补偿装置（SVC）

SVC 有响应速度快、控制灵活、连续可调等优点，在世界范围内被广泛应用在输电网，起到增加线路的输电能力，提高电压稳定性，增强系统阻尼特性等作用。三峡工程建设时，我国仅有一套 100Mvar 容量 SVC 装置在电网中使用，且应用在 220kV 变电站，国产 SVC 在 500kV 电网中的应用还处于空白。

根据三峡工程建设系统分析结论，需要在川渝电网洪沟、陈家桥和万县 500kV 变电站加装 3 套 SVC 装置。

（一）500kV 万县变电站 SVC 系统

1. 系统控制范围

（1）SVC 装置包括 1 组 180Mvar TCR、1 组 60Mvar 滤波电容器和 2 组 60Mvar 并联电容器（均接于 2 号主变压器 35kV 母线）。

（2）SVC 监控系统监控内容：对阀组、水冷系统、控制器本体、TCR 支路和固定电容/滤波/电抗支路等进行监控，当被监控对象指标超出设定的限值时发出告警或退出命令。

1）水冷系统的监控包括：冷却水流量、供水压力及温度、回水压力及温度、阀厅温度及湿度、冷却水电阻率、去离子水电阻率、缓冲罐压力及液位、循环泵运行状态、水风换热器风机运行状态、水冷系统电源等。

2）阀组的监控包括：阀元件状态、后备触发动作等。

3）控制器本体的监控包括：各 IO 状态、子系统工作状态、控制系统电源等。

4）TCR 支路的监控包括：断路器及刀闸位置、电流及无功功率等。

5）对滤波/电容器/电抗器支路的监控包括：断路器及刀闸位置、电流及无功功率等。

2. 监控系统结构

SVC 监控系统采用分层分布式结构，配置如下：

（1）控制层。由主监控单元、调节运算单元、就地控制工作站和后台操作站、工程师站等通过 CAN 总线实现，采用高速数字通道。其中，控制调节装置拟按主/后备冗余配置，当主系统故障时可自动无扰动地切换到备用系统；调节单元采用高速数字信号处理器（DSP）为处理核心，辅以高速数据采集通道，实现实时控制量计算；后台操作站布置在全站主控制室内，以便于运行人员进行监视、控制。

（2）就地/间隔层。主要包括所有测控接口装置以及晶闸管阀子监控单元和水冷系统子监控单元等，可通过 RS485 串行通信与 CAN 总线上设备联结，运用点对点和点对多点的通信方式。

（3）远传网关。用于实现与全站计算机监测/监控系统进行互联的接口功能。配置通信管理机，用于实现与站内保护信息子站的接口功能。

（4）软件系统。包括系统软件、支撑软件、应用软件、通信接口软件等。采用国际上流行的、先进的、标准版本的工业软件，模块化结构、开放性好，具有可靠成熟、方便适用等特点。

SVC 监控系统间隔层测控接口装置按本期规模配置，并能方便扩充以适应最终规模；控制层、网络、软件系统等按最终规模配置。

3. 监控系统基本功能

（1）采用电压稳态和暂态多控制环节的闭环控制方式实现稳态电压控制，暂态无功强补以促进电压恢复，并对系统动态振荡进行阻尼控制。

（2）利用 SVC 灵活迅速的调节能力对无功补偿容量进行连续平滑调节，实现对电压的实时控制，在系统正常运行时对电压波动起抑制作用。

（3）根据预先设定的控制策略自动调整 SVC 工作点，调整 SVC 动态无功储备的初始位置，以满足暂态情况下系统对动态出力的要求。

（4）具备对多个控制调节目标（如系统电压、功率振荡水平、无功功率等）的接入和处理能力，且对各个目标的设定值可根据系统要求进行调整。

（5）控制系统具有手动控制功能，作为监控系统故障时的后备操作手段。

（二）主要技术创新点

万县 SVC 工程投运之前，我国仅有一套 100Mvar 容量 SVC 装置在电网中使用，并应用在 220kV 变电站。万县 SVC 工程的顺利投运，填补了国产 SVC 在 500kV 电网中应用的空白。作为我国自主研发的核心技术，为灵活交流输电技术在我国电力系统国产化应用奠定了坚实的技术基础，并带动电力半导体器件、电容器和断路器等相关电力装备产业整体跨越式发展，提升了核心竞争力和技术水平。工程所取得的系列创新技术将在相关领域的技术进步中发挥重要的影响。万县 SVC 工程的主要创新点如下：

（1）在我国 500kV 输电网首次完成了最高受控电压和最大容量的 SVC 工程实施工作。

（2）提出 SVC 接入超高压输电网设计、系统设计方案及其相关设备的技术规范，提供有关 SVC 装置研制、系统集成和系统调试报告。

（3）提出大容量 SVC 技术在超高压电网中的应用原则，并在此基础上得出大容量 SVC 在超高压电网的布局方式、配置容量、控制策略以及其对系统的影响等特性。

（4）给出采用大容量 SVC 技术的经济效益分析结果，提出大容量 SVC 技术在超高压电网中的应用实施方案，特别是针对大负荷中心，以提高电压受端的电压稳定性和系统有功输送能力。

（5）大容量 SVC 装置的研制和工厂试验，实现大容量 SVC 装置在我国超高压输电网中的实际应用，以推动国产 SVC 的工程化进程。

五、可控高抗

（一）江陵换流站磁控式可控高抗的原理

可控高抗的主要功能为调节系统电压、降低网损、限制过电压等作用。

根据系统分析研究结论，江陵换流站安装了可控高抗，额定电压为 550kV，额定容量 Q_b 为 100Mvar。线路的容性充电无功 Q_c 为 163.3Mvar，故额定补偿度 $T_b = Q_b/Q_c = 61\%$。可控高抗额定正序阻抗为 3020Ω，额定电流为 105A，高抗中性点小电抗为 480Ω。可控高抗在旁路状态下正序阻抗为 2088Ω，短时运行电流为 152A（运行时间小于 20min）。

基于磁控原理的磁控式可控电抗器，在整个容量调节范围内，只有铁芯饱和，铁轭处于未饱和的线性区域，晶闸管控制系统通过改变铁芯的饱和程度来改变电抗器的容量。根据不同的容量和结构设计，磁控式可控电抗器可以用于直至 1000kV 以内任何电压等级的连续无功功率控制。

磁控式可控电抗器的运行原理见图 4.2－2。

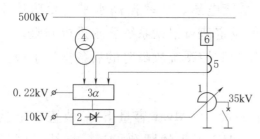

图 4.2－2　磁控式可控电抗器原理图
1—电抗器；2—晶闸管整流器；3—控制设备；4—双绕组变压器；5—脉冲变压器

图 4.2-2 中，测量系统 4、5 产生的偏差信号触发控制设备 3，然后控制设备操作晶闸管整流器 2，整流设备产生直流电流去改变电抗器的磁饱和程度，从而实现了电抗器 1 的无功平滑调节，抑制安装点的电压波动。随着电压的上升（直至超过额定电压的 2.5%），可控电抗器可根据偏差信号从 5% 额定容量调至额定容量，整个过程不超过 1s。

（二）江陵换流站磁控式可控高抗的优点

（1）寿命长、可靠性高。

（2）安装、运行、操作简单。像变压器一样"即插即用"，运行维护和普通变压器相似。

（3）经济性良好。响应时间为 0.02s 时，价格为 20 美元/kvar 左右，与 TCR 的价格相当；响应时间为 1s 时，价格为 10～11 美元/kvar。相应于 TCR 来说，其内部损耗要小得多。

（4）占地面积小。占地面积大约相当于 TCR 占地面积的 10%。

（5）谐波小。每次谐波电流大约为额定电流的 3.5%，而 TCR 大约为 6%。

（三）江陵换流站磁控式可控高抗的特性

（1）伏安特性。可控电抗器的伏安特性具有明显的非线性，当直流励磁电流一定时，伏安特性曲线可以分为两个区域（以额定直流励磁电流为例）：线性控制区和恒流控制区。在线性控制区，电压和电流呈线性变化，其原因在于铁芯未到达饱和状态，电抗值基本保持为线性；在恒流控制区，即交流工作电压增大时，可控电抗器的输出电流变化不大，因此当电压增大时，因铁芯已到达饱和状态，一次电流不再随一次电压升高而变化，而仅与励磁电流成安匝关系。

（2）控制特性。可控高抗的控制特性曲线为非线性关系，随着直流励磁电流的增大，电抗器铁芯的磁饱和程度增大。在直流励磁电流产生的磁感应强度未到达拐点之前，交流输出电流随励磁电流的增加成比例增加；当磁感应强度到达拐点之后，铁芯进入极限饱和段，交流输出电流随直流励磁电流的增加变化很小；当直流励磁电流足够大，以至于交流磁通全部在饱和区后，可控高抗的容量不再增加。因此，在线路传输容量发生变化后，可以根据控制特性曲线改变可控高抗直流励磁电流，从而迅速调节其容量，动态补偿超高压线路的无功功率，改善沿线电压分布，如图 4.2-3 所示。

（3）响应时间。可控高抗在直流励磁电流作用下从空载调节到额定容量需要约 2.4s（荆州高抗励磁电源容量受限，故响应时间较长）。

（4）谐波特性。荆州可控高抗二次侧励磁绕组接成开口三角形，两个开口三角反并联连接，从而为三次谐波提供了通路，故一次侧交流电流理论上不含三次谐波成分。

（四）可控高抗的研究成果

（1）三峡右岸至江陵线路装设可控高抗不影响系统的稳定性，并可以起到系统电压调节和降低网损的作用。

（2）充分分析掌握了磁控式可控高抗的稳态特性。

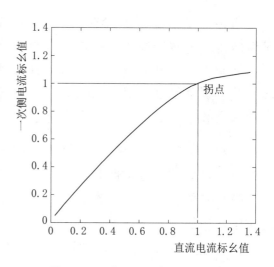

图 4.2 – 3　荆州可控高抗控制特性

（3）可控高抗接入系统后，研究表明可控高抗具有限制工频过电压、操作过电压、潜供电流和恢复电压抑制的良好作用，现有参数不会导致工频谐振。

（4）研制了成熟可靠的可控高抗控制保护装置。

（5）制定了可控高抗的控制模式、控制策略和保护配置方案。

第三节　线　路　材　料

一、大截面导线

为保证三峡电力外送，需要建设 500kV 送出线路 15 条，总长超过 9000km。其中有相当数量要采用 ACSR720/50 大截面导线。虽然我国 500kV 送电线路建设与运行已有 20 多年历史，但在大截面导线使用方面还缺乏经验，为满足和适应三峡线路送出工程的需要，提高三峡输变电工程国产化程度，开展了大量有针对性的科研攻关，实现了以下 4 个方面的技术创新。

（1）国内首次综合研究了分裂导线、阻尼线、间隔棒、防振锤系统的振动力学模型，建立了行之有效的大截面分裂导线系统微风振动数学模型。开发出 β 阻尼线加防振锤的组合式防振方案，将微风振动的保护频率范围由 80Hz 提高到 100Hz 以上，导线动弯应变由 $120\mu\varepsilon$ 降到 $80\mu\varepsilon$，延长了导线使用寿命。

（2）首次建立了次档距优化布置数学模型。以系统对数衰减率最大为目标函数，以次档距不对称、不等距等为条件，建立了有限元分析模型，次档距布置优化结果使分裂导线系统的对数衰减率由 0.04 提高到 0.06。用于输电线路的次档距设计，结果优于国外技术。

（3）开发出稀土优化、硼化处理及加铁补强工艺，攻克了铝单丝电导率偏低的难题，提高了铝单丝的机械强度（从 160MPa 提高到 170MPa）。开发出绞线机预扭装置和单丝张力气动控制装置，消除了大截面导线绞制后易产生的残余扭转应力，保证了绞线绞制紧密不松股，防止大截面导线在张力放线中产生"灯笼"，同时提高导线电晕起始电压。国内首次攻克了大截面导线和大跨越导线的制造关键技术，打破了国外的技术壁垒。

（4）国内首次开发出最大牵引力达到 250kN 的张力放线设备。应用液压控制技术，解决了两台张力机同步放线难题，可以实现大截面导线一牵四张力放线。该套设备结构紧凑合理，便于山区运输，满足了三峡工程施工放线需要，打破了国外的技术壁垒。

创新成果具有自主知识产权，有力地保证了三峡输变电工程的顺利实施，极大地提高了三峡输变电工程设备及技术的国产化率，打破了国外技术壁垒，推动了国内相关产业的技术进步，为西南水电送出及特高压骨干网架等更大容量输电线路的建设奠定了基础。

二、紧凑型输电线路

三峡输变电工程中，江苏政平至宜兴 500kV 线路工程（以下简称"政宜工程"）是我国第一条双回路紧凑型六分裂输电线路，起点为江苏省常州市政平换流站，终点为 500kV 宜兴变电站。线路全长为 43.06km，全线共 107 基铁塔。由于土地资源紧张，500kV 政平换流站至宜兴 500kV 变电站的 2 回 500kV 交流线路只有一条走廊。为此，在已有技术成果的基础上，提出了政平—宜兴 500kV 同塔双回紧凑型线路的技术方案，并对同塔双回 500kV 紧凑型输电线路关键技术进行了研究。

政宜工程成功探索并在工程中应用的同塔双回紧凑型系列塔型，与常规同塔双回 500kV 线路相比，具有以下特点：

（1）500kV 双回同塔紧凑型 T 型直线塔是一种全新的塔型，与双回同塔线路中鼓型塔相比，其特点为导线呈三角形排列，相间距离仅有 6.7m，三相都是 V 型串且下相 V 型串带有中吊串，横担带小折臂，单基塔重比常规鼓型塔降低了 27%，线路所占走廊与常规线路相同，直线铁塔根开占地比常规线路少了 50%。同时，为配合双回同塔紧凑型直线塔的导线布置形式，500kV 双回同塔紧凑型转角塔导线也呈三角形排列，相间距离也是 6.7m，因两层导线横担之间只有 6.0m，塔全高比常规塔型矮了 12.0m，同时配合直线塔地线采用负保护角，实现全线地线均为负保护角。单基塔重比常规鼓型塔降低了

23%；铁塔根开占地比常规线路也少了 30%。

（2）提高了线路的防雷害能力。政平—宜兴的同塔双回 500kV 紧凑型线路有效降低了铁塔高度，与相邻平行武繁 Ⅱ 回 500kV 线路塔高相当，且因其地线保护角为负保护角，六相导线均被两根地线所屏蔽，耐雷水平高出近 20%，年跳闸率低了 60%，对生产运行十分有利。

（3）降低了工程投资。500kV 同塔双回紧凑型单基铁塔耗钢量，比常规同塔双回 500kV 线路降低约 20%。由于降低了铁塔高度，减少了基础作用力，基础混凝土耗量比常规同塔双回 500kV 线路降低 10% 以上，每千米综合造价比常规同塔双回 500kV 线路降低 10% 以上，按输送单位自然功率造价则比常规同塔双回 500kV 线路降低 40%。

三、复合光缆 OPGW

1985—1997 年，我国 OPGW 市场几乎百分之百被英国、德国、法国、美国、意大利、日本、韩国等国家的跨国公司覆盖。在三峡输变电工程建设初期和中期，OPGW 复合光缆国内没有制造厂，仅有个别企业采购国外的光纤，在国内加工成复合光缆，因此价格昂贵。如三常直流工程、三广直流工程等，价格高达 16.5 万元/km，相当于现在国货价格的 8 倍多。

在三峡输变电工程国产化装备政策的积极支持和推动下，国内 OPGW 企业一方面引进国际一流的先进技术、先进设备，并加以消化、吸收、再创新，形成自主知识产权；一方面与国内外知名科研院所、跨国公司合作，组织起强大的科技和管理团队，建立起自有品牌的 OPGW 生产线和试验装置。研究完成主干线路用层绞不锈钢管结构 OPGW 和大跨越线路用层绞不锈钢管结构 OPGW 及其预绞丝金具、光纤接头盒的结构设计、材料选择、工艺装备、生产技术、测试技术、工程应用技术等一系列关键技术。研究实现了光纤、铝包钢线、铝合金线等原材料的国产化，研究了大长度、大芯数、大余长的（复合）不锈钢管光单元制造技术。特别是深入研究了 OPGW 耐雷击性能，提出了 OPGW 耐雷击全面理论、数据分析解决方案及新结构选型及防护措施研究，取得了创新性的成果，且对大跨越用 OPGW 的防振方案设计以及防振试验验证做出了卓有成效的成就。这些成果总体达到了国际同类产品与技术的先进水平，在雷击方面已经超过国际同行研究水平。利用这些技术所制造的 OPGW 被广泛地应用在"西电东送"，三峡输变电工程等 500kV 交、直流输电线路以及 1000kV、±800kV 特高压输电工程中，取代了以进口产品为主的地位，国产化率达 100%，取得了显著的社会效益和经济效益。

三峡输变电工程的建设促进了我国 OPGW 制造产业的发展和技术水平的

提高，彻底改变了 OPGW、金具附件严重依赖进口的局面，更让我国电力系统通信支出减少达数百亿元。

四、复合绝缘子

通过三峡输变电工程的建设，±500kV 复合绝缘子综合实力达到国际领先水平。研究之初，由于直流合成绝缘子在国内是首次试制，国际上也无相应的标准，通过广泛地查阅资料，我国在充分吸收一些发达国家在研制和生产过程中的经验和教训的同时，结合我国直流输电线路的特点，参照有关交流合成绝缘子标准和直流瓷绝缘子的技术条件，通过对直流合成绝缘子材料方面（芯棒材料、伞裙护套材料）、端部连接结构、端部密封结构、防电解腐蚀的研究，成功研制出 ±500kV 直流合成绝缘子，并制定出相关技术条件和试验大纲，填补了国内空白，在产品结构设计、应用等方面也取得了具有世界水平的技术突破，其主要性能指标可达到国际领先水平。在整个研制过程中，主要在以下几个方面有所突破。

（一）伞裙护套材料配方

由于直流合成绝缘子要在自然界环境下长期运行，其外绝缘表面必须有良好的耐直流漏电起痕性能、耐紫外线辐射性能及耐老化性能，研制中对伞裙护套的配方进行了优化，并对炼胶工艺进行了改进。

（1）采用进口分子量为 60 万的 D4 合成硅橡胶，并采用高低乙烯基含量不同的硅橡胶生胶按一定比例搭配使用，形成交错式交联网络，进一步提高胶料的机械性能和耐老化性能。

（2）采用的气相法白炭黑全部都是国外进口的，并用自创工艺、设备进行表面特殊处理，制得的伞裙憎水性更好，耐老化性更优。

（3）采用超细化氢氧化铝微粉，并用硅烷偶联剂将氢氧化铝表面进行处理，使其由亲水性变成憎水性，与硅氧烷分子的相容性更好，分散性更加均匀，阻燃性最优，同时耐老化性也更好。

（4）炼胶工艺采用先进的新型混炼法（分段投胶混炼法）来制作高性能混炼胶，工艺性好，机械强度及电气性能高，综合性能最优异。

（二）端部防腐蚀方式

过去一直沿用在金具上套一个锌环来提高防腐蚀效果，但这种方式有空隙，不能保证接触面为熔合状态。根据《±500kV 直流棒形悬式复合绝缘子技术条件》（DL/T 810—2002）要求，结合生产情况，对其进行了改进，即，在加工金具时，直接将厚度 5mm（DL/T 810—2002 标准规定不小于 3mm）

的锌套铸造于金具之中，使其充分与金具熔合在一起，其熔合面的比例大于80％，真正做到了合二为一，采用此工艺生产的锌套和金具之间不会形成间隙、气泡，具有较强的抗电解腐蚀能力，提高了端部防腐蚀效果。

（三）均压环

采用开口式压铸均压环具有均压效果好、抗锈蚀能力强、重量轻、安装更为方便等优点，有效地改善了复合绝缘子硅橡胶与金具连接处的电场分布，解决了伞裙表面场强分布和电压分布极不均匀的问题。

（四）耐酸蚀芯棒

选用了环氧玻璃纤维引拔棒，强度可以长期不受酸的腐蚀，抗张强度达1300MPa以上，具有良好的吸振能力，抗振阻尼高，经过15min的染色渗透试验、100h的水扩散试验和耐应力腐蚀试验，表明完全可满足±500kV直流合成绝缘子的运行要求。

（五）先进的压接工艺

在三峡工程中采用的压接工艺是世界上最新式的工艺，加工简单、安全裕度大、强度分散性小、可靠性高，使三峡直流输电工程用直流合成绝缘子具有优良的耐污闪性能、强度高、无零值、制造工艺简单、运行维护方便、安全稳定性高等优点。1999年，±500kV直流合成绝缘子顺利通过荷兰KEMA实验室5000h老化试验，试验成果表明，产品在材料、结构等方面已经达到了一个较高的水平。

三峡直流工程用合成绝缘子的研制对替代进口，实现高压、大吨位直流合成绝缘子的国产化具有重要意义，为高电压直流输电线路的大容量、远距离送电提供了先决条件。目前已有4000余支±500kV直流合成绝缘子在三峡直流工程上挂网运行，运行状况良好。

第 三 章

经 济 效 益

依托三峡直流工程，国内企业通过引进 ABB 公司和西门子公司的技术以及消化吸收和再创新，掌握了换流变压器、平波电抗器、换流阀、晶闸管、直流控制与保护系统等关键技术，实现了直流输电工程国产化。三峡直流工程在同等技术水平下，主要设备价格下降明显。以晶闸管为例，国产化促使其价格迅速下降，单位造价从三常直流工程的 3.32 万元下降到三广直流工程的 2.40 万元，下降了 28％；三常直流工程中，换流阀设备国外厂商报价约为 8 亿元（人民币），而三广直流工程的换流阀总价不足 7 亿元。经过三常和三广直流工程的建设及直流技术消化吸收，在三沪直流工程建设中，国内企业逐步掌握了与外方合作的主动权。

继三峡直流工程后，我国又相继建设了呼伦贝尔—辽宁（以下简称"呼辽"）和德阳—宝鸡（以下简称"德宝"）两个直流输电工程。常规±500kV直流输电工程单位千瓦设备造价迅速降低，从三峡工程的平均 616.79 元/kW下降至呼辽工程的 509.11 元/kW 和德宝工程的 464.05 元/kW，分别下降17.5％和24.8％，单位造价下降约 150 元/kW。

通过三峡输变电工程建设，我国企业逐步具备了自主设计、制造设备和工程建设的能力，不必因为国外垄断技术而被迫支付高价，迫使外国公司的报价大幅下降，后续工程的造价不断降低，填补了引进技术消化吸收的前期投入。已建成和在建直流输电工程不断下降的单位投资额表明，直流输电技术自主化带来了巨大的经济效益，随着更多直流输电工程开工建设，其经济效益还将不断增加。

第 四 章

电工装备制造产业升级

第一节 直流装备国产化过程和模式

从三峡直流换流站设备制造的国产化历程来看，不仅国内生产的设备份额逐步增加，而且从三常直流工程的分包生产，发展到三广工程的合作生产，直至三沪工程的中外联合体投标生产，表明了我国直流设备的国产化进程是稳扎稳打，国产化能力得到了质的飞跃发展。依托三峡工程，国内直流输电技术与设备制造水平有了很大的提高。

依托三常直流工程及相关技术引进，工程所用的 28 台换流变压器和 6 台平波电抗器中，国内采用来料加工的方式分别生产了 4 台换流变压器（西变公司 2 台、沈变公司 2 台）和 1 台平波电抗器（西变公司）；工程用晶闸管换流阀所用的 696 个晶闸管组件中，国内组装了 116 个；大功率晶闸管元件 72 只。总体国产化率达 30％。国内合作生产的这些产品已成功地在三常直流输电工程中投入运行。

在三广直流输电工程中，在进行补充技术引进的基础上，工程所用的 28 台换流变压器和 6 台平波电抗器中，西变公司采用与 ABB 公司联合设计、材料独立采购、合作产品整机报价的方式分别生产了 8 台换流变压器和 2 台平波电抗器。在三广直流工程和贵广 1 回直流工程中，西整公司组装了两个工程的 100％的晶闸管组件。在三广直流工程所用的 4200 只大功率电触发晶闸管元件中，西安电力电子技术研究所提供了 2100 只。总体国产化率达 50％，均成功投入运行。

三沪直流工程中，换流变压器与平波电抗器、换流阀、直流控制与保护等设备的国内制造企业分别与 ABB 公司、西门子公司组成了联合体进行投标。通过联合体投标，大大加强了国内制造企业在应标、投标、设计、制造、试验乃至以后的安装、调试以及售后服务等方面参与工程的深度和广度，增强了直流输电设备国产化的能力。国内独立生产共 14 台换流变压器、3 台平波电抗器、1 个极的换流阀及超过 70％的晶闸管元件，总体国产化率达 70％，均成功投入运行。

三沪Ⅱ回直流工程，换流变压器与平波电抗器、换流阀、直流控制与保护等设备全部由国内厂家供货，实现了全面、完整、深入的直流设备国产化。

第二节　直流装备国产化成果

一、换流变压器和平波电抗器

国内企业掌握了超高压直流输电工程用换流变压器和平波电抗器设计制造技术，具备了设备国产化研制能力，并通过集成创新，形成了具有自主知识产权的自有技术体系。主要技术创新点如下：

（1）形成了具有自主知识产权的换流变压器及平波电抗器的分析计算软件平台。

（2）形成了与自身技术特点紧密结合的产品制造工艺流程及质量控制体系。

（3）完成了大量新材料的国产化研究，并已经在实际产品中得到应用。

（4）完成了大量新结构的研究，并在国产化产品设计中得到推广运用。

依托对国际先进水平技术的引进，通过消化吸收、引进技术转化和自主创新，我国换流变压器和平波电抗器的制造技术总体达到国际先进水平。产品运行状况良好，相继通过国家的技术鉴定和运行鉴定。

二、晶闸管换流阀

（1）已完全掌握了换流阀部件的制造工艺；对光缆进行了反复研制和试验，取得了将光缆使用长度提高到 70m 等创新成果。

（2）完成了四重阀绝缘型式试验，该试验在国内外同类设备试验中尚属首次。

（3）采用专用计算技术的工艺设计。

（4）掌握了高均匀性、高寿命、无形变扩散掺杂技术。

（5）掌握了结终端及其相兼容的全压接工艺技术。

（6）自主研发制造了超大功率晶闸管测试与试验设备。

三、控制保护

借鉴国外直流控制保护系统的技术优点，重新自主研发，用更先进的软、硬件技术实现了通用/组态灵活的硬件平台，嵌入式的软件平台，标准化的网络和现场总线通信接口，完整的系统冗余与自检技术，可视化的编程和调试工具。

采取了着重提高系统可靠性和装置结构合理性的策略，采用嵌入式系统而不采用工控机。在硬件平台应用方面，与 PCS - 9550 系统基于同一硬件平台的控制保护设备已经成功运用于国内多个交流控制保护项目，运行可靠稳定。经过实际工程检验的 PCS - 9550 的硬件平台，已被证明其基本成熟可靠，在后续的工程实践中，该硬件平台将历经实践检验，不断提高，直至最优。在软件平台应用方面，包括多项国家技术发明专利在内的新成果以及改进的控制保护核心软件已被应用在已投运的直流工程项目中，取得了很好的实际运行效果。PCS - 9550 所拥有的核心软件是历经实际工程检验的、成熟的模块。

第三节　直流装备国产化推动相关产业发展及特高压直流工程的建设与发展

在三峡直流输电工程国产化的基础上，我国电力行业不断创新，从依赖国外建设直流输电工程到开始参与国际直流输电市场竞争，实现了跨越式发展。同时，三峡直流输电技术自主化还提高了我国直流输电装备制造能力，带动了电力相关产业发展。

根据国家发展改革委（原国家计委）关于直流设备制造国产化的总体部署，三峡±500kV 直流输电工程是高压直流输电工程自主化研制的依托项目，通过引进和消化吸收国外技术，大大提高了我国电力装备制造企业及科研机构的水平。西安电力机械制造公司、许继集团、新东北电气集团、特变电工沈阳变压器集团有限公司（简称"沈变公司"）、南京南瑞继保电气有限公司（简称"南瑞继保公司"）、保定天威保变电气股份有限公司（简称"天威保变"）等设备制造企业逐步掌握了直流输电关键成套设备设计、制造和试验技术。

在变压器制造方面，国内变压器制造企业掌握了核心技术并实现了国产化，提升了国内变压器的研制水平，推动了我国输变电行业的快速发展。在换流阀关键技术研究方面，西安电力机械制造公司及许继集团完全掌握了超高压直流输电换流阀设计、制造和试验技术，完成了超高压直流输电换流阀的国产化研制。在继电保护方面，南瑞继保公司及许继集团完成了引进技术的消化吸收和验证，掌握了核心技术，具备了自主开发直流控制保护系统的能力。2011年，南瑞继保公司自主研发的 PCS－9550 直流控制保护系统成功输出海外，获得韩国济州岛直流输电工程供货合同，标志着国内企业真正意义上实现了直流控制保护系统不依赖而且超越国外产品，真正实现了国家重大装备国产化的战略目标，从本质上提升了我国直流输电设备的国际竞争力。

三峡直流输电工程的国产化，培养了国内的研究机构和企业，推动了新材料、新工艺等的研发。从 1986 年重新开始进行前期论证到 2007 年所有单项工程项目全部竣工投产，三峡输变电工程历时 22 年。前期论证、总体规划、科研设计、建设管理、设备制造、生产运行等工程组织实施过程中，国内电力行业的各主要电力规划设计单位、科研院所、大专院校都参与了系统论证和规划设计工作；全国所有具备资质的输变电建设公司、监理单位和调试单位均参与了三峡输变电工程的建设；国内近百家输变电设备制造厂家都为三峡输变电工程提供了相应的设备和器材供应。

同时，直流工程国产化过程中鼓励采用国内设备成品和国产原材料，也带动了国内相关零部件产业的发展。在三沪Ⅱ回工程的换流变压器制造中，导线、绝缘材料、阀侧出线装置、阀侧套管、变压器油和冷却器等关键原材料和组部件均实现了国产化，为后续特高压直流工程中更大容量换流变压器的联合研制供货和最终自主化奠定了良好的产业基础和技术基础。晶闸管的核心部件实现国产化后，对晶闸管核心配套件金属化陶瓷管壳、大直径钼片及单晶硅供应厂家的发展，均起到了强有力的推动作用，这也为特高压直流工程自主研制 6in 晶闸管换流阀研制奠定了良好的基础。

三峡送出工程促进我国建立了从原材料到关键组部件和成套产品的较为完整的国产化超高压直流设备产业链，形成了超高压设备的批量生产能力，培养出大批技术人才，大幅提升了输变电行业创新能力，实现了电工装备制造业产业升级，设备国产化率稳步提升。三峡直流工程填补了我国直流输电工程换流站主设备国产化的空白。

第 五 章

结 论 与 建 议

第一节　结　　论

一、全面实现直流输电国产化，促进电工装备制造业发展

三峡输变电工程确定了"依托大项目，市场换技术，实现国产化"的总体目标和基本原则，具体包括：①要通过积极开展国际合作，采购当前世界上最先进的技术和产品；②要通过引进先进技术，实现国产化，推动我国装备制造业发展；③在中方受让企业中引入竞争，保证技术引进达到良好效果。经过三峡输变电工程建设，我国全面实现了超高压直流输电工程建设的自主化与装备的国产化。三峡输变电工程的直流工程建设中，坚持技术引进、消化吸收与自主创新相结合，攻克直流输电关键技术，逐步提高国产化率，由三峡工程第一条直流装备国产化率的 30% 直到后来的 100%，全面实现了直流输电建设技术与装备制造国产化。我国后续特高压直流工程延续了三峡工程自主化模式，进一步推动了直流输变电设备的国产化，促使我国装备制造业跻身世界领先之列。

三峡交流输变电工程中除了 35kV 分合无功的断路器较多采用合资产品外，其他基本上都采用国产设备。国内变压器制造企业在 220～1000kV 各类电力变压器和高压电抗器的设计、制造、试验等各方面均已掌握核心技术并已具有较高的技术水平，并跻身于世界先进行列。三峡输变电工程建设推动了设备制造业的飞速发展，提高了国际竞争力。

二、直流输电技术自主化降低了后续工程造价，提高了我国直流输电技术的竞争力

已建和在建直流输电工程不断下降的单位投资额清楚地表明，直流输电技

术自主化带来了巨大的经济效益。随着更多直流输电工程开工建设，直流输电技术自主化的经济效益还将不断增加。首先，三峡直流输电工程的造价不断下降，国产化促使晶闸管价格迅速下降，单位造价从三常工程的 3.32 万元下降到三广工程的 2.40 万元，下降了 28％。其次，直流输电技术自主化降低了后续工程造价，从三峡工程的平均 616.79 元/kW 下降至呼辽工程的 509.11 元/kW 和德宝工程的 464.05 元/kW，分别下降 17.5％和 24.8％，单位造价下降约 150 元/kW。最后，直流输电技术自主化将在后续直流输电工程的建设中取得更大效益，根据我国电网中长期发展规划，2020 年，我国建成直流输电工程 38 项，输电容量达 1.91 亿 kW。若按单位造价节约 100～150 元/kW 计算，使用自主化的直流输电系统和装备进一步节约工程造价 190 亿～280 亿元。

另外，大批量的国产交流输变电设备物资的使用，也大大降低了工程造价。同时促进了国内企业的研发制造水平，对发展民族工业起到积极作用。

三、提升了我国输变电科研实力，进一步充盈了输变电领域技术储备

三峡输变电工程建设过程中，我国高度重视科研能力建设，加大了投资力度，实验室建设为三峡输变电工程的科技开发，新设计、新产品的应用提供了有力支持。建设了亚洲规模最大、最先进的电力系统仿真中心，世界上最先进的分裂导线力学性能实验室、杆塔实验站和电力系统电磁兼容实验室等一批重点基地，形成了有力的技术研究平台。与此同时，依托三峡工程，大量科研项目陆续展开，一大批优秀的电力科技人才成长起来，并涌现了一些在国际输变电领域具有高知名度的专业人才，成为电力科技创新的中坚力量。

在三峡输变电设备研发设计、制造以及实施过程中，形成了多项国家、行业及企业 3 个层面的技术标准及规程规范。国家标准如《电子设备机械结构》（GB/T 19520），行业标准如《高压直流接地极技术导则》（DL/T 437）、《高压直流换流站绝缘配合导则》（DL/T 605）、《架空送电线路杆塔结构设计技术规定》（DL/T 5154），企业标准如《500kV 紧凑型架空送电线路设计技术规定》（Q/GDW 110）等。

第二节　建　　议

通过三峡输变电工程的建设，我国完全具备了超高压直流输电设计能力和直流设备制造能力，实现了国内超高压直流输电自主设计的目标。然而，我国社会经济的快速发展以及能源资源与用电需求地理分布上极不均衡的特性，决

定了我国必须走远距离、大规模输电和全国范围优化电力资源配置的道路，需要建设电压等级更高、技术水平更先进的特高压交直流输电工程，建议加强对国产化技术改进升级的持续支持，进一步推进引导潮流合理分布的特高压直流分层接入以及适应新能源远距离输送的柔性直流输电等技术的工程应用，并加大对新输电型式技术研发和装备国产化制造的支持，实现自主技术的可持续发展，使我国成为直流技术大国。

参 考 文 献

[1] 国家电网有限公司. 中国三峡输变电工程 综合卷 [M]. 北京：中国电力出版社，2008.

[2] 国家电网有限公司. 中国三峡输变电工程 创新卷 [M]. 北京：中国电力出版社，2008.

[3] 国家电网有限公司. 中国三峡输变电工程 直流工程与设备国产化卷 [M]. 北京：中国电力出版社，2008.

[4] 国家电网有限公司. 中国三峡输变电工程 交流工程与设备国产化卷 [M]. 北京：中国电力出版社，2008.

[5] 国务院发展研究中心. 三峡直流输电工程自主化的模式及影响 [R]，2012.

[6] 三峡输变电工程总结性研究课题组. 三峡输变电总结性研究 [R]，2011.

[7] 三峡输变电工程总结性研究课题组. 直流工程与国产化总结性研究 [R]，2010.

[8] 国务院发展研究中心. 三峡直流输电工程自主化的模式及启示研究 [R]，2013.

第五篇　电力系统运行评估专题报告

第 一 章

三峡电力系统运行状况简介

三峡枢纽工程自 1994 年开工建设，左、右岸电站分别安装 14 台及 12 台水轮发电机组，地下电站安装 6 台水轮发电机组，单机容量均为 700MW；电源电站安装 2 台单机容量为 50MW 的水轮发电机组。左、右岸电站首批机组于 2003 年 7 月发电，2008 年全部投产；地下电站 2011 年首批机组发电，2012 年全部投产；电源电站于 2007 年投产。

三峡输变电工程是国家电网和华中电网的重要组成部分，以三峡电站为源头，工程分布在湖北、湖南、河南、重庆、江西、广东、安徽、江苏、上海、浙江等地，包括直流工程 4 项、交流工程 94 项。

第一节 电 站 机 电 设 备

一、机组运行

2008—2013 年，电站机电设备运行正常，机组机械、电气部分经受了考验，机组的平均等效可用系数较高，强迫停运率较低，具体情况见表 5.1-1。

表 5.1-1　2008—2013 年三峡电站机组平均等效可用系数、强迫停运率和年发电量统计表

年份	平均等效可用系数/%	强迫停运率/%	年发电量/(亿 kW·h)
2008	94.24	0.04	808.12
2009	93.34	0.00029	798.53
2010	93.93	0.0037	843.7
2011	93.54	0.07	782.93
2012	94.47	0.04	981.07

年份	平均等效可用系数/%	强迫停运率/%	年发电量/(亿 kW・h)
2013	93.73	0.02125	828.27
合计	—	—	5042.62

二、机组试验

因为水轮机、发电机及尾水管型式的不同，三峡电站 32 台 700MW 水轮发电机组可分成 8 种机型，每种机型各选一台机组进行全面试验。试验性蓄水期间，在水位 145～175m 下，对各水头段进行了相应稳定性和相对效率等试验，确定了机组稳定运行区域。同时进行了最大容量 756MW（视在容量 840MVA）的甩负荷试验。

（一）能量特性

能量特性主要指水轮机的出力特性及效率特性，只有在水轮机经受水头从最小变到最大的过程，才能测试出来。由于在电站测量效率与制造厂在模型上测出的效率不完全一样，只能是相对效率。8 台试验机组水轮机相对效率试验结果如下：

（1）真机实测效率曲线与厂家预期的效率曲线变化趋势基本一致，说明真机的能量指标与模型的能量指标比较接近。

（2）实测水轮机最优出力与厂家提供的预期最优出力基本一致。

（3）水轮机出力随着导叶开度的增大而增加，至试验最大导叶开度，出力均未减小。

（4）70%预想出力至试验最大出力，5 台试验机组水轮机均有较高的效率。

试验结果表明，8 个机型机组的能量特性均符合设计要求。

（二）稳定性能

蓄水过程中，在各种不同水头和负荷下，对水轮机进行了稳定性试验。试验表明，未发现水轮机水力共振、卡门涡共振和异常压力脉动，压力脉动混频相对幅值总体满足设计要求。综合考虑压力脉动、振动、大轴摆度和水轮机效率等测试结果，将机组在全水头、全负荷范围内划分成以下 3 个运行区：稳定运行区（可以连续稳定运行）、限制运行区（允许限时运行）、禁止运行区（不宜运行）。在水力振动方面规定：稳定运行区的水力振动应小于 4%，限制运行区为 4%～6%，禁止运行区大于 6%。

（三）甩最大负荷试验

在试验性蓄水中，当水位达到 175m 时，对 7 种机型进行了甩最大负荷试验（由于电网安全运行限制，28 号机组的机型未进行甩最大负荷试验）。

7 种机型甩最大负荷试验中，蜗壳进口压力升高、转速上升率及甩负荷后回至正常空转，均在工程设计要求的范围内，机组运行正常。

（四）机组及相关设备 840MVA 运行试验

2010 年试验性蓄水至 175m 后，进行了左、右岸电站 5 种机型最大容量 840MVA 的 24h 考核运行试验。2011 年蓄水后，又对地下电站 2 种机型进行了最大功率 840MVA 的连续 8h 运行的试验（28 号机组的机型未进行这项试验）。

试验表明，机组在 840MVA 运行试验期间，各轴承运行温度、机组各部位振动摆度正常，电气性能参数满足要求。封闭母线、励磁变压器温度正常。主变压器绕组温度、油温、噪声正常。各种监测数据满足工程设计要求，设备运行稳定，机组及相关设备经受了 840MVA 连续运行的考验。

（五）三峡电站全厂满负荷运行试验

2010 年汛期，左、右岸电站 26 台机组满负荷运行，总共运行 18 天，发电 78.8 亿 kW·h。当时电源电站 2 台 50MW 机组也投入运行，总出力实际达到 18300MW。

2012 年汛期，地下电站 6 台机组投产，三峡电厂 32 台 700MW 机组和 2 台 50MW 机组满发，22500MW 设计额定出力累计运行 710.98h。

在全厂满负荷运行期间，监测成果表明，机组的轴承瓦温、振动、摆度总体正常。发电机定子温度，无论是水冷、空冷和蒸发冷却机组，在满负荷工况下均正常。32 台主变压器温度正常；对 32 台机封闭母线磁屏蔽等进行红外测温，温度正常。电站 3 个 500kV 开关站 GIS 配电装置运行正常，电站其他机电设备也都运行正常。

在满负荷运行试验期间，机电设备出现的一些小故障，大部分出现在附属设备上，都及时进行了处理，未影响满负荷运行。

三、问题及处理

（一）部分机组 100Hz 振动问题

由通用电气加拿大公司、德国伏伊特水电集团公司和德国西门子公司所组成的联营体生产的 6 台水轮发电机组及东方电机生产的 4 台发电机组在运行中发现了由二次谐波引起铁芯 100Hz 的超标振动，双振幅达 0.04mm，超过标准规定，为制造厂水轮发电机电磁设计考虑不周所致。经对定子线圈接线方式改造后，问题得到解决。

（二）水轮机卡门涡共振问题

右岸电站由阿尔斯通公司生产的 4 台水轮机和哈尔滨电气集团有限公司生产的 4 台水轮机转轮叶片产生卡门涡共振，振动频率为 360Hz 左右。机组无法正常运行，为制造厂转轮叶片出口边叶型设计失误所致。在修改叶片出口边局部叶型后振动消除。

（三）右二电厂系统低频功率振荡问题

在满负荷发电前，2010 年 7 月 13—14 日，右二电厂系统发生 5 次功率振荡，最大振荡功率达 500MW，频率为 0.83Hz，时间约 1min，对电力系统安全运行构成威胁。经组织有关单位研究后，查明为励磁调节系统内的系统稳定器（PSS）的软件缺陷所致。

（四）29 号、30 号机组 700Hz 振动问题

地下电站 29 号、30 号机组在运行中发现发电机定子有 700Hz 的谐波振动，其中 30 号机组定子铁芯振动的加速度双振幅达到 5g（g 为重力加速度）。经制造厂处理后，振幅有所降低。

三峡电厂 26 台水轮发电机组已经过多年运行，各种机型都做过从低水头到高水头、从低负荷到高负荷的全面试验，机组正常运行时的振动、摆度、温度情况都比较清楚。从 4 号机组转轮脱落问题的发现及处理过程来看，机组正常运行时，突然出现推力瓦温度和顶盖水压异常的情况，判断为止漏环脱落，立即停机检查并进行了处理，防止了机组发生事故。建议三峡电站 26 台机组在正常运行区运行时，如突然出现振动、摆度、温度十分异常的情况（不是一般异常），有可能是机组零部件出现问题，应立即采取措施，查明原因，不要勉强带病运行或强迫补气运行，防止运行中出现事故，以保障机组安全稳定运行。

四、小结

（1）左、右岸电厂 26 台 700MW 水轮发电机组在 2008—2010 年 3 年试验性蓄水位抬升过程中，进行了水位 145～175m 各水头相应的稳定性和相对效率等试验，并对机组进行了从低水头至高水关、单机额定容量和最大容量、电站满出力等不同运行工况的考核；遵循国际、国内相关标准和规范，以水轮发电机组为重点进行了较全面的真机性能试验监测。地下电站 6 台水轮发电机组

在 2011—2012 年试验性蓄水位过程中，进行了同样的试验。试验结果表明，机电设备可以在水位 145～175m 范围内安全、稳定、高效地运行。

（2）三峡电站发电设备保持了较高的安全可靠性，截至 2013 年年底，已连续安全运行 2693 天。2010 年汛期，对 26 台机组进行了 18200MW 满负荷试验运行，累计运行时间 1233h；2012 年汛期，实现了 32 台机组 22400MW 安全满发约 711h，机组及相关设备运行正常，机组运行平稳，机组振动、摆度正常。机电设备经受了满负荷连续运行的检验，满足规范和设计要求。

第二节　发　电　情　况

2003 年 7 月，三峡电站首批机组正式并网发电；左岸电站 14 台机组，已于 2005 年年底全部投产；到 2007 年年底，三峡电站共有 21 台机组投产发电，机组投产容量达 14700MW，累计发电量达 2074 亿 kW·h；2008 年，三峡 26 台机组全部投产，机组投产时间比计划提前了一年。2003—2008 年三峡电站机组逐年投产情况见表 5.1-2。

表 5.1-2　　　　2003—2008 年三峡电站机组逐年投产情况

年份	投产机组数量/台								
	4 月	6 月	7 月	8 月	9 月	10 月	11 月	12 月	合计
2003			2	2		1		1	6
2004	2		1	1				1	5
2005	1	1				1			3
2007		1	1	1		1	1	2	7
2008	1	2						2	5

由于三峡电站装机进度提前，以及围堰发电期水库枯水期水位适当抬高、运行调度优化，蓄水以来发电量较初步设计预计的有较大增加。蓄水以来（2003 年 7 月至 2007 年 12 月），实际发电量累计为 2074 亿 kW·h，与初步设计预计值相比增加 490 亿 kW·h。

三峡电站的投产恰逢全国电力市场需求猛增、供电短缺时期，由于工程建设加快，三峡电站装机进度提前，并采取水库调度等多种措施，增发了电量，大大缓解了受电地区的供电紧张局面。

2003—2007 年三峡电站机组实际运行与设计阶段对照情况见表 5.1-3。

表 5.1-3　2003—2007 年三峡电站机组实际运行与设计阶段对照表

设计阶段	项目	单位	2003 年	2004 年	2005 年	2006 年	2007 年
初步设计	水位	m		135		135	156
	装机台数	台	2	6	10	14	18
	装机容量	MW	1400	4200	7000	9800	12600
	发电量	亿 kW·h	34.4	207.3	332.6		1011.22
实际运行	水位	m		135～139		156	156
	装机台数	台	6	11	14	14	21
	装机容量	MW	4200	7700	9800	9800	14700
	发电量	亿 kW·h	86.08	391.57	490.89	492.49	613.08

2011 年三峡地下电站首批机组发电，2012 年地下电站全部 6 台机组投产，至此，三峡左、右岸及地下电站共 32 台 700MW 机组全部投入运行。2008—2013 年三峡电站投运及发电利用情况见表 5.1-4。

表 5.1-4　　　　2008—2013 年三峡电站投运及发电利用情况

年份	投运台数	装机容量 /MW	年末总装机 容量/MW	总台数	发电量 /(亿 kW·h)	运行小时 /h	利用小时 /h
2008	5	350	1820	26	808.12	4803.6	4415.32
2009	0	0	1820	26	798.53	4654.09	4372.92
2010	0	0	1820	26	843.7	4849.48	4613.82
2011	4	280	2100	30	782.93	3984.39	3705.78
2012	2	140	2240	32	981.07	4558.7	4361.67
2013	0	0	2240	32	828.27	3919.34	3682.48

自 2003 年首台机组投产至 2013 年年底，三峡电站保持机组长期稳定运行，累计发电 7119.69 亿 kW·h。三峡电站长期稳定发电为我国经济和社会发展做出了巨大贡献，同时作为清洁能源，替代了大量化石资源，有利于节能减排和可持续发展。

第三节　输变电系统运行情况

一、总体情况

三峡输变电工程由三峡近区网络、主要输电通道以及各省电力消纳配套输变电工程构成。1997 年开工，2003 年配合三峡左岸电站首批机组发电外送，2004—2006 年配合左岸电站 14 台机组投产电力外送，2007—2008 年配合右岸电站 12 台机组投产电力外送，主体工程全部建成投产。2010 年配合三峡地下电站机组发电外送，完成葛沪直流工程增容改造工作，新增三沪Ⅱ回直流工程。

1. 三峡直流输电系统情况

三峡直流输变电工程包括三常、三沪、三沪Ⅱ回、三广 4 条直流输电线路，总计有龙泉（2003 年投产）、政平（2003 年投产）、江陵（2004 年投产）、鹅城（2004 年投产）、宜都（2007 年投产）、华新（2006 年投产）、团林（2011 年投产）、枫泾（2011 年投产）8 座直流换流站。三峡输变电直流输电系统基本情况见表 5.1 - 5。

表 5.1 - 5　　　　　　　　三峡输变电直流输电系统基本情况

工程名称	极	投运日期	额定电压 /kV	额定输送容量 /MW	线路长度 /km
三常	极Ⅰ	2003 年 6 月	±500	1500	860
	极Ⅱ	2003 年 6 月	±500	1500	860
三广	极Ⅰ	2004 年 6 月	±500	1500	975
	极Ⅱ	2004 年 6 月	±500	1500	975
三沪	极Ⅰ	2006 年 12 月	±500	1500	1050
	极Ⅱ	2006 年 12 月	±500	1500	1050
三沪Ⅱ回	极Ⅰ	2011 年 5 月	±500	1500	978.4
	极Ⅱ	2011.5 月	±500	1500	978.4

三峡输变电直流换流站安全运行情况见表 5.1 - 6。

表 5.1 - 6　　　　　　　　三峡输变电直流换流站安全运行情况

换流站名称	安全运行天数/d	起始时间	截止时间
龙泉	4412	2002 年 5 月 1 日	2014 年 5 月 30 日
政平	4003	2003 年 6 月 16 日	2014 年 5 月 30 日
江陵	3090	2005 年 12 月 13 日[①]	2014 年 5 月 30 日
鹅城	3603	2004 年 7 月 5 日	2014 年 5 月 30 日
宜都	2734	2006 年 12 月 4 日	2014 年 5 月 30 日

续表

换流站名称	安全运行天数/d	起始时间	截止时间
华新	2736	2006 年 12 月 2 日	2014 年 5 月 30 日
团林	1223	2011 年 1 月 23 日	2014 年 5 月 30 日
枫泾	1183	2011 年 5 月 2 日	2014 年 5 月 30 日

① 江陵站于 2005 年 12 月 13 日中断安全运行记录，中断原因是 2005 年 12 月 13 日三江Ⅱ线检修期间，整组试验过程中误投压板导致江夏Ⅰ线跳闸。

2. 三峡交流输变电情况

三峡交流输变电设备总计 500kV 变电站 21 座，变电容量 22750MVA，输电线路 106 条，总长 7280km（折合成单回路长度），分别由湖北、湖南、河南、江西、重庆、安徽、江苏、浙江和上海等省级电力公司运行维护。其中三峡左、右岸及地下电站送出线路 16 条，包括三江 3 回线、三龙 3 回线、峡葛 4 回线、峡林 3 回线和峡都 3 回线等，线路长度合计为 1362.57km，均由湖北电力公司运维。

二、输变电系统适应性

三峡左、右岸电厂分母运行时，各输电断面送电能力如下：左一（三龙）断面 5600MW，左二（三江）断面 4200MW，右一（峡葛）断面 4200MW，右二（峡都）断面 4200MW，右三（峡林）断面 4200MW，各断面年度送出电量见表 5.1 - 7。

表 5.1 - 7　　　　　三峡送电断面年度送出电量情况

年份	送出电量/(亿 kW·h)				
	左一电站	左二电站	右一电站	右二电站	右三电站
2010	237.07	202.13	199.96	195.10	—
2011	198.15	180.30	190.29	159.63	45.14
2012	239.17	199.63	214.74	199.19	119.34
2013	213.97	166.22	168.98	178.34	92.32

三峡输变电工程建成投产后，全面实现了 26100MW 的送电能力（其中，向华中、华东、广东送电能力分别为 12900MW、10200MW、3000MW），输电能力满足三峡电厂（包括地下电站）的电力送出要求，达到了三峡输变电工程的建设目标。

2008—2012 年，三峡电厂累计上网电量 4169 亿 kW·h，跨区域直流输电通道累计输送电量 2609 亿 kW·h，送华东电网 1849 亿 kW·h（其中三峡电力

1598 亿 kW·h），送南方电网 760 亿 kW·h（其中三峡电力 710 亿 kW·h），三峡电力送华中电网 1861 亿 kW·h。三峡输电系统向华中、华东、南方 3 个电网输送、消纳电力能力，能满足三峡电站 32 台机组共计 22400MW 装机满发的电力外送要求，并兼顾了西部水电外送的要求。

2008 年和 2009 年，三峡电站送出线路合计最大潮流分别达到 16150MW 和 18060MW，直流输电线路最大潮流均达到满负荷。

2010—2013 年，三峡电站送出线路合计最大潮流及直流输电线路最大潮流见表 5.1-8。

表 5.1-8　　　　　2010—2013 年三峡电站送出线路合计最大

潮流及直流输电线路最大潮流

年份	送出线路合计最大潮流/MW	达满负荷功率/MW				
		三广	葛南	三常	三沪	三沪Ⅱ回
2010	19250	3000	1160	3000	3000	—
2011	20750	3000	1160	3000	3000	3000
2012	21900	3000	1160	3000	3000	3000
2013	22200	3000	1160	3000	3000	3000

上述运行情况说明三峡输变电工程确保了三峡机组满发，并且输变电工程自身也得到了充分利用。

三、输变电系统安全可靠性

2003—2013 年，三峡输电系统保持安全稳定运行，未发生系统稳定性破坏等安全稳定事故，保障了三峡电力"送得出、落得下、用得上"。

1. 直流输电系统

三峡输变电工程直流设施可靠性水平处于世界先进行列。2003—2013 年，三常、三广、三沪、三沪Ⅱ回直流工程平均能量可用率分别为 95.65%、93.47%、93.84%、91.53%，强迫能量不可用率分别为 0.312%、0.873%、0.340%、0.412%。2003—2013 年，龙泉、政平、江陵、鹅城、宜都、华新、团林、枫泾等 8 座换流站发生单极闭锁共计 92 次、双极闭锁 6 次。单极闭锁率 1.75 次/（极·年）低于国际上同类直流输电系统的平均值 4.68 次/（极·年）。

2003—2013 年直流工程可靠性指标详见表 5.1-9。

表 5.1 - 9　　　　2003—2013 年直流工程可靠性指标统计表

年份	直流工程名称	能量可用率/%	强迫能量不可用率/%	计划能量不可用率/%	单双极闭锁次数/次		
					单极	双极	总计
2003	三常	98.58	0.53	0.89	8	0	8
2004	三常	92.86	0.92	6.22	7	0	7
	三广	96.60	2.00	1.40	6	1	7
2005	三常	95.59	1.26	3.15	7	1	8
	三广	93.89	1.86	4.25	6	1	7
2006	三常	96.63	0.15	3.22	1	1	2
	三广	95.53	0.7	3.77	0	0	0
2007	三常	97.06	0.01	2.93	1	0	1
	三广	94.31	1.19	4.50	1	0	1
	三沪	91.59	1.49	6.92	7	0	7
2008	三常	94.76	0.09	5.15	4	0	4
	三广	77.51	1.54	20.95	5	1	6
	三沪	85.79	0.82	13.39	1	0	1
2009	三常	94.47	0.13	5.40	2	0	2
	三广	89.38	0.21	10.41	7	0	7
	三沪	92.95	0.01	7.04	1	0	1
2010	三常	97.21	0.08	2.72	3	0	3
	三广	97.49	0.04	2.47	1	0	1
	三沪	95.88	0.01	4.12	1	0	1
2011	三常	91.86	0.09	8.05	3	0	3
	三广	96.25	0.58	3.18	4	0	4
	三沪	97.91	0.03	2.06	2	0	2
	三沪Ⅱ回	85.26	0.03	14.71	1	0	1
2012	三常	97.08	0.07	2.45	2	0	2
	三广	96.54	0.01	3.45	1	0	1
	三沪	96.03	0	3.98	0	0	0
	三沪Ⅱ回	94.22	0.37	5.41	1	0	1
2013	三常	96.10	0.10	3.80	3	0	3
	三广	97.21	0.61	2.18	2	0	2
	三沪	96.71	0.02	3.27	1	0	1
	三沪Ⅱ回	95.10	0.84	4.07	3	1	4
累计					92	6	98

三峡送出工程包括 4 条直流线路，各条直流线路故障停运率情况见表 5.1-10。

表 5.1-10　　　　　　　　　直流线路故障停运率情况

线路名称	2009 年	2010 年	2011 年	2012 年	2013 年
三常线	0	0	0.116 (1)	0.116 (1)	0.116 (1)
三广线	0.636 (6)	0.106 (1)	0.318 (3)	0.106 (1)	0.106 (1)
三沪线	0	0.095 (1)	0.095 (1)	0	0.095 (1)
三沪 II 回	—	—	0	0	0

注　括号内数值表示次数，单位为次/（百公里·年）。

直流线路单极故障停运 18 次，其中山火与异物引起停运约占停运总数的 50%；风偏、雷击、污闪引起停运分别约占停运总数的 15%、10% 和 10%。可见，外力破坏（包括山火、异物短路等）是导致线路故障停运的主要原因。

通过加强设备运维管理，对导致闭锁的原因深入分析并及时整改和消缺，对运行过程中发现的缺陷及时处理，各条直流线路的单极故障停运次数呈下降趋势，线路抵御恶劣自然灾害（如冰害、风害）的能力得到提高；换流站单极故障停运次数维持较少水平，在国际上保持领先。目前换流站和直流线路设备总体运行平稳，不存在影响系统安全稳定运行的问题。

2. 交流输电系统

2009—2013 年，三峡工程 500kV 交流线路与全国 500kV 交流线路可靠性指标对比见表 5.1-11［跳闸率和停运率单位均为次/（百公里·年）］。

表 5.1-11　　　　　　　　　交流线路可靠性指标对比

线路名称	2009 年		2010 年		2011 年		2012 年		2013 年	
	跳闸	停运	跳闸	停运	跳闸	停运	跳闸	停运	跳闸	停运
三峡工程 500kV 交流线路	0.377	0.086	0.506	0.161	0.161	0.054	0.204	0.054	0.280	0.107
全国 500kV 交流线路	—	0.123	—	0.226	—	0.085	—	0.081	—	0.115

从表中可以看出，2009—2013 年，三峡工程 500kV 交流线路的跳闸率和故障停运率较同期 500kV 线路的运行指标总体领先，交流输变电工程可靠性水平高于全国平均水平，说明三峡完善工程以及后期线路的差异化防雷、防冰和防舞动等技术改造和大修等投入效果明显。

据统计，三峡工程送出输电线路 106 条在 2009—2013 年间共发生线路跳闸 142 次，故障停运 43 次。线路跳闸原因分别为雷击 90 次，占跳闸总数的

63.4%；山火和异物引起 29 次，占跳闸总数的 20.4%；鸟害 8 次，占跳闸总数的 5.6%。以上 3 种原因占跳闸总数的 89.4%，其中雷击是线路跳闸的主要原因。交流线路故障原因分别为山火和异物引起 25 次，占线路停运总数的 60.2%；风害 5 次、冰害 4 次分别占线路停运总数的 11.6% 和 9.3%，可见山火和异物引起是导致线路故障停运的第一要素。

通过以上分析和电网实际运行情况可知，三峡输变电工程可靠性较高，直流闭锁或交流线路故障未影响三峡工程电力外送，没有发生由于送电能力不足而导致机组停运的情况。

四、三峡近区用电需求满足情况

三峡近区覆盖宜昌、荆门、荆州三市（简称"宜荆荆地区"），2013 年全社会用电量 456 亿 kW·h，最大负荷 787 亿 kW·h，已成为湖北第二大负荷中心。未来，宜荆荆地区用电量还将进一步增长。

为应对三峡近区用电负荷的快速增长，国家电网公司加强了近区电网的规划和建设。2009 年，国家电网公司建设葛南变电站，由葛洲坝大江电厂和隔河岩电厂供电；龙泉变电站带负荷，220kV 电网分片运行，解决了宜昌缺电问题。

2012 年 7 月，安福寺（宜昌北）500kV 输变电工程建成投产；2013 年 12 月，三峡右一——江陵Ⅰ、Ⅱ回线路 π 接宋家坝换流站建成投产。上述两项工程建成后，一是满足了宜昌江北用电需求，同时避免了新建线路交叉跨越三峡近区电网；二是三峡右一分厂改为一点接入，简化了网络结构，消除了右一分厂送出系统存在的薄弱环节。2014 年 4 月，屈陵（荆州南）500kV 输变电工程建成投产，满足了荆州地区用电需求，并为三峡近区 220kV 电网分区运行创造了条件。

通过电网规划的有效落实，三峡近区电网已建成龙泉、朝阳、安福、双河、江陵、兴隆、屈陵等 7 座 500kV 变电站（变电容量为 10000MVA），此外还有 220kV 变电站 42 座（变电容量为 11650MVA），满足了当地经济社会发展的用电需要。

五、小结

1. 输变电系统适应性

输电能力满足三峡电力输送要求，适应不同运行方式和电力潮流方向变化；直流输电在运行中发挥了远距离、大容量经济输电的技术特性和灵活、快速控制输送功率的优点，有利于电网的安全稳定控制。

2. 输变电系统安全可靠性

输变电系统保持安全稳定，系统运行平稳，试验性蓄水五年保障了三峡电力外送安全，实现了三峡电力"送得出、落得下、用得上"的建设目标，直流输电设施可靠性水平处于世界先进行列，交流输电设施可靠性高于全国平均水平。

第 二 章

三峡电力系统电力调度

第一节 三峡电力调度任务和原则

一、调度任务

三峡水利枢纽的主要任务是在保证在建工程及施工安全的前提下，逐步发挥防洪、发电、航运等综合效益。

葛洲坝水利枢纽是三峡水利枢纽的航运反调节枢纽，主要任务是对三峡水利枢纽日调节下泄的非恒定流过程进行反调节，在保证航运安全和通畅的条件下充分发挥发电效益。

三峡发电调度的任务是在保证工程施工、防洪运用和航运安全的前提下，利用兴利调节库容，合理调配水量多发电，承担电力系统调峰任务和逐步参与系统调频运行。

二、调度原则

三峡电力调度遵从综合利用、统一调度、保障安全和兼顾经济的调度原则：

（1）按照发电调度服从电网统一调度的原则，由国调中心根据电网运行实际直接调度梯调中心，并调度到三峡电站、葛洲坝电站的 500kV 和 220kV 母线，梯调中心根据规程要求并遵照国调中心的指令，对三峡电站和葛洲坝电站的机组出力进行优化分配，并实施开停机。

（2）发电调度应与航运调度相互协调，保障航运安全，当与防洪调度发生矛盾时应服从防洪调度。当汛期出现大洪水，为满足泄洪要求，泄水设施全开泄洪时电站应确保机组可全开度运行，在保障电网安全运行的前提下，国调中心要尽力为电站全开度运行时的电力外送创造条件。

（3）汛期维持防洪限制水位时，应充分利用来水多发电。一般情况下，10月按水库调度图蓄水至汛末蓄水位；11月至次年4月，原则上按水库调度图运行，库水位不低于枯水期消落低水位；5月底库水位消落至枯水期消落低水位。

（4）三峡电站根据电网需要及协议规定的调峰幅度，参与系统调峰运行，逐步参与调频运行。

（5）发电调度方案制定应以电网、三峡电站安全运行为前提，并努力做到经济、优质运行。

第二节　三峡电力调度方式

一、发电调度按水库调度图运行

三峡水库发电调度按水库调度图运行，制定水库调度图的主要规则如下：

（1）汛期6月中旬至9月，水库维持防洪限制水位运行，发电服从防洪。

（2）10月为蓄水期，在兼顾下游航运流量需求的情况下，原则上电站按大于保证出力的需求发电放流，拦蓄其余水量，水库平稳上蓄至汛末蓄水位。实际运用中发电安排应尽量保持出力与9月下旬平稳衔接。

（3）枯水期，电站在不小于保证出力的条件下，水库一般尽可能维持高水位运行。当遇特枯水年水量不能满足发电要求时，电站按降低出力运行。库水位在保证出力区一般按保证出力发电，若水库已充蓄至汛末蓄水位，则按来水流量发电。库水位在装机预想出力区则按预想出力发电。库水位在降低出力区，若水库未放空至枯水期消落低水位按降低出力发电；若水库已放空至枯水期消落低水位则按来水流量发电。

二、电站运行方式

葛洲坝电站在三峡电站按调峰方式运行时，利用两坝间库容进行反调节，葛洲坝电站可配合三峡电站联合调峰运用，但葛洲坝电站调峰幅度应小于单独运行时的幅度。

在实际运行中，梯调中心根据入库流量预报设备工况，提出日发电量计划建议并上报国调中心。梯调中心按国调中心下达的日运行方式计划，编制各分厂运行机组的出力分配和机组启停计划。

在枯水期，电站按调峰方式运行，其调峰幅度可随机组投产进度逐步增加，允许调峰幅度根据不同流量级、机组工况、装机进度和航运等因素综合拟定。电站日调峰运行时，要留有相应的航运基荷。

在汛期，按来水流量实施不同发电方式。当来水流量大于装机过水能力时，电站原则上应按装机预想出力满发方式运行。若电站弃水调峰时，则泄水设施要配合运用，泄水流量要维持日内来水与泄水基本平衡。当来水流量小于装机过水能力时，可适当承担一定的调峰任务。

三、综合利用方式

《三峡（正常运行期）—葛洲坝水利枢纽梯级调度规程》对发电调度与防洪、排沙、航运等多种综合利用要求之间的关系进行了明确规定：三峡电站发电调度以电网、三峡电站安全运行为前提，利用兴利调节库容，合理调配水量多发电，增加发电效益，承担电力系统调峰、调频、事故备用任务，并努力做到经济、优质运行。发电调度服从防洪调度、水资源调度，并与生态、减淤、航运调度相协调。葛洲坝电站在三峡电站调峰时，要合理利用反调节库容进行反调节，适应航运的需要。

（1）发电与防洪协调调度机制：三峡集团公司根据工程或大坝度汛需要，提出年度汛期调度运用方案，报长江防总办公室审核，同时报国调中心备案，再由国家防总办公室发文批复执行。汛期防洪调度具体运用，由长江防总根据水库上下游降雨和来水情况，结合水库及河道防洪要求，国家电网公司、三峡集团公司以及有关省（直辖市）防办下达防洪调令，由三峡集团公司具体执行，国家电网公司配合进行电力计划安排和调整，满足防洪调度需要。

（2）发电与排沙协调调度机制：三峡开展库尾减淤一般安排在消落期的4—5月，由长江防总办公室根据三峡集团公司提出的排沙要求，结合三峡水库水位和库尾河道水情，包括国家电网公司在内的有关方面制定库尾减淤试验调度方案后下达调令，由三峡集团公司具体执行，国家电网公司配合进行电力计划安排和调整，满足排沙调度需要。

（3）发电与航运协调调度机制：正常情况下，发电调度安排严格遵照《三峡（正常运行期）—葛洲坝水利枢纽梯级调度规程》中相关规定执行，主要包括枯水期消落日变幅、水库上下游水位日变幅和小时变幅、汛末蓄水期下泄流量、枯水期葛洲坝下游最低水位等。遇有翻船、搁浅等海事发生时，航运部门紧急向三峡集团公司申请，国家电网公司配合调整发电计划，满足船只救援需要。汛期由于机组大发或泄洪（出库超过 $25000\,\mathrm{m}^3/\mathrm{s}$）可能造成两坝间中小船舶积压需要临时过闸时，由航运部门向长江防总办公室提出要求，长江防总商包括国家电网公司在内的有关方面后下达调令，由三峡集团公司具体执行，国家电网公司配合进行电力计划安排和调整，满足船舶过闸需要。

在实际调度中，三峡发电严格按照调度规程执行，在实现发电功能时充分考虑了防洪、排沙、航运等不同要求，保障了三峡电站的综合利用效益。

四、发电调度决策过程

三峡电力向各区域消纳比例根据国家规定事先约定。国家电力调度控制中心按照《三峡（正常运行期）—葛洲坝水利枢纽梯级调度规程》，对三峡电力进行调度。

三峡发电调度总体上是自上而下制定。首先，国调中心依据国网交易中心下发的直调系统月度计划中的三峡分电原则编制三峡日前发电计划，分送华东、华中、南方电网。按照三峡来水情况、水位控制要求确定三峡日发电量，参考送受端电网负荷特性，确定高峰、低谷时段及峰谷比例。同时，根据电网稳定运行规定对各断面的约束确定三峡各分厂出力，系统安全校核通过后，完成三峡日前发电计划的编制。随后，华中、华东等区域电网按照区内各省电力供需情况确定省间分配比例，进行三峡电力的二次分解，确定送区域内各省的电力计划曲线。

三峡电力在调度过程中，可以根据受电区域供需等情况进行电力交易的置换，置换交易可发生在月间、日间和日内。通过电力的交易置换，能够达到不同区域间互补余缺的作用。

三峡发电调度具有跨省跨区平衡特性，能在一定程度上实现大范围内资源协调配置，促进电网安全、稳定、经济运行。

第三节　水电资源优化调度与利用

一、三峡电站水能利用与调峰

（一）水能利用情况

国调中心与梯调中心、三峡电站在三峡电力调度中相互配合，密切监视水库流域降雨和来水情况，提升了水情预报精度，结合电网运行需要和梯级电站运行要求，采取了一系列优化调度措施节水增发，取得了良好的节能调度效果。据统计，2008—2013 年三峡电站累计节水增发电量为 256.1 亿 kW·h，平均水能利用提高率达 5.3%，详见表 5.2 - 1。

在水资源优化利用方面主要的节水增发措施如下：

表 5.2-1　　　　　2008—2013 年三峡电站节水增发电量统计表

年　份	2008	2009	2010	2011	2012	2013
节水增发电量/(亿 kW·h)	37.8	39.6	40.8	37.9	55.7	44.3
水能利用提高率/%	4.96	5.23	5.09	5.17	5.88	5.45

（1）在消落期，在满足电网安全运行需要和下游航运、生态用水需求前提下，尽量保持高水位运行，提高发电水头效益。

（2）在 5 月下旬至 6 月上旬集中消落期，加强滚动预报，合理安排和调整发电计划，尽最大可能不让三峡、葛洲坝电站弃水。

（3）在汛期上游无大洪水、下游无错峰等防洪需要时，保持三峡水库在 144.9～146.5m 范围内偏高运行，以及重复利用库容调蓄增发电量。2013 年，三峡水库重复利用库容增发电量 10.8 亿 kW·h。

（4）在汛期遇有中小洪水时，积极联系长江防总开展蓄洪调度，并尽可能保持三峡电厂大发满发运行增发电量。2013 年，三峡水库开展蓄洪调度增发电量 38.4 亿 kW·h。

（5）在汛末蓄水期，充分利用汛末洪水开展预报预蓄，抬高起蓄水位和 9 月底蓄水位，尽早蓄满水库，提高水头增发电量。

（二）调峰情况

三峡电站通过和葛洲坝电站的联合运用并结合自身能力参与电力系统调峰运行，缓解了电力市场供需矛盾，改善了调峰容量紧张的局面，有利于电网安全稳定运行，同时也是充分发挥三峡工程效益、提高三峡电能市场竞争力的需要，2008—2013 年三峡电站调峰情况见表 5.2-2。

表 5.2-2　　　　　2008—2013 年三峡电站调峰情况统计表

年　份	2008	2009	2010	2011	2012	2013
平均调峰容量/MW	890	1000	910	1640	1910	2010
最大调峰容量/MW	3830	5240	4520	5500	7080	5400

受来水及蓄水位的限制，三峡电站调峰一般发生在枯水期，其电力调度能够考虑受电区域负荷峰谷形状进行调峰计划安排。在汛期来水较小时，要求控制三峡水库水位不超过 146.5m，此时可充分利用三峡水库的调蓄作用，优化水库调度和计划安排，加大调峰力度，有利于缓解华东、华中电网 7—8 月用电紧张局面。

二、上下游协同调度

三峡工程上游干支流已建的大中型水库电站主要有：二滩（调节库容

33.7 亿 m³)、洪家渡（调节库容 33.6 亿 m³）、引子渡（调节库容 3.22 亿 m³）、东风（调节库容 4.9 亿 m³）、乌江渡（调节库容 13.5 亿 m³）、彭水（调节库容 5.07 亿 m³）、宝珠寺（调节库容 13.4 亿 m³）、紫坪铺（调节库容 7.74 亿 m³）、大桥（调节库容 5.98 亿 m³）、狮子滩（调节库容 7.0 亿 m³）、溪洛渡（调节库容 64.6 亿 m³）、向家坝（调节库容 9.03 亿 m³）、构皮滩（调节库容 31.54 亿 m³）、锦屏一级（锦西）（调节库容 49.1 亿 m³）、瀑布沟（调节库容 38.94 亿 m³）、金安桥（调节库容 3.47 亿 m³），已建水库调节库容合计约为 324 亿 m³。

根据水电河流规划和电力发展规划，三峡上游干支流正在陆续建设和规划设计大批规模巨大并具有较大调节库容的梯级水电站，如观音岩（调节库容 5.55 亿 m³）、猴子岩（调节库容 3.87 亿 m³）、大岗山（调节库容 1.17 亿 m³）、亭子口（调节库容 17.5 亿 m³）、两河口（调节库容 65.5 亿 m³）、下尔呷（调节库容 19.3 亿 m³）、双江口（调节库容 21.52 亿 m³）、龙盘（调节库容 215 亿 m³）、鲁地拉（调节库容 5.8 亿 m³）、乌东德（调节库容 26.15 亿 m³）、白鹤滩（调节库容 104.36 亿 m³）等，水库总调节库容约为 485 亿 m³。

长江上游水电站汛期蓄水过程可以起到拦截长江洪水基流的作用，与长江三峡配合，可以大大提高三峡工程的防洪作用，使经济发达的长江中下游地区免受洪水灾害。

同时，上游水库的蓄放对三峡年来水量和年内分配过程影响较大，在一定程度上增加了三峡枯水期发电量和年发电量。依据国家防总下达的《关于2013 年度长江上游水库群联合调度方案的批复》中对水库汛期水位控制的相关要求，结合水库运用基本资料和控制原则，分别按设计用多年平均入库流量和考虑上游电站调蓄后的电站入库流量进行三峡电量分析，结果如下：在上游电站调蓄影响下，三峡—葛洲坝梯级电站年发电量较多，年平均入库流量对应发电量多 33.34 亿 kW·h，其中三峡多 23.1 亿 kW·h；枯水期（1—5 月、11—12 月）发电量三峡—葛洲坝梯级电站增加 72.8 亿 kW·h，其中三峡增加 64.09 亿 kW·h。

经分析，在蓄水期上游溪洛渡、向家坝水库蓄水对三峡水库正常蓄水有较大影响。通过提前蓄水的方式来增加流域有效蓄水量，可以消除或缓解这种不利局面。从水库群的蓄满率、防洪、对下游供水等方面考虑，在防洪可控的条件下，溪洛渡、向家坝水库汛后蓄水时间适当提前，有利于提高三峡水库汛末9 月底蓄至控制蓄水位 162m 的年数和汛末蓄满率，有利于增加三峡水库蓄水期对长江中下游的供水能力，有利于提高梯级水库的发电效益。在消落期，从溪洛渡、向家坝、三峡水库消落次序和枯水年三峡水库调度方式两个角度来看，三峡水库优先供水对梯级发电效益有利，溪洛渡优先供水对下游供水有利，三库不同供水次序对库区航运的影响差别不大，通过合理安排消落次序可提升联合调度效益。

此外，三峡电站枯水期平均下泄流量可达 $5800\text{m}^3/\text{s}$ 左右，使得葛洲坝枯水期的来水量增加了近一倍，保证出力也可提高到 $1048\sim1198\text{MW}$；而且随着三峡电站的调峰发电，葛洲坝电站也可起到相应的调峰作用，使得 2715MW 的装机设备得到更充分的利用。在汛期，三峡水库的蓄洪作用可以削减大洪水的洪峰流量，使得葛洲坝电站水头不至于降得太多而导致发电受太大的影响，从而改善了发电质量，提高了发电效益。

综上分析，上游干支流水库电站的建设，对三峡电站、葛洲坝电站发电质量和数量的改善都是十分有益的，上下游和干支流水电开发是一个相互促进、共同提高的过程。上游水库的调节作用增加了三峡水库枯水期调节流量，使三峡电站的保证出力增加、航运基荷加大、电站的调峰能力加大，通过实施上下游协同调度，三峡电站的发电质量更加优良，上下游协同效益更为显著。

第四节　跨区跨省协同调度

三峡电力系统送受范围涵盖华中、华东、南方广大区域，不同区域及省级电网的电源结构、电网特性、负荷特性各不相同，存在跨区跨省特性互补与资源共济的客观规律。

华中水电比例大，华东火电比例大，通过三峡直流输电系统向华东送电，实现了华中与华东电网互联，进而可实现两网的互补，将华中的季节性电能转换为华东的夏季季节性负荷，使三峡水电季节性电能得到合理利用。再者华东电网与华中电网负荷特性相互补偿，可以减少满足尖峰负荷需要的总装机，从而减少备用，节省装机投资。广东纳入三峡电站的供电范围，实现华中电网与南方电网的互联，有利于三峡水电的消纳，也为长江流域与珠江流域的跨流域调节创造了条件。特别是在 2003—2004 年我国煤电油运全面紧张期间，以及 2008 年我国应对冰灾、地震过程中，通过三峡输变电工程及时调整网络运行方式，确保了电力安全供应，充分发挥了电力调剂的作用。

以 2014 年端午节假期（6 月 1—3 日）为例，节日负荷比平时大幅度降低，而三峡发电无节日效应，反遇来水增加，各网均面临低谷调峰困难问题。华东电网 6 月 3 日低谷最低用电负荷仅 95000MW，比正常工作日要低 $40000\sim50000\text{MW}$，小 30％ 左右，而三峡发电比节前增加约 2000MW。华中电网用电负荷从节前 110000MW 下降至 98000MW，而三峡发电从节前

9000MW 增加到 12000MW，增加了 3000MW。为保证消纳三峡电力和节日电网调峰需要，华东电网积极组织省间互济，协调江苏、安徽向上海、浙江输电，江苏提供低谷支援电力 1000MW，向安徽提供支援电力 500MW，保证了低谷用电平衡。华中电网积极开展全网火电机组深度调峰能力研究，不断丰富电网调峰手段，在三峡发电变化较大导致电网调峰困难时，采用小机启停、机组深度调峰及抽蓄电站配合调峰等手段缓解电网调峰困难，端午节期间共安排火电停机 9000MW，其中为消纳三峡水电增加停机 2000MW。正是通过跨区跨省统筹协同调度和水火联调等措施，实现了三峡水电的足额消纳和零弃水，充分利用了水能，降低了系统整体运行成本。

通过跨区跨省优化调度，充分发挥调峰、错峰、互为备用、调剂余缺等互联电网效益，实现了更大范围内的资源优化配置，提升了电网安全运行水平。

第五节　设备运维和检修计划

为保证三峡电站综合效益的发挥，国家电网公司遵循发输电设备配合、一二次设备配合、上下级电网协调的原则，执行长江防总调令，在满足电网安全及平衡需求的前提下，尽可能满足三峡电站机组、三峡近区电网及配套直流送出系统的停电检修需求。

从年度、月度和日前三个维度，开展三峡工程相关停电设备的统筹协调。在年度、月度层面，优先安排三峡电站机组及近区送出线路的停电检修工作，并在日前根据来水变化再滚动调整，保证三峡工程相关设备在检修周期内完成相应的检查消缺，保证三峡系统重要设备的健康状况，为丰水期三峡电站满发、大发奠定了基础。

月度停电检修计划刚性执行，保证既定停电项目的落实。对于年度内新增的设备专项治理或家族性缺陷治理，在不影响三峡电站清洁能源消纳的情况下方可纳入月度调度计划统筹，将设备检修对三峡梯级电站发电的影响降到最低。

充分发挥联网效益，利用各电网电源结构的不同特性，通过合理安排机组检修计划，利用局部盈余发电容量，促进三峡电站在汛期水电的充分利用。2013 年端午节期间，仅华中、华东电网临时调停近 10000MW 火电机组，满足三峡临时调整需求，为三峡电站发电做出了极大的贡献。

第 三 章

三峡电力系统安全稳定特性及其对全国联网运行的影响

三峡输变电工程是三峡工程的重要组成部分，承担着三峡水电送出的重要任务。自 1995 年工程系统设计方案获得批复，到 1997 年首条线路工程开工建设，直至 2012 年全面建成投产，前后历时 17 年。在这 17 年间，三峡电力系统经历了快速发展期和稳定期，总体运行平稳。2008 年 10 月 30 日，三峡工程左、右岸电站 26 台机组全部投入商业运行，此时三峡电站 26 台机组已经全部投运，三峡输变电系统主体全部建成，同时相关的调度自动化及系统通信工程全部建成。2012 年，地下电站 6 台机组全部投运，电厂 32 台机组同时满发时共 22400MW，达到了三峡输变电工程的建设目标。

三峡输变电工程建成后，形成了以三峡电站为中心，向华东、华中、南方电网送电的骨干网络，供电范围覆盖八省两市，惠及人口近 7 亿人。工程建成投运后，设备性能稳定、运行指标良好，确保实现了三峡电力"送得出、落得下、用得上"的目标和三峡电站预期的发电效益，同时发挥了三峡输变电工程的联网效益，促进了全国电网互联和西电东送的实施，提升了我国跨区输电能力，为国内大范围能源资源优化配置创造了条件，有效支撑了受电地区经济社会发展。

第一节 三峡近区接线及潮流分布特点

三峡电站总装机容量达 22500MW（含地下电站和站用机组），年均发电量达 881 亿 kW·h。三峡输变电工程通过交、直流混合方式安全可靠地将三峡电力送到华中、华东和南方电网负荷中心。

三峡近区电网覆盖湖北宜昌市、荆门市和荆州市。通过电网规划的有效落实，三峡近区电网已建成龙泉、朝阳、安福、双河、江陵、兴隆、屈陵共 7 座

500kV 变电站，变电容量达 10000MVA，此外还有 220kV 变电站 42 座，变电容量达 11650MVA，满足了三峡电力外送以及当地经济社会发展的用电需要。

三峡电站左岸电厂装机容量为 9800MW（14 台 700MW 机组），右岸厂装机容量为 8400MW（12 台 700MW 机组），地下电站厂装机容量为 4200MW（6 台 700MW 机组）。左岸与右岸分成两个独立电厂。由于左、右岸两个电厂的容量都比较大，从电厂安全运行和系统短路电流控制来考虑，每个厂的母线均设分段断路器，在正常方式下，左、右岸两厂的分段开关断开运行，即三峡电站分 4 厂运行，容量分别为 5600MW、4200MW、4200MW、4200MW。三峡电站左岸电厂共出线 6 回（原为 8 回出线，2005 年 2 回三峡—万县线改接为龙泉—万县线）。左一电厂出 3 回，向东出线 3 回至龙泉换流站，向华东送电，并通过龙泉—斗笠线接入湖北中部环网。左二电厂出 3 回，接入江陵换流站，向广东送电，并兼顾荆州地区供电。三峡右岸出线共 7 回。右一出 4 回，2 回至葛洲坝换流站（简称"葛换"），两回至江陵换流站。右二出 3 回，接入宜都换流站，经直流向华东送电，并通过兴隆—咸宁线接入湖北中部环网；三峡地下电站出线 3 回至荆门换流站，使得华中和华北建立了更为有效的联网通道。

2013 年，在三峡电厂满发方式下（单台机组出力 700MW），三峡近区典型潮流分布如图 5.3-1 所示。此时，三峡、水布垭满发，恩施上网 800MW，

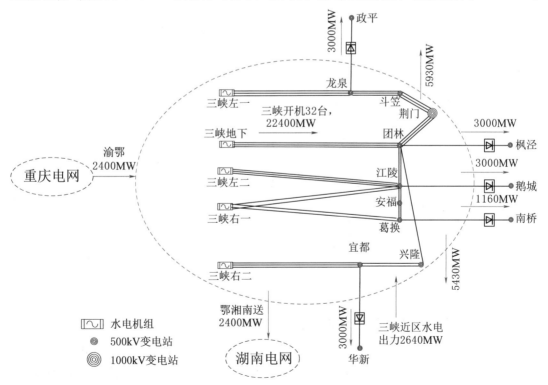

图 5.3-1　2013 年三峡近区满发方式下典型潮流分布图

渝鄂送鄂 2400MW，鄂送湘 2400MW，鄂送豫 3600MW。在此方式下，三峡近区疏散了 27140MW 电力，既充分发挥了三峡机组能力，又有效利用了三峡近区输电通道，潮流分布较为合理。

第二节　三峡近区短路电流水平分析及抑制措施

1996 年，通过对三峡电站全部投运水平年短路电流进行分析表明，2010 年三峡电站分 2 站（左岸电站和右岸电站）运行时最大短路电流出现在左岸电站，为 59.14kA；分 4 厂（左一电厂、左二电厂、右一电厂、右二电厂）运行时的最大短路电流出现在左一厂，为 38.54kA，因此将两岸电站分厂断路器打开运行，能够保证三峡电站出口母线的短路电流控制在合理范围内。华中电网最大短路电流出现在荆门站（斗笠站），为 51.5kA。

2008 年（三峡左、右岸电站实际投产年），在三峡电站分 2 站运行情况下，左岸电站和江陵站短路电流水平分别达到 60.5kA 和 63.0kA（表 5.3 - 1）。通过将三峡电站分 4 厂运行，能够控制短路电流水平至开关遮断容量在 63.0kA 之内。

表 5.3 - 1　　　　　　　　2008 年三峡近区短路电流水平

母　　线		电压等级/kV	短路电流/kA	
			分 4 厂运行	分 2 站运行
左岸电站	左一电厂	500	36.4	60.5
	左二电厂	500	31.6	
右岸电站	右一电厂	500	26.7	48.0
	右二电厂	500	28.8	
江陵站		500	60.6	63.0
斗笠站		500	51.5	52.2
龙泉站		500	40.4	47.9
宜都站		500	31.2	39.1
葛换站		500	22.5	34.0

注　超标数值以下划线突出显示。

2008 年三峡电站出口母线的短路电流与 1996 年论证时的预测数值基本一致，设计时在左、右岸电站分别装设分厂断路器是合理的。其差异的主要原因在于后期滚动调整了左、右岸电站的部分出线，使得江陵站取代荆门站成为三峡近区最大的汇集枢纽变电站，因此最大短路电流出现在江陵站。但即使考虑网架的调整变化，2008年，三峡近区短路电流水平依然能够满足要求。

2009—2013年间，华中电网的负荷、电源、电网均有较大发展，跨区外送及省间功率交换也明显增加，三峡近区输电网的短路电流水平持续增长。2009年丰水期，三峡电站26台机组满功率运行，加上川电、湖北恩施、水布垭电厂电力，共计23000MW电力注入三峡近区电网，经采取将三峡—江陵1回线和江陵—复兴1回线在江陵站外短接的措施，解决了江陵站短路电流超标问题，保证了三峡电站首次满发。2010年丰水期，通过三峡—葛洲坝双回线增容改造工程，配合安全稳定控制策略调整，并通过宜都—江陵双回线切改工作，有效降低了江陵站短路电流，有力保障了三峡安全满发53天。2012年丰水期，随着三峡电站32台机组全部投运，注入三峡近区电网的电力高达28000MW，江陵短路电流再次面临超标问题，采取拉停江陵—兴隆单回线等非常规措施解决了江陵站短路电流超标问题，保障了三峡电站32台机组安全满发运行34天，同时通过采取加强电网运行监视等措施，控制了系统非正常接线方式下的运行风险。2013年，在三峡近区全接线、全开机方式下，当三峡电站32台机组满发时，江陵、斗笠、荆门站母线最大短路电流均超过开关额定遮断容量，采取拉停江陵—兴隆1回线和荆门—团林1回线的措施后，能够控制短路电流在合理范围内。

综上分析，近年来三峡近区输电系统短路电流水平较高，根本原因是"十二五"末期全国电力负荷较20世纪90年代三峡输电系统设计论证阶段时的预测数值成倍增长，为满足近区用电需求，近区接入电源超过原来预期，而且电网也比当年设计论证时要密集。通过采取优化运行方式和网架结构，能够控制三峡近区短路电流在合理水平内。

第三节　三峡电力系统稳定特性

一、输电能力

输电能力是指在电力系统之间，或在电力系统中从一个局部系统（或发电厂）到另一个局部系统（或变电所）之间的输电系统容许的最大送电功率（一般按受电端计）。影响输电能力的因素很多，主要包括送受端之间输电系统的电压等级、送电距离、电网结构、线路回数、导线分裂根数和截面，以及电力系统安全稳定水平和标准等。

2013年三峡电网向各地区电网的输电能力见表5.3-2，电网安全稳定性能够满足国家标准《电力系统安全稳定控制技术导则》（GB/T 26399—2011）的要求。

表 5.3-2　　　　　　2013 年三峡电网向各地区电网的输电能力

消纳地区	三峡输电断面	送电/受电能力/MW
华中	三峡—湖北	
	三峡（湖北）—湖南	2600/1100
	三峡（湖北）—江西	3000/1600
	三峡（湖北）—河南	4000/5000
	三峡（湖北）—川渝	3300/2600
华东	葛南直流	1200
	龙政直流	3000
	宜华直流	3000
	林枫直流	3000
广东	江城直流	3000

1. 向华中电网输电能力

三峡电站处于华中电网的枢纽位置，通过 500kV 交流实现三峡水电在华中电网的消纳。北部通过荆门—南阳（1000kV）、樊城—白河（500kV）、孝感—泖河（500kV）与河南联网，可向河南输电 4000MW；南部通过葛换—岗市、江陵—复兴线向湖南输电 2600MW，通过咸宁—梦山、磁湖—永修线向江西输电 3000MW；西部通过龙泉—九盘、恩施—张家坝两个走廊与川渝电网联网，枯水期可以将华中电网 3300MW 电力输送到重庆，也可在丰水期实现 2600MW 四川水电外送。

三峡电站通过湖北电网向湖南、江西、河南、川渝等周边电网送电能力合计可达到 12900MW，再计及湖北电网对三峡水电的消纳能力，完全能够实现可行性研究阶段提出的向华中电网送电 10000～12000MW 的设计输电能力。

随着近年来三峡和其近区新机组的集中投产及跨区电力交换的迅猛增加，三峡近区电网汇集了三峡外送电力、跨区直流电力、川渝外送电力、鄂豫交换电力、鄂湘交换电力和鄂东鄂西交换电力等，使三峡电力系统成为集三峡电力外送和省间、区间电网电力交换的中枢，实现了外送和联网两大功能。

2. 四川电力外送能力

三峡输电系统承担三峡电力外送的主要任务，同时西南水电通过三峡输电系统，转送华中、华东及广东电网。三峡输电系统在保证三峡电力外送的同时，基本满足川电外送需求。

截至 2015 年，西南水电通过三峡电力系统转送，输电能力约为 3900MW。三峡输电系统在设计中的首要任务是满足三峡电力的送出，其次是在一定程度上转送四川外送电力，在滚动设计时按照四川电力外送 2000MW 考虑。随着川电外送功率不断增加，实际输送功率已经达到该设计输送能力，若要满足四川更大电力的外送，必须增加网络建设或敷设新的通道。

在三峡输电系统设计调整阶段，将四川水电经由三峡输电系统转送，对于确立三峡输电系统在互联电网中的枢纽地位起到强化作用，同时也使三峡近区电力成分多样化，潮流分布情况和安全稳定措施复杂。

二、动态稳定

华中电网地处跨区互联电网的中部，覆盖面积广阔，水电比例大。区域电网中，三峡、二滩等大型水电站并网运行。系统内水火电开机方式灵活多变，电网重要输电通道潮流变化幅度大、方向转换频繁，系统丰、枯季节特征明显，特性复杂。

2007 年夏季，在三峡电站机组发电量较大的方式下，三峡其中一电厂与其余三厂间存在振荡模式，在某些情况下阻尼不强，振荡的主要原因是 PSS 采用西门子公司提供的参数，只能对频率为 $0.5 \sim 1.5$ Hz 范围内的振荡提供正阻尼，不能对 0.3 Hz 以下的振荡提供正阻尼。因此，我国开展了新型 PSS 的研制工作，设计了采用双输入信号的 PSS2A 改进型加速功率信号 PSS，在结构上采用了多级超前滞后环节，具有广泛的适应性，经合理整定参数后，可以满足各种运行方式的要求。我国 PSS2A 改进型加速功率信号 PSS 研制成功后，替代了左岸 11 台机组的内置西门子 PSS，右岸 12 台机组及地下电站机组在外置 PSS2A 基础上进一步升级为内置 PSS2A。

2009—2013 年间，包括三峡近区电网在内的华中电网结构进一步加强。2013 年三峡电站 32 台机组满发时，系统动态稳定水平满足《电力系统安全稳定计算技术规范》（DL/T 1234—2013）的要求。2013 年三峡电站分厂振荡模式见表 5.3-3。

表 5.3-3　　　　　　　　2013 年三峡电站分厂振荡模式

振 荡 模 式	振荡频率/Hz	阻尼比	说明
左一电厂和地下电站—右二电厂	0.8302	0.0404	中等阻尼
左一电厂和右二电厂—左二电厂和右一电厂	0.8737	0.0406	中等阻尼
地下电站—左岸电站和右一电厂	0.9333	0.0889	强阻尼
左二电厂—右一电厂和地下电站	0.9375	0.0616	强阻尼

通过配置新型 PSS 及参数，解决了运行中电厂与电网振荡模式阻尼不强的问题，但仍然需要及时跟踪电网运行方式，加强系统分析，掌握系统特性变

化，调整控制措施，并加强并网电厂 PSS 的管理，保证系统安全运行。

三、暂态稳定

三峡电力系统安全稳定控制系统涵盖三峡电站、龙泉换流站、宜都换流站等 9 个厂站。根据工程分批建设情况，系统分为左、右岸两个发输电工程安全稳定控制系统。左岸部分包括左一电厂、左二电厂、葛洲坝电站、葛洲坝换流站、江陵换流站、斗笠变电站 6 个厂站以及国调中心的安全稳定控制装置集中管理系统。右岸部分包括右一电厂、右二电厂、宜都换流站 3 个厂站新增的安全稳定控制装置，以及对江陵换流站、宋家坝换流站、龙泉换流站、斗笠变电站已有安全自动装置的改造工程。通过配置安全稳定控制装置、优化运行方式等措施，解决了运行中严重故障后发电机功角失稳等问题，保证了三峡电力系统在各个运行阶段、各种运行方式下均符合《电力系统安全稳定导则》（DL 755—2001）规定的三级标准，实现了三峡电力全部及时送出。2013 年对三峡近区不同基础潮流方式的暂稳故障扫描结果表明，湖北电网 $N-1$ 故障，系统可保持暂态稳定；同杆并架线路 $N-2$ 故障，考虑现有安全稳定措施后，系统可保持暂态稳定。

从抵御扰动能力来看，2003 年曾发生两次多台机组跳闸事故，均造成华中电网低频率（49.6～49.7Hz）运行数分钟，三峡—万县单回线路潮流瞬间增大，虽然对电网冲击较大，但未引发停电事故。2005 年 10 月 29 日，鄂西北电网弱阻尼振荡引发了三峡机组以及华中电网功率振荡，其间三峡机组为华中电网提供功率支援，防止了电网崩溃的发生。2006 年 7 月 1 日，华中电网发生功率振荡事故，三峡电站机组在事故中对系统振荡起到了有效的抑制作用并对事故后恢复供电起到了重要作用，说明以三峡输电系统为枢纽的华中电网具有较强的抵抗大扰动能力。随着三峡电站及送出系统建设，三峡电网结构不断加强，通过厂网配合、网网配合、科学合理调度，发挥了大电网的事故支援作用，三峡电力系统对大扰动的抵御能力不断增强。

第四节　三峡电力系统对全国联网运行的影响

三峡电站地处华中腹地，三峡电力系统覆盖了华东、华中、川渝和广东电网，在全国互联电网格局中处于中心位置，具有天然的地理优势，对电网互联起到枢纽作用，再加上其巨大的容量效益，对于推动区域电网互联起到了重要作用。

一、形成更为坚强的华中统一电网，实现华中地区对三峡水电的可靠消纳

三峡输变电工程加强了华中地区电网网架结构，提高了跨省电力交换能力，特别是华中电网与川渝电网之间的交换能力，并进一步扩展成为覆盖华中地区五省一市的统一交流电网，为三峡及长江上游水电的统筹消纳奠定了基础。

二、形成"西电东送"中通道，实现华中与华东、南方电网直流联网

根据我国"十五"期间"西电东送"输电规划，我国需建设北、中、南三大输电通道：北通道西起晋陕蒙，东至京津冀鲁；中通道西起四川，横跨三峡，东至上海；南通道西起云贵，东至广东。随着三峡输变电工程建设，三常、三广、三沪直流输电工程相继投产和葛沪直流综合改造工程建成，扩大了"西电东送"规模，三峡向华东输电能力达到 10200MW，向广东输电能力达到 3000MW。三峡电力、四川盈余水电输往华东、广东，使得我国西部清洁水电在东部能源缺乏地区发挥了巨大作用，能源资源得到优化配置。同时将广东纳入三峡电站的供电范围，有利于三峡水电的消纳，也为长江流域与珠江流域的跨流域调节创造了条件。

三、形成华中与华北交流联网，实现水火互济运行

三峡输电系统首先通过华北电网邯郸市辛安变电站与华中电网新乡市获嘉变电站之间的 1 回 500kV 线路，初步实现了华中与华北的区域联网。而后随着晋东南至荆门 1000kV 交流特高压试验示范工程和三峡地下电站的建成，三峡地下电站以 3 回 500kV 输电线路接入荆门特高压变电站，并通过晋东南—荆门特高压交流输电线路与华北电网互联，进一步加强了华中与华北电网的联系，提高了华中与华北电网水火互济和互为备用的能力，并为扩大三峡电站的消纳市场创造了条件。

第 四 章

二次系统及通信技术

第一节 继 电 保 护 技 术

一、500kV 线路分相电流差动保护

从 20 世纪 90 年代开始，光纤通信逐步发展，以光纤为通道的 500kV 线路分相电流差动保护也随之兴起。但是我国该类保护发展较晚，即使有了产品，调度运行单位对其信任度也不够。因此，500kV 线路的分相电流差动保护主要采用进口产品。

在三峡输变电工程中，国家电网公司于 2002 年首先在 500kV 龙泉—荆门 Ⅰ回线路上采用国产化的 500kV 线路的分相电流差动保护，并得到了成功的应用。从此，该类保护产品依赖进口的状况宣告结束，三峡输变电工程和全国各大电网都开始大面积使用国产化产品，至今用量已不计其数。

随着三峡输变电工程的推广应用，国产化的 500kV 线路的分相电流差动保护技术也得到了逐步完善，国内厂家也逐渐增多，制造技术水平得到全面提升，目前的使用已经趋于成熟。

二、500kV 微机型母线保护

截至 2000 年 8 月，国产微机型母线保护装置已在全国各地区运行了 330 多套，但 500kV 电压等级还较少。2000 年 8 月，在三峡输变电工程第二批新乡、孝感、长沙、益阳等 500kV 变电站建设中，500kV 母线保护首次选用国产微机化设备。随着三峡输变电工程的不断深入，微机型母线保护装置连续在万县、荆门等后续 500kV 变电站中标，此外鹅城换流站、江陵换流站、团林换流站都采用了国产化微机型母线保护。由于三峡输变电工程的推动，500kV 电压等级国产微机母线保护开始批量应用，并逐渐在全行业普及。

运行实践证明，国产 500kV 微机型母线保护装置运行良好，保护原理没有死区，装置硬件安全可靠，调试维护方便，适应各种接线，不受运行方式限制，在保护的原理、平台及应用等各方面，已达到甚至超过国外同行业的水平。

三、500kV 微机型高压并联电抗器和主变压器保护

1. 微机型高压并联电抗器保护

在三峡输变电工程之前，500kV 高压并联电抗器保护较多采用集成电路型产品，型式相对落后。为满足三峡输变电工程技术先进可靠的要求，生产电抗器保护的国内厂家研制了微机型高压并联电抗器保护装置，其参数整定简单，动作可靠性和灵敏度高。

微机型 500kV 电抗器保护装置的推出，顺应了三峡输变电工程建设 500kV 长线路输电加装并联电抗器保护的要求。该装置性能稳定，运行良好，也提高了三峡输变电工程的国产化率。

2. 500kV 微机型主变压器保护

在三峡输变电工程建设过程中，国内厂家生产的微机型 500kV 变压器保护装置得到了大力推广，保护装置也随着工程的建设不断得到提高和改进。

在三峡输变电工程 500kV 主变压器保护的使用过程中，国内厂家根据用户反映和现场情况，对保护装置的工艺、保护原理不断创新和改进，保护装置的设计更加人性化、智能化和信息化。

第二节　调度二次系统

一、工程概况

三峡输变电工程调度二次系统项目共 19 项，包括调度自动化系统 8 项、电能量计费系统和交易管理系统 6 项、继电保护及故障信息管理系统 1 项、系统安全稳定控制装置及功角监测系统 2 项、调度数据网 1 项、跨区电网动态稳定监测预警系统 1 项。

通过三峡输变电工程的建设，在调度二次系统方面建成了国调中心、华中网调和重庆市调能量管理系统，水调自动化系统，调度员培训仿真系统，国调中心雷电定位监测系统，调度生产管理系统，国调中心后备调度中心，电能量

计费系统，继电保护及故障信息管理系统，系统安全稳定控制装置及功角监测系统，国家电力调度专网，跨区电网动态稳定监测预警系统。截至 2007 年年底，三峡输变电工程二次系统全部投入运行。

二、工程运行情况

（1）能量管理系统覆盖国调中心、华中网调和重庆市调。国调中心新能量管理系统规模上超过了当时国内任何一个调度自动化系统，很好地满足了国调中心实时运行工作的要求，运行稳定、功能完备、性能可靠，对国调中心直调系统乃至全国电网安全、优质、可靠、经济运行提供了科学、快速的监控及调节手段。华中网调能量管理系统满足了能量管理、电力市场技术支持系统、继电保护管理系统等电力二次系统对数据通信实时性、高可靠性的需求，为上述系统提供了高速、安全、可靠的基础数据通信平台。重庆市调能量管理系统信息覆盖整个重庆电网及三峡送出工程的川渝断面，接入 150 个厂站、88 套装置/系统的信息，从投运以来运行稳定，功能丰富完善。

（2）水调自动化系统自运行以来，经过扩充和完善，系统运行稳定，功能实用，操作方便，性能指标均达到要求。

（3）调度员培训仿真系统自正式投运以来，运行稳定，各项功能运行正常，在国调中心组织的多次反事故演习中发挥了重要的作用。

（4）国调中心雷电定位监测系统投入运行后，设备和系统运行稳定，中心站系统月可用率达 100％，运行表明，雷电定位界内精度为 500～1000m 内，系统探测效率为 90％以上。

（5）调度生产管理系统投运以来，功能完备、性能可靠，每天 24h 服务于电力调度和生产运行各项工作。

（6）国调中心后备调度中心各项基本功能满足在重大事故、自然灾害和其他破坏性事故时启用的要求，自投运以来，系统运行稳定，先后在奥运保电、机房改造临时过渡等工作中发挥了重要作用。

（7）电能量计费系统包括国调中心电能量计费系统、交易管理系统和华中、华东、重庆、四川电网电能量计费主站系统。国调中心电能量计费系统自投运以来，经过不断完善，系统运行稳定，功能实用，操作方便，满足了三峡电站及其送出系统电力电量交易和运营的要求。交易管理系统自投运以来，运行稳定，满足要求，为组织各个大区和国调中心直接调管电厂之间、各大区电网之间的电力交换，开展电力资源在全国范围内的优化配置发挥了重要作用。华中、华东、重庆、四川电网电能量计费主站系统从投运以来运行稳定，功能丰富完善，全部电量数据采集正常，大大加快了电量结算进度，为电网的安全、经济和优质运行提供了保障。

(8) 继电保护及故障信息管理系统建成后，结合厂站投运和联网工程，进行了大量的整定计算工作，并实现了与 500kV 葛洲坝换流站等子站的连通，直接在主站自动接收或主动召唤各子站的继电保护和故障器的信息，给运行管理带来了便利条件。

(9) 系统安全稳定控制装置自现场投运以来，经过不断的完善和扩充，系统运行稳定，功能完备，性能指标均达到预期要求，为三峡工程电力送出保驾护航。功角监测系统自现场投运以来，经过几年的完善和扩充，系统运行稳定，功能实用，操作方便。

(10) 国家电力调度专网自投运以来，系统运行稳定，在三峡送出工程和直流电网的调度运行中发挥了重要作用，为调度系统指挥电网、保障大电网稳定运行提供了快速准确可靠的数据交换平台。

(11) 跨区电网动态稳定监测预警系统建成后，在实时运行中，电网的计算分析由离线方式转变为实时在线分析，为调度提供了辅助决策信息，在预防电网崩溃事故发生、提高电网的安全稳定水平方面发挥了重要作用。

三、工程成效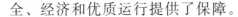

通过三峡输变电二次系统工程的建设，我国电网调度自动化技术水平有了质的飞越，国调中心不仅对应各种调度业务建设了相应的支持系统，而且在实现信息整合、提高调度系统信息化水平等方面取得了显著成效。以此为契机，我国省级及以上电网调度完成了从过去的经验型调度向分析型调度的转变，整个调度系统的技术装备和应用水平都达到国际先进水平。

(1) 为保障三峡电厂及其送出系统的安全、稳定、经济运行发挥了重要作用。三峡输变电工程二次系统是国调中心及其相关网省（直辖市）调度中心保证三峡电站及其输变电系统、跨区互联电网安全稳定运行的重要技术支持手段。

(2) 全面提高了调度系统驾驭超高压、长距离、交/直流混合输电互联电网的能力。依托三峡工程及其输变电系统的实施，我国电力系统以此为契机，形成了跨 28 个省（自治区、直辖市）的超大规模交直流混合输电互联电网，电网结构日益复杂，运行方式千变万化。依托三峡输变电系统二次系统的建设，调度中心合理安排和优化电网运行方式，掌握全国电网实时运行工况，尤其是在电网事故处理中掌握主动权，及时有效地采取措施，保障电网安全稳定运行，提高了电网调度运行决策的科学性和预见性。

第三节　通　信　工　程

一、工程规模

1997 年审定的三峡二次系统通信系统由跨省主干通信电路、综合网管系统、同步网、国家电力数据网和北京地区数据网组成。跨省主干通信电路由光纤通信电路和微波通信电路组成，构成"三纵一横"的网状网系统通信网络。其中，光纤通信电路包括三峡—北京交流 OPGW 工程、三峡—上海（龙政）直流 OPGW 工程、三峡—重庆 OPGW 工程、北京地区光环网等工程；微波通信电路包括京汉微波通信工程和京沪微波通信工程。

2002 年对二次系统通信项目进行了调整，调增了一批 500kV 线路工程的 OPGW 通信工程及京沪光缆工程等。

三峡输变电通信工程建设形成了北京（国调中心）—武汉（三峡电站）—上海同步数字序列微波通信电路和光纤通信电路的双重环网；建成了光缆线路 9294.5km，新建光通信站 149 个；改造微波通信电路 2600km，微波通信站 83 个。

二、整体运行情况

三峡输变电通信工程自 2003 年陆续投入运行以来，设备运行平稳，整体运行情况良好，各项技术指标符合要求，为电网保护、安全稳定控制、调度自动化、调度电话等生产业务提供了高质量、高可靠的传输通道，有效保障了电网的安全稳定运行。2005 年以来，三峡地区国调中心直调系统的保护、安控业务通道运行率一直保持在 99.999％以上，国调中心直调系统的自动化数据业务通道连续保持零中断，可用率达到 100％。

三、工程成效

三峡输变电二次系统通信工程建设历时十年时间，促进了电力通信的发展，从根本上改变了我国电力通信骨干网络发展落后的局面，建成了结构坚强、技术先进的光纤通信网络，实现了电力通信由载波方式到光纤方式的跨越式发展。

1. 促进了全国电力通信网的形成

随着三峡二次系统通信工程的陆续投产运行，国网公司骨干通信网络规模不断增强，网络结构不断完善。另外，还建立了传输网络综合管理系统，使得电力通信运行管理逐步实现了从"以纠正性维护为主"向"以预防性维护为主"的转变；实现了从面向设备管理到面向网络和业务管理的转变。

2. 实现了电力通信技术的升级

在传输网方面，通过三峡二次系统通信工程的建设，电力通信传输网实现了以光纤通信为主、微波等其他通信方式为辅的升级，光纤通信和微波通信从中小容量的 PDH 体制转变为较大容量的 SDH 体制。

在业务网方面，三峡二次系统通信建成了带宽为 155Mbps、覆盖国网公司系统的骨干数据通信业务网络，数据网络采用 IP Over SDH 技术体制，实现了数据通信的技术飞跃。

在支撑网方面，三峡二次系统建成了同步时钟系统，提高了骨干通信网络的传输质量，同时也为国网公司各级通信网络提供了有效支撑。

第 五 章

三峡输变电工程的经济、社会与环境效益

第一节 经济效益测算原则

一、合法合理原则

三峡输变电工程运营经济效益包括经营收入、经营成本费用和经营收益等内容。国务院三峡建委印发的《关于加强三峡输变电工程建设期收益再投入管理的通知》（国三峡委发办字〔2005〕32号）及国家电网公司印发的《关于上报〈三峡输变电工程建设期收益再投入管理细则〉的函》（国家电网财〔2006〕209号），明确了上述内容的计算范围、口径和方法。评估严格按照上述制度办法，测算三峡输变电工程经营收入和经营成本费用，进而计算工程经营税前收益和净收益。

二、客观全面原则

三峡输变电工程经营收入、经营成本费用和经营收益的具体构成内容，全口径反映工程经营过程中的各项收入和成本费用支出，避免重复和遗漏。三峡输变电工程经营收入包括：三峡输变电工程输送、出售三峡电站电量（含葛洲坝电站电量）产生的收入，葛沪线输送三峡电站电量（含葛洲坝电站电量）产生的收入，三峡输变电工程输送其他跨区交换电量产生的收入。三峡输变电工程经营成本费用包括折旧、贷款利息、保险费、运行维护费、大修费等直接成本费用和分摊总部管理费用。

三、整体测算原则

三峡输变电工程经营收入和成本费用未进行独立核算，因此，采取独立测算的原则，将三峡输变电工程视为一项整体工程，以期从宏观层面综合反映三

峡输变电工程的经济效益。采取直接计算与按规则分摊计算相结合的方式，测算三峡输变电工程经营收入、经营成本费用，进而计算经营净利润，即三峡输变电工程经营收入扣减三峡输变电工程经营成本费用、主营业务税金及附加、所得税之后的净额。

第二节　主要财务指标

一、全周期经济效益

1. 经营收入与回收残值

预计到 2037 年工程运营期结束，扣除增值税、城建税及教育费附加后，三峡输变电工程累计可实现收入净额 1591.34 亿元。项目期结束时，能够回收固定资产余值 21.21 亿元。

2. 纳税情况

依据国家的税法规定，到工程运营期结束三峡输变电工程累计缴纳税金约为 523.83 亿元，其中，增值税金及附加 303.64 亿元，所得税 220.19 亿元。

3. 经营成本费用

到工程运营期结束，三峡输变电工程累计经营成本约为 710.59 亿元。其中，折旧 403.06 亿元，运维大修费 218.55 亿元，保险费 8.86 亿元，财务费用 14.59 亿元，其他费用 65.53 亿元。

4. 项目总体经济性

三峡输变电工程内部收益率为 7.49%，大于电网工程基准内部收益率（7%）；财务净现值为 68.23 亿元（折算到 2014 年水平）；静态投资回收期为 8.63 年（不含建设期），2016 年回收全部投资。

二、实际运营期经济效益

至 2013 年年底，三峡输变电工程已获得一定的经济效益。累计税前的收入总额达到 494.42 亿元，净收入 415.25 亿元，税前收益 90.83 亿元，净收益 66.95 亿元。

1. 经营收入

按照三峡输变电工程实际输送电量和国家批复的输电价格计算，截至 2013 年年底，三峡输变电工程累计实现收入总额 494.42 亿元（含税），扣除增值税、城建税及教育费附加后，实现收入净额 415.25 亿元。

2. 纳税情况

依据国家税法规定，按照增值税率 17％、城建税率 7％、教育费附加 3％、北京市地方教育费附加 2％（自 2012 年起征收）、所得税率 25％（2007 年及以前为 33％）计算，截至 2013 年年底，三峡输变电工程累计缴纳税金 103.05 亿元，其中，增值税金及附加 79.17 亿元，所得税 23.88 亿元。

3. 经营成本费用

截至 2013 年年底，三峡输变电工程累计发生成本费用支出 324.42 亿元。其中，折旧 224.93 亿元，运维大修费 49.47 亿元，保险费 2.20 亿元，财务费用 13.80 亿元，其他费用 34.02 亿元。

4. 经营收益

经三峡输变电工程经营收入净额扣减经营成本费用计算，截至 2013 年年底，三峡输变电工程实现税前输电收益 90.83 亿元。进一步扣除缴纳所得税后，税后收益 66.95 亿元。

总之，三峡输变电工程虽然总投资大、总工期长，但发电量大，发电成本低，因此财务收入高，对国家的贡献大，能获得较好的经济效益。

第三节　社　会　效　益

一、提升了输变电工程建设水平和设备制造能力

三峡输变电工程建设中，通过机制创新、管理创新和技术创新，保证了三峡电力系统建设任务的全面完成，极大提高了我国输电系统的规划设计和建设运行水平，我国超高压交、直流输变电工程建设运行水平进入世界先进行列。依托三峡输变电工程建设，我国超高压输变电设备制造能力和国际竞争力得到了大幅度提高，直流主设备国产化率达到 100％，推动了我国电力装备制造业实现跨越式发展，并达到国际先进水平。

二、为后续电网建设奠定了制度和人才基础

三峡输变电工程建立了完善的建设运行制度体系，形成了直流工程的系统研究、可行性咨询研究、设备选择、招投标以及设备系统试验等全套操作制度、规定和办法，已成为我国直流工程建设的标准制度。同时，三峡输变电工程的建设培养了一批在技术上和管理上具有世界先进水平的优秀人才，成为支撑我国大规模电网建设的骨干力量，为后续工程建设奠定了坚实的人力资源基础。

第四节 环 境 效 益

三峡输变电工程将清洁、优质、可再生水电资源输入中东部地区，三峡输电系统的环境效益突出。截至 2013 年年底，三峡电站累计发电量为 7119.69 亿 kW·h（其中上网电量为 7056.91 亿 kW·h），相当于替代标准煤 2.4 亿 t，相当于减少 CO_2 排放 6.1 亿 t、SO_2 排放 655.1 万 t、NO_x 排放 187.7 万 t，发挥了良好的替代效应，有效缓解了经济发达地区的环境压力。同时，通过科技创新和管理创新，强化环境生态保护和治理，实现了重大工程实施与生态文明建设的和谐统一。

第 六 章

结 论 与 建 议

第一节 结 论

一、三峡电力系统运行性能稳定，技术指标及运行参数良好

三峡电力系统经过长期、持续、深入、透彻的研究及系统的论证，并根据实际情况不断调整，总体运行情况良好，技术性能满足设计要求，设备状态良好，未发生重大设备质量和电网事故，可靠性指标达到国内先进水平，可以确保三峡电力的全部外送，实现三峡电站预期的发电效益，实现了三峡电力"送得出、落得下、用得上"。同时，提高了我国跨区输电能力，发挥了三峡输变电工程的联网效益，进而获得了促进地区发展的经济效益和社会环境效益。

二、三峡电站通过联合调度达到了预期任务，实现了水能高效利用，保障了三峡枢纽综合效益的发挥

三峡工程作为治理和开发长江的关键性骨干工程，具有防洪发电、供水、航运、生态保护等多方面效益，是一项保障民生的重大水利基础工程。三峡发电调度以服从和实现枢纽综合效益最大化为目标，统筹处理好发电和防洪、抗旱、供水、航运及生态保护之间的关系，通过准确预报、优化调度和全局统筹协调，实现了预定的任务，能够在保证工程施工、防洪运用和航运安全前提下，利用兴利调节库容，合理地调配水量多发电，实现了水能高效利用，并按要求承担了电力系统调峰任务，初步实现了三峡枢纽的综合利用，保证了三峡枢纽安全、高效运行。

三、三峡电力系统实现了安全稳定运行，推动了区域电网互联

随着三峡电厂及送出系统建设，三峡电网结构不断加强，通过厂网配合、

网网配合，科学合理调度，满足《电力系统安全稳定导则》（DL 755—2001）要求，潮流分布合理，近区短路电流能够得到有效抑制，输电能力满足三峡水电最大送出要求，系统抵御大扰动能力逐步增强，实现了电力系统的安全稳定运行。同时，通过三峡电力系统实现华中电网、华北电网、华东电网、南方电网互联，能源资源得到优化配置。

四、三峡输变电工程运营经济效益良好

截至 2013 年年底，三峡输变电工程累计实现收入总额 494.42 亿元（含税），扣除增值税、城建税以及教育费附加后，实现收入净额 415.25 亿元；累计缴纳税金 103.05 亿元，实现税前输电收益 90.83 亿元。进一步扣除缴纳的所得税后，税后收益 66.95 亿元，运营经济效益良好。

五、实现了工程建设与"资源节约型、环境友好型"社会建设的和谐统一

输变电工程建设与社会环境和谐发展理念的树立使得三峡输变电工程在建设过程中能主动自觉地协调好工程与生态、环境、人文的关系，高度重视和关心环境治理与生态保护，凡涉及生态环境的有关问题均能得到有效及时的解决，工程满足国家各项环境标准。实现了工程建设与"资源节约型、环境友好型"社会建设的和谐统一，在三峡电力外送、全国联网、能源资源优化配置、推进我国电网建设水平等方面，发挥了巨大的经济效益、社会效益和环境效益。

第二节　建　议

三峡工程是一个综合利用的水利工程，有着巨大的防洪、发电、航运等综合效益，特别是随着西南水电的开发，将在长江上游逐步形成巨型梯级水电站群。建议结合远景西南水电的开发，研究长江上游梯级水电站群与三峡电站联合调度，以及三峡水库汛期中小洪水调度等问题，进一步提高三峡电站的综合效益。

参 考 文 献

[1] 国家电网有限公司. 中国三峡输变电工程 综合卷 [M]. 北京：中国电力出版社，2008.

[2] 国家电网有限公司. 中国三峡输变电工程 创新卷 [M]. 北京：中国电力出版社，2008.

[3] 国家电网有限公司. 中国三峡输变电工程 交流工程与设备国产化卷 [M]. 北京：中国电力出版社，2008.

[4] 中国工程院三峡工程试验性蓄水阶段评估项目组. 三峡工程试验性蓄水阶段性评估报告 [M]. 北京：中国水利水电出版社，2014.

[5] 中国工程院三峡工程阶段性评估项目组. 三峡工程阶段性评估报告 综合卷 [M]. 北京：中国水利水电出版社，2010.

[6] 国家电网公司. 三峡输变电工程建设运行情况汇编 [R]，2014.

[7] 三峡输变电工程总结性研究课题组. 三峡输变电总结性研究 [R]. 2011.

[8] 朱方，刘增煌，高光华. 电力系统稳定器对三峡输电系统动态稳定的影响 [J]. 电网技术，2002，26（8）：44-47.